职业教育课程改革创新规划教材·电子技术轻松学

SMT 工艺与 PCB 制造

主　编　何丽梅

副主编　程　钢　王　玲

参　编　王忠海　范国华

主　审　黄永定

Publishing House of Electronics Industry

北京·BEIJING

内 容 简 介

本书是为适应当前中职电子技术应用专业教学改革形势发展而编写的一本电子工艺实践教材。全书共分两部分，第 1 部分为 SMT 工艺，详细介绍了 SMT 中的焊锡膏印刷、贴片、焊接、检测等技能型人才应该掌握的基本知识，特别强调了生产现场的工艺指导，同时也介绍了 SMT 设备的性能、操作方法及日常维护。

第 2 部分是 PCB 制造方面的知识，主要内容为 PCB 单面板、双面板和多层板制作的工艺流程简介，以及 PCB 生产中制片、金属过孔、线路感光层制作、图形曝光、电镀、蚀刻等关键工艺的详细阐述。为解决学校实训条件不足和增加学生的感性认识，书中配置了较大数量的实物图片。

本书可用做中等职业教育电子技术应用、电子制造类等专业的电子工艺课程教材；也可供从事 SMT、PCB 制造产业的工程技术人员自学和参考。

为方便教师教学，本书还配有电子教学参考资料包，详见前言。

图书在版编目（CIP）数据

SMT 工艺与 PCB 制造 / 何丽梅主编. —北京：电子工业出版社，2013.9
（电子技术轻松学）
职业教育课程改革创新规划教材

ISBN 978-7-121-21448-6

Ⅰ. ①S… Ⅱ. ①何… Ⅲ. ①SMT 技术—中等专业学校—教材②印刷电路—计算机辅助设计—中等专业学校—教材 Ⅳ. ①TN305②TN410.2

中国版本图书馆 CIP 数据核字（2013）第 213326 号

策划编辑：张　帆
责任编辑：张　帆
印　　刷：北京雁林吉兆印刷有限公司
装　　订：北京雁林吉兆印刷有限公司
出版发行：电子工业出版社
　　　　　北京市海淀区万寿路 173 信箱　邮编　100036
开　　本：787×1 092　1/16　印张：16.25　字数：416 千字
版　　次：2013 年 9 月第 1 版
印　　次：2024 年 12 月 第 19 次印刷
定　　价：35.00 元

前　言

　　SMT（表面组装技术）是电子先进制造技术的重要组成部分，SMT 的迅速发展和普及，变革了传统电子电路组装的概念，为电子产品的微型化、轻量化创造了基础条件，对于推动当代信息产业的发展起到了重要作用，成为制造现代电子产品的必不可少的技术之一。

　　目前，SMT 已广泛应用于各行各业的电子产品组件和器件的组装中。而且，随着半导体元器件技术、材料技术、电子与信息技术等相关技术的飞速进步，SMT 的应用面还在不断扩大，其技术也在不断完善和深化发展之中。

　　SMT 包含表面组装元器件、电路基板、组装材料、组装设计、组装工艺、组装设备、组装质量检验与测试、组装系统控制与管理等多项技术，是一门新兴的先进制造技术和综合型工程科学技术。

　　任何电子产品都离不开印制电路板（PCB），它是电子元器件的支撑体，是电子元器件电气连接的提供者，在 PCB 上进行高密度的电子产品组装，主要依赖于 SMT 工艺，近年来，我国 PCB 生产企业与产能迅速增加。

　　为了与这种发展现状和趋势相适应，与信息产业和电子产品的飞速发展带来的对 PCB、SMT 的技术需求相适应，培养电子制造业急需的掌握 PCB 制造和 SMT 工艺的专业技术人才是当前电子技术应用专业教学内容改革的方向。

　　为了更好地满足 PCB、SMT 专业技术人才培养的系统性教学、培训所需，我们编写了本书。在编写过程中，参考了部分院校师生的意见与建议，考察了电子产品生产企业，并对相关电子行业的用工需求进行了调研。在编写中注意了教材的实用参考价值，强调了生产现场的设备使用与维护技术及关键工序的应用指导。

　　本书以职业能力建设为核心，在职业分析、专项能力构成分析的基础上，把职业岗位对人才的素质要求，即将知识、技能以及态度等要素进行重新整合，突破了传统的科学教育对学生技术应用能力培养的局限性。

　　本书可作为中等职业学校电子技术专业应用或与电子产品制造、维修等有关专业方向的教学用书；同时，还可供从事 PCB 制造、SMT 产业的企业员工自学和参考。

本书由吉林信息工程学校何丽梅主编，长春工业大学人文信息学院程钢、白城师范学院王玲副主编。参与编写的还有吉林信息工程学校王忠海、吉林工业经济学校范国华。其中，程钢编写第 1 章～第 3 章，王玲编写第 4 章～第 5 章，王忠海编写第 8 章～第 9 章，范国华编写第 10 章～第 11 章，何丽梅编写第 1 部分第 6 章～第 7 章并统稿。

吉林信息工程学校黄永定担任本书主审。

本书在编写过程中参考了有关 PCB、SMT 技术方面的资料与同类教材，同时也得到了湖南科瑞特科技股份有限公司、吉林华微集团、吉林永大公司等企业工程技术人员的大力协助与指导，在此一并表示感谢。

由于编者水平、经验有限，错误与不当之处在所难免，恳请读者在阅读与使用中提出宝贵意见，以便及时改正。

为方便教师教学，本书还配有电子教学参考资料包。请有此需要的读者登录华信教育资源网（http://www.hxedu.com.cn）免费注册后进行下载，有问题时请在网站留言或与电子工业出版社联系（E-mail:hxedu@phei.com.cn）

编 者

2013.8.10

目　录

第 2 部分　PCB 制造

SMT 工艺

SMT（Surface Mounting Technology）是表面组装技术的英文缩写，国内也常叫做表面装配技术或表面安装技术。它是一种直接将表面组装元器件贴装、焊接到印制电路板表面规定位置的电路装联技术，是目前电子组装行业里最流行的一种技术和工艺。

SMT 在计算机、通信设备、投资类电子产品、军事装备领域、家用电器等几乎所有的电子产品生产中都得到广泛应用。SMT 是电子装联技术的主要发展方向，已成为世界电子整机组装技术的主流。

SMT 是一门包括元器件、材料、设备、工艺以及表面组装电路基板设计与制造的系统性综合技术；是突破了传统的印制电路板通孔基板插装元器件方式而发展起来的第四代组装方法；也是电子产品能有效地实现"短、小、轻、薄"，多功能、高可靠、优质量、低成本的主要手段之一。

SMT 生产线

第1章

SMT 综述

1.1 SMT 的发展及其特点

1.1.1 表面组装技术的发展过程

1. 表面组装技术的产生背景

十几年以来，电子应用技术的迅速发展表现出三个显著的特征。

（1）智能化：使信号从模拟量转换为数字量，并用计算机进行处理。

（2）多媒体化：从文字信息交流向声音、图像信息交流的转化发展，使电子设备更加人性化、更加深入人们的生活与工作。

（3）网络化：用网络技术把独立系统连接起来，高速、高频的信息传输使整个单位、地区、国家以至全世界实现资源共享。

这种发展趋势和市场需求对电路组装技术的要求是：

（1）高密度化：单位体积电子产品处理信息量的提高。

（2）高速化：单位时间内处理信息量的提高。

（3）标准化：用户对电子产品多元化的需求，使少量品种的大批量生产转化为多品种、小批量的生产体制，必然对元器件及装配手段提出更高的标准化要求。

这些要求迫使对在通孔基板 PCB 上插装电子元器件的工艺方式进行革命，电子产品的装配技术必然全方位地转向 SMT。

2. 表面组装技术的发展简史

表面组装技术是由组件电路的制造技术发展起来的。从 20 世纪 70 年代到现在，SMT 的发展历经了三个阶段：

第一阶段（1970～1975 年）：主要技术目标是把小型化的片状元件应用在混合电路（我国称为厚膜电路）的生产制造之中，从这个角度来说，SMT 对集成电路的制造工艺和技术发展做出了重大的贡献；同时，SMT 开始大量使用在民用的石英电子表和电子计算器等产品中。

第二阶段（1976～1985 年）：促使电子产品迅速小型化、多功能化，开始广泛用于摄像机、耳机式收音机和电子照相机等产品中；同时，用于表面组装的自动化设备大量研制开发出来，片状元件的组装工艺和支撑材料也已经成熟，为 SMT 的高速发展打下了基础。

第三阶段（1986 年至今）：主要目标是降低成本，进一步改善电子产品的性能价格比。

随着 SMT 技术的成熟，工艺可靠性提高，应用在军事和投资类（汽车、计算机、工业设备）领域的电子产品迅速发展，同时大量涌现的自动化表面装配设备及工艺手段，使片式元器件在 PCB 上的使用量高速增长，加速了电子产品总成本的下降。

表面组装技术的重要基础之一是表面组装元器件，其发展需求和发展程度也主要受表面组装元器件 SMC/SMD 发展水平的制约。为此，SMT 的发展史与 SMC/SMD 的发展史基本是同步的。

20 世纪 60 年代，欧洲飞利浦公司研制出可表面组装的钮扣状微型器件供手表工业使用，这种器件已发展成现在表面组装用的小外形集成电路（SOIC）。它的引线分布在器件两侧，呈鸥翼形，引线的中心距为 1.27 mm，引线数可多达 28 针以上。20 世纪 70 年代初期，日本开始使用方形扁平封装的集成电路（QFP）来制造计算器。QFP 的引线分布在器件的四边，呈鸥翼形，引线的中心距最小仅为 0.65 mm 或更小，而引线数可达几百针。

美国所研制的塑封有引线芯片载体（PLCC）器件，引线分布在器件的四边，引线中心距一般为 1.27 mm，引线呈"J"形。PLCC 占用组装面积小，引线不易变形。

20 世纪 70 年代研制出无引线陶瓷芯片载体（LCCC）全密封器件，它以分布在器件四边的金属化焊盘代替引线。该阶段初期 SMT 的水平以组装引线中心距为 1.27 mm 的 SMC/SMD 为标志，80 年代逐渐进步为可组装 0.65 mm 和 0.3 mm 细引线间距 SMC/SMD 阶段。进入 20 世纪 90 年代后，0.3 mm 细引线间距 SMC/SMD 的组装技术和组装设备趋向成熟。

90 年代初期 CSP 以其芯片面积与封装面积接近相等、可进行与常规封装 IC 相同的处理和试验、可进行老化筛选、制造成本低等特点脱颖而出。1994 年，日本各制造公司已有各种各样的 CSP 方案提出，1996 年开始，已有小批量产品出现。

为适应 IC 集成度的增大使得同一 SMD 的输入/输出数，也就是引线数大增的需求，将引线有规则分布在 SMD 整个贴装表面而成栅格阵列型的 SMD 也从 20 世纪 90 年代开始发展并很快得以普及应用，其典型产品为球形栅格阵列（BGA）器件。

现阶段 SMT 与 SMC/SMD 的发展相适应，在发展和完善引线间距 0.3mm 及其以下的超细间距组装技术的同时，正在发展和完善 BGA、CSP 等新型器件的组装技术。

由此可见，表面组装元器件的不断缩小和变化，促进了组装技术的不断发展，而组装技术在提高组装密度的同时又向元器件提出了新的技术要求和齐套性要求。可以说二者是相互依存，相互促进而发展的。

MCM 是 20 世纪 90 年代以来发展较快的一种先进的混合集成电路，它是把几块 IC 芯片组装在一块电路板上，构成功能电路块，称之为多芯片模块（Multi Chip Module，MCM）。由于 MCM 技术是将多个裸芯片不加封装，直接装于同一基板并封装于一壳体内，它与一般 SMT 相比，面积减小了 3～6 倍，重量减轻了 3 倍以上。

可以说 MCM 技术是 SMT 的延伸，一组 MCM 的功能相当于一个分系统的功能。通常 MCM 基板的布线多于 4 层，且有 100 个以上的 I/O 引出端，并将 CS、FC、ASIC 器件与之相连。它代表 20 世纪 90 年代电子组装技术的精华，是半导体集成电路技术、厚膜/薄膜混合微电子技术、印制板电路技术的结晶。MCM 技术主要用于超高速计算机、外层空间电子技术中。

为了适应更高密度、多层互连和立体组装的要求，目前 SMT 已处于国际上称之为 MPT（Microelectronic Packaging Technology，微组装技术）的新阶段。

以 MCM、3D 为核心的 MPT 是在高密度、多层互连的 PCB 上，用微型焊接和封装工艺将微型元器件（主要是高集成度 IC）通过高密度组装、立体组装等组装方法进行组装，形成高密度、高速度和高可靠性的主体结构微电子产品（组件、部件、子系统或系统）。这种技术是当今微电子技术的重要组成部分，特别是在尖端高科技领域更具有十分重要的意义。在航天、航空、雷达、导航、电子干扰系统、抗干扰系统等方面都具有非常重要的应用前景。

作为第四代电子装联技术的 SMT，已经在现代电子产品，特别是在尖端科技电子设备、军用电子设备的微小型化、轻量化、高性能、高可靠性发展中发挥了极其重要的作用。

3．表面组装技术的发展动态

SMT 技术自 20 世纪 60 年代问世以来，经 40 多年的发展，已进入完全成熟的阶段，不仅成为当代电路组装技术的主流，而且正继续向纵深发展。

表面组装技术总的发展趋势是：元器件越来越小，组装密度越来越高，组装难度也越来越大。当前，SMT 正在以下四个方面取得新的技术进展：

（1）元器件体积进一步小型化。在大批量生产的微型电子整机产品中，0201 系列元件（外形尺寸 0.6 mm×0.3 mm）、窄引脚间距达到 0.3 mm 的 QFP 或 BGA、CSP 和 FC 等新型封装的大规模集成电路已经大量采用。由于元器件体积的进一步小型化，对 SMT 表面组装工艺水平、SMT 设备的定位系统等提出了更高的精度与稳定性要求。

（2）进一步提高 SMT 产品的可靠性。面对微小型 SMT 元器件被大量采用和无铅焊接技术的应用，在极限工作温度和恶劣环境条件下，消除因为元器件材料的线膨胀系数不匹配而产生的应力，避免这种应力导致电路板开裂或内部断线、元器件焊接被破坏成为不得不考虑的问题。

（3）新型生产设备的研制。在 SMT 电子产品的大批量生产过程中，焊锡膏印刷机、贴片机和再流焊设备是不可缺少的。近年来，各种生产设备正朝着高密度、高速度、高精度和多功能方向发展，高分辨率的激光定位、光学视觉识别系统、智能化质量控制等先进技术得到推广应用。

（4）柔性 PCB 的表面组装技术。随着电子产品组装中柔性 PCB 的广泛应用，在柔性 PCB 上组装 SMC 元件已被业界攻克，其难点在于柔性 PCB 如何实现刚性固定的准确定位要求。

1.1.2 SMT 的组装技术特点

SMT 工艺技术的特点可以通过其与传统通孔插装技术（THT）的差别比较体现。从组装工艺技术的角度分析，SMT 和 THT 的根本区别是"贴"和"插"。二者的差别还体现在基板、元器件、组件形态、焊点形态和组装工艺方法各个方面。

　　THT 采用有引线元器件，在印制板上设计好电路连接导线和安装孔，通过把元器件引线插入 PCB 上预先钻好的通孔中，暂时固定后在基板的另一面采用波峰焊接等软钎焊技术进行焊接，形成可靠的焊点，建立长期的机械和电气连接，元器件主体和焊点分别分布在基板两侧。采用这种方法，由于元器件有引线，当电路密集到一定程度以后，就无法解决缩小体积的问题了。同时，引线间相互接近导致的故障、引线长度引起的干扰也难以排除。

　　所谓表面组装技术，是指把片状结构的元器件或适合于表面组装的小型化元器件，按照电路的要求放置在印制板的表面上，用再流焊或波峰焊等焊接工艺装配起来，构成具有一定功能的电子部件的组装技术。SMT 和 THT 元器件安装焊接方式的区别如图 1-1 所示。在传统的 THT 印制电路板上，元器件安装在电路板的一面（元件面），引脚插到通孔里，在电路板的另一面（焊接面）进行焊接，元器件和焊点分别位于板的两面；而在 SMT 电路板上，焊点与元器件都处在板的同一面上。因此，在 SMT 印制电路板上，通孔只用来连接电路板两面的导线，孔的数量要少得多，孔的直径也小很多。这样，就能使电路板的装配密度极大提高。

　　之所以出现“插”和“贴”这两种截然不同的电路模块组装技术，是由于采用了外形结构和引脚形式完全不同的两种类型的电子元器件。为此，可以说电路模块组装技术的发展主要受元器件类型所支配。PCB 级电路模块或陶瓷基板组件的功能主要来源于电子元器件和互连导体组成的电路，而组装方式的变革使得 PCB 级电路模块或陶瓷基板组件的功能和性能的大幅度提高、体积和重量的大幅度减小成为可能。

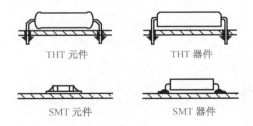

图 1-1　SMT 和 THT 元器件安装焊接方式的区别

　　表面组装技术和通孔插装元器件的方式相比，具有以下优越性：

　　（1）实现微型化。SMT 的电子部件，其几何尺寸和占用空间的体积比通孔插装元器件小得多，一般可减小 60%～70%，甚至可减小 90%；重量减轻 60%～90%。图 1-2 是采用 SMT 组装的具有 24 个元器件的电路板与一角硬币的比较。

图 1-2　采用 SMT 组装的具有 24 个元器件的电路板与一角硬币的比较

（2）信号传输速度高。结构紧凑、组装密度高，在电路板上双面贴装时，组装密度可以达到 5.5~20 个焊点/cm²，由于连线短、延迟小，可实现高速度的信号传输。同时，更加耐振动、抗冲击。这对于电子设备超高速运行具有重大的意义。

（3）高频特性好。由于元器件无引线或短引线，自然减小了电路的分布参数，降低了射频干扰。

（4）有利于自动化生产，提高成品率和生产效率。由于片状元器件外形尺寸标准化、系列化及焊接条件的一致性，使 SMT 的自动化程度很高。因为焊接过程造成的元器件失效将大大减少，提高了可靠性。

（5）材料成本低。现在，除了少量片状化困难或封装精度特别高的品种，由于生产设备的效率提高以及封装材料的消耗减少，绝大多数 SMT 元器件的封装成本已经低于同样类型、同样功能的 THT 元器件，随之而来的是 SMT 元器件的销售价格比 THT 元器件更低。

（6）SMT 技术简化了电子整机产品的生产工序，降低了生产成本。在印制板上组装时，元器件的引线不用整形、打弯、剪短，因而使整个生产过程缩短，生产效率得到提高。同样功能电路的加工成本低于通孔插装方式，一般可使生产总成本降低 30%~50%。

1.2　SMT 及 SMT 工艺技术的基本内容

1.2.1　SMT 的主要内容

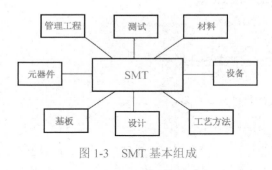

图 1-3　SMT 基本组成

SMT 是一项复杂的系统工程，其基本组成如图 1-3 所示。包含了表面组装元器件、组装基板、组装材料、组装工艺、组装设计、检测技术、组装和检测设备、控制和管理等诸多内容与技术，是一项综合性工程科学技术。

1. 表面组装元器件

（1）设计。结构尺寸、端子形式、耐焊接热等。

（2）制造。各种元器件的制造技术。

（3）包装。编带式、管式、托盘、散装等。

2. 电路基板

单（多）层 PCB、陶瓷、瓷釉金属板等。

3. 组装设计

电设计、热设计、元器件布局、基板图形布线设计等。

4. 组装工艺

（1）组装材料。粘接剂、焊料、焊剂、清洗剂。

（2）组装技术。涂敷技术、贴装技术、焊接技术、清洗技术、检测技术。

（3）组装设备。涂敷设备、贴装机、焊接机、清洗机、测试设备等。

（4）组装系统控制和管理。组装生产线或系统组成、控制与管理等。

5. 检测技术

（1）目视检验。

（2）自动光学检测（AOI）。

（3）自动 X 射线检测（X-Ray）。

（4）超声波检测。

（5）在线检测（ICT）和功能检测（FCT）等。

1.2.2　SMT 工艺技术的基本内容

SMT 工艺技术的主要内容可分为组装材料选择、组装工艺设计、组装技术和组装设备应用四大部分，如图 1-4 所示。

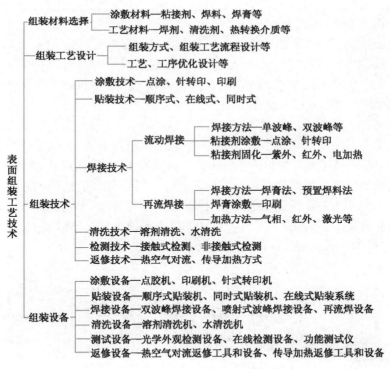

图 1-4　SMT 工艺技术主要内容

SMT 工艺技术涉及化工与材料技术（如各种焊锡膏、焊剂、清洗剂）、涂敷技术（如焊锡膏印刷）、精密机械加工技术（如模板制作）、自动控制技术（如设备及生产线控制）、焊接技术（如回流焊）和测试、检验技术（如自动光学检测、自动 X 射线检测）、组装设备应用技术等诸多技术。它具有 SMT 的综合性工程技术特征，是 SMT 的核心技术。

1.2.3 SMT 工艺技术规范

随着 SMT 的快速发展和普及，其工艺技术日趋成熟，并开始规范化。美、日等国均针对 SMT 工艺技术制定了相应标准。我国也制定有：《表面组装工艺通用技术要求》、《印制板组装件装联技术要求》、《电子元器件表面安装要求》等中国电子行业标准，其中《表面组装工艺通用技术要求》中对 SMT 生产线和组装工艺流程分类、对元器件和基板及工艺材料的基本要求、对各生产工序的基本要求、对储存和生产环境及静电防护的基本要求等内容进行了规范。

SMT 工艺设计和管理中可以以上述标准为指导来规范一些技术要求。由于 SMT 发展速度很快，其工艺技术将不断更新，所以，在实际应用中要注意上述标准引用的适用性问题。

1.2.4 SMT 生产系统的组线方式

由表面涂敷设备、贴装机、焊接机、清洗机、测试设备等表面组装设备形成的 SMT 生产系统习惯上称为 SMT 生产线。

目前，表面组装元器件的品种规格尚不齐全，因此在表面组装组件（SMA）中有时仍需要采用部分通孔插装（THT）元器件。所以，一般所说的表面组装组件中往往是插装件和贴装件兼有的，全部采用 SMC/SMD 的只是一部分。插装件和贴装件兼有的组装称为混合组装，全部采用 SMC/SMD 的组装称为全表面组装。

根据组装对象、组装工艺和组装方式不同，SMT 的生产线有多种组线方式。

图 1-5 所示为采用回流焊技术的 SMT 生产线的最基本组成，一般用于 PCB 单面组装 SMC/SMD 的表面组装场合，也称为单线形式。如果在 PCB 双面组装 SMC/SMD，则需要双线组线形式的生产线。当插装件和贴装件兼有时，还需在图 1-5 所示生产线基础上附加插装件组装线和相应设备。当采用的是非免清洗组装工艺时，还需附加焊后清洗设备。目前，一些大型企业设置了配有送料小车、以计算机进行控制和管理的 SMT 产品集成组装系统，它是 SMT 产品自动组装生产的高级组织形式。

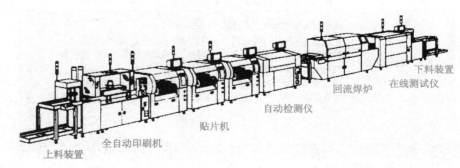

下料装置
在线测试仪
回流焊炉
自动检测仪
贴片机
全自动印刷机
上料装置

图 1-5　采用再流焊技术的 SMT 生产线基本组成示例

下面是 SMT 生产线的一般工艺过程，其中的焊锡膏涂敷方式、焊接方式以及点胶工序的有无，都是根据组线方式的不同而有所不同。

1．印刷

将焊锡膏或贴片胶漏印到 PCB 的焊盘上，为元器件的焊接做准备。所用设备为焊锡膏印刷机，位于 SMT 生产线的最前端。

2．点胶

它是将胶水滴到 PCB 的固定位置上，其主要作用是在采用波峰焊接时，将元器件固定到 PCB 上。所用设备为点胶机，位于 SMT 生产线的最前端或检测设备的后面。

3．贴装

将表面组装元器件准确安装到 PCB 的固定位置上。所用设备为贴片机，位于 SMT 生产线中焊锡膏印刷机的后面。

4．贴片胶固化

当使用贴片胶时，将贴片胶固化，从而使表面组装元器件与 PCB 牢固粘接在一起。所用设备为固化炉，位于 SMT 生产线中贴片机的后面。

5．回流焊接

将焊锡膏融化，使表面组装元器件与 PCB 牢固粘接在一起。所用设备为回流焊炉，位于 SMT 生产线中贴片机的后面。

6．清洗

将组装好的 PCB 上面对人体或产品有害的焊接残留物，如助焊剂等除去。所用设备为清洗机，位置可以不固定，可以在线，也可不在线。当使用免清洗焊接技术时，不设此过程。

7．检测

对组装好的 SMA（表面组装组件）进行焊接质量和装配质量的检测。所用设备有放大镜、显微镜、在线测试仪（ICT）、飞针测试仪、自动光学检测（AOI）仪、X-Ray 检测仪、功能测试仪等。位置根据检测的需要，可以配置在生产线合适的地方。

8．返修

对检测出故障的 SMA 进行返修。所用工具为电烙铁、返修工作站等。配置在生产线中任意位置。

1.3　SMT 生产环境及人员素质要求

 ### 1.3.1　生产环境要求

SMT 生产设备是高精度的机电一体化设备，设备和工艺材料对环境的清洁度、湿度、温度都有一定的要求，为了保证设备正常运行和组装质量，对工作环境有以下要求：

　　生产现场有定置区域线，楼层（班组）有定置图，定置图绘制符合规范要求；定置合理，标识应用正确；库房材料与在制品分类储存，所有物品堆放整齐、合理并定区、定架、定位，与位号、台账相符；凡停滞区内摆放的物品必须要有定置标识，不得混放。

　　在清洁文明方面应做到：料架、运输车架、周转箱无积尘；管辖区的公共走道通畅无杂物，楼梯、地面光洁无垃圾，门窗清洁无尘；文明作业，无野蛮、无序操作行为；实行"日小扫"、"周大扫"制度。

　　对现场管理有制度、有检查、有考核、有记录；立体包干区（包括线体四部位、设备、地面）整洁无尘，无多余物品；能做到"一日一查"、"日查日清"。

　　生产线的辅助环境是保证设备正常运行的必要条件，主要有以下几方面：

1. 动力因素

　　SMT 设备所需动力通常分为两部分：电能与压缩空气。其质量好坏不仅影响设备的正常运行，而且直接影响设备的使用寿命。

　　（1）压缩空气。SMT 生产线上，设备的动力是压缩空气，一台设备上少则几个气缸、电磁阀，多则二十几个气缸与电磁阀。压缩空气应用统一配备的气源管网引入生产线相应设备，空压机离厂房要有一定距离；气压通常为 0.5～0.6 MPa，由墙外引入时应考虑到管路损耗量；压缩空气应除油、除水、除尘，含油量低于 0.5×10^{-6}。

　　（2）采用三相五线制交流工频供电。所谓三相五线制交流工频供电是指除由电网接入 U、V、W 三相相线之外，电源的工作零线与保护地线要严格分开接入；在机器的变压器前要加装线路滤波器或交流稳压器，电源电压不稳及电源净化不好，机器会发生数据丢失及其他损坏。

2. SMT 车间正常环境

　　SMT 生产设备是高精度的机电一体化设备，对于环境的要求相对较高，应放置于洁净厂房中（不低于《GB73-84 洁净厂房设计规范》中的 100000 级）。

　　温度：20～26℃（具有焊锡膏、贴片胶专用存放冰箱时可放宽）；

　　在空调环境下，要有一定的新风量，尽量将 CO_2 含量控制在 1000 PPM 以下，CO 含量控制 10 PPM 以下，以保证人体健康。

　　相对湿度：40%～70%；

　　噪声：≤70 dB；

　　洁净度：粒径≤5.0≥0.5（μm），含尘浓度≤3.5×10^5≥2.5×10^4（粒/m²）。

　　对墙上窗户应加窗帘，避免日光直接射到机器上，因为 SMT 生产设备基本上都配置有光电传感器，强烈的光线会使机器误动作。

3. 防静电系统

　　SMT 现场应有防静电系统，系统及防静电地线应符合国家标准。生产设备必须接地良好，应采用三相五线接地法并独立接地。

　　（1）设立防静电安全工作台。由工作台、防静电桌垫、腕带接头和接地线等组成。

　　（2）防静电桌垫上应有两个以上的腕带接头，一个供操作人员用，另一个供技术人员和检验人员用。直接接触静电敏感器件的人员必须配带防静电腕带。

（3）防静电安全上作台上不允许放置易产生静电的杂物，塑料盒、橡皮、纸板、玻璃、图纸资料等，应放入防静电袋内。

（4）防静电容器。生产场所的元件料袋、周转箱、PCB 上下料架等应具备静电防护作用，不允许使用金属和普通容器，所有容器都必须接地。

（5）进入静电工作区的人员和接触 SMD 器件的人员必须穿防静电工作服，特别是在相对湿度小于 50% 的干燥环境中（如冬季）。防静电工作服应符合国家有关标准。

4．工艺纪律

SMT 机房要有严格的出入制度、严格的操作规程、严格的工艺纪律。如：凡非本岗位人员不得擅自入内，在学习期间的人员，至少两人方可上机操作，未经培训人员严禁上机；所有设备不得带故障运行，发现故障及时停机并向技术负责人汇报，排除故障后方可开机；所有设备与另部件，未经允许不得随意拆卸，室内器材不得带出车间等。

1.3.2　生产人员素质要求

SMT 是一项高新技术，对人的素质要求高，不仅要技术熟练，还要重视产品质量，责任心强，专业应有明确分工（一技多能更好）。

1．SMT 生产中必须具有的人员

（1）SMT 主持工艺师与 SMT 工程技术责任人。其职责是全面主持 SMT 工程工作；组织全面工艺设计；提出 SMT 专用设备选购方案；提出资金投入预算，并负责"投入保证"程序的实施；负责 SMT 工程"产出保证"程序的实施；组织工程文件化工作；研究新工艺，不断提高产品质量及生产效率；了解国内外 SMT 的发展趋势、调研市场发展动态；负责试制人员的技术培训。

（2）SMT 工艺师。其职责是确定产品生产程序，编制工艺流程；参与新产品开发，协助设计师做好 PCB 设计；熟悉元器件、PCB 以及质量认定；熟悉焊锡膏、贴片胶工艺性能以及评价；能现场处理生产中出现的问题，及时做好记录；掌握产品质量动态，对引起质量波动的原因进行分析，及时报告并提出质量部门的处理意见，监督生产线工艺的执行；负责组织产品的常规试验及其他试验；参与产品的开发研制工作，提出质量保证方案。

（3）SMT 工艺装备工程师。熟悉 SMT 设备的机、电工作原理；负责设备的安装和调试工作、组织操作工的技术培训及其他有关技术工作；负责点胶、涂膏、贴片、焊接、清洗及检测系统设备的选型，编制购置计划；了解各类设备的功能、价格及发展的最新动态；选择辅助设备，提出自备工装设备的技术要求和计划；负责设备的修理、保养工作，编制设备保养计划。

（4）SMT 检测工程师。其职责是负责 SMA 的质量检验，根据技术标准编制检验作业指导书，对检验员进行技术培训，积极宣传贯彻质量法规；负责检测技术及质量控制，包括针床设计及测试软件的编制；研究并提出 SMT 质量管理新办法；掌握测试设备发展最新动态。

（5）印制板布线设计工程师。其职责是：精通电器原理，会进行 PCB 的 CAD 设计；熟悉 SMC/SMD；熟悉 SMT 工艺（可同工艺师共同商议产品工艺流程）。

（6）质量统计管理员。其职责是负责统计、处理质量数据并及时向有关技术人员报告；掌握元器件等外购件及外协件的配料情况，能根据产品的生产日期查出元器件的生产厂家，向有关人员反映元器件的质量情况。

（7）生产线线长。其职责是贯彻正确的 SMT 工艺，监视工艺参数，对生产中的工艺问题及时与工艺师沟通、及时处理。重点监控焊锡膏的印刷工艺以及印刷机的刮刀压力、速度等，确保获得高质量的印刷效果；发挥设备的最大生产能力，减少辅助生产时间，重点是元器件上料时间，小组要考核自己生产线的 SMT 生产设备的利用率。小组对产品质量负责，开展三检：首检、抽检、终检。一旦发生质量问题，全组商议解决，小组要考核产品的直通率。

（8）焊锡膏印刷机、贴片机、回流焊炉等各主设备责任操作员。其职责是熟练、正确操作设备（含编程）；掌握设备保养知识；熟记设备正常状态下的环境位置，例如灯光指示状态、开关存在状态、运行机械状态以及设备的其他典型状态；掌握辅助材料性能及应用保管方法；熟悉 SMC/SMD。

2．人员培训

SMT 是一项技术密集型、对人材素质要求高的工作，应做好人员培训工作，培训可以采取"请进来、送出去"等多种方法，在明确要求的前提下制订明确的培训计划。

（1）对工人的培训内容。SMT 材料，重点是焊膏、贴片胶；SMT 元器件；SMT 基板；SMT 印刷、点胶、贴放、固化工艺；SMT 的检验标准、方法；统计知识及 SPC、TQC、SQC。

（2）对技术人员的培训内容。SMT 理论；SMT 国内外检验标准，各种常见的 SMT 的缺陷及其产生原因，检验方法，排除方法，统计知识及图表；SQC 的内容及实施办法。

（3）对设计人员的培训。根据电路原理图设计 SMA、MCM 的设计能力，包括热设计、电磁兼容性设计、可靠性设计；SMA、MCM 更完善的检测方法；SMA、MCM 直通率的提高，质量保证和管理；设备的电脑控制系统，各种高速、高精度、高稳定的伺服系统、光学图像识别系统。

通过培训及考核，定岗任用优秀人才，使各岗位人员能胜任中心的各项工作，为 SMT 生产中采用新技术、新设备，提高焊接质量奠定坚实的基础。

1.4　思考与练习题

1．表面组装技术和通孔插装元器件的方式相比，具有哪些优越性？
2．简述表面组装技术的主要内容。
3．简述 SMT 生产线的一般工艺过程。
4．写出 SMT 生产系统的基本组成。
5．对 SMT 生产环境有哪些具体要求？
6．SMT 生产中必须具有哪些工作人员？各自的职责是什么？

第2章

SMT 元器件

2.1 SMT 元器件的特点和种类

2.1.1 SMT 元器件的特点

SMT 元器件俗称无引脚元器件或片式元器件。习惯上人们把 SMT 无源元件，如片式电阻、电容、电感又称为 SMC（Surface Mounted Components），而将有源器件，如小外形晶体管 SOT 及四方扁平组件（QFP）称为 SMD（Surface Mounted Devices）。无论是 SMC 还是 SMD，在功能上都与传统的通孔安装元器件相同。起初是为了减小体积而制造，然而，它们一经问世，就表现出强大的生命力，其体积明显减小、高频特性提高、耐振动、安装紧凑等优点是传统通孔元件所无法比拟的，从而极大地刺激了电子产品向多功能、高性能、微型化、低成本的方向发展。同时，这些微型电子产品又促进了 SMC 和 SMD 继续向微型化发展。片式电阻电容已由早期的 3.2 mm×1.6 mm 缩小到 0.4 mm×0.2 mm，IC 的引脚中心距已由 1.27 mm 减小到 0.3 mm，且随着裸芯片技术的发展，BGA 和 CSP 类多引脚器件已广泛应用到生产中。此外，一些机电元件，如开关、继电器、滤波器、延迟线，也都实现了片式化。

1. SMT 元器件的特点

（1）在 SMT 元器件的电极上，有些焊端完全没有引线，有些只有非常短小的引线；SMT 集成电路相邻电极之间的距离比传统的 THT 集成电路的标准引线间距（2.54 mm）小很多，目前引脚中心间距已经达到 0.3 mm。在集成度相同的情况下，SMT 器件的体积比 THT 元器件小很多；在同样体积的情况下，SMT 器件的集成度提高了很多倍。

（2）SMT 元器件直接贴装在 PCB 的表面，将电极焊接在与元器件同一面的焊盘上。这样，PCB 上通孔的直径仅由制作印制电路板时金属化孔的工艺水平决定，通孔的周围没有焊盘，使 PCB 的布线密度和组装密度大大提高。

2. SMT 元器件不足之处

（1）器件的片式化发展不平衡，阻容器件、晶体管、IC 发展较快，异形器件、插座、振荡器等发展迟缓。

（2）已片式化的元器件，尚未能完全标准化，不同国家乃至不同厂家的产品存在较大差异。因此，在设计、选用元器件时，一定要弄清楚元器件的型号、厂家及性能等，以避免出现因互换性差而造成的缺陷。

（3）元器件与 PCB 表面非常贴近，与基板间隙小，给清洗造成困难；元器件体积小，电阻、电容一般不设标记，一旦弄乱就不易搞清楚；特别是元器件与 PCB 之间热膨胀系数的差异性等也是 SMT 产品中影响质量的因素。

2.1.2　SMT 元器件的种类

SMT 元器件基本上都是片状结构。但片状是个广义的概念，从结构形状说，SMT 元器件包括薄片矩形、圆柱形、扁平异形等；SMT 元器件同传统元器件一样，也可以从功能上分类为无源元件 SMC、有源器件 SMD 和机电元件三大类。

SMT 元器件的详细分类见表 2-1。

表 2-1　SMT 元器件的详细分类

类　别	封装形式	种　类
无源 SMT 元件 SMC	矩形片式	厚膜和薄膜电阻器、热敏电阻、压敏电阻、单层或多层陶瓷电容器、钽电解电容器、片式电感器、磁珠、石英晶体等
	圆柱形	碳膜电阻器、金属膜电阻器、陶瓷电容器、热敏电容器等
	异形	电位器、微调电位器、铝电解电容器、微调电容器、线绕电感器、晶体振荡器、变压器等
	复合片式	电阻网络、电容网络、滤波器等
有源 SMT 器件 SMD	圆柱形	二极管
	陶瓷组件（扁平）	无引脚陶瓷芯片载体 LCCC、有引脚陶瓷芯片载体 CBGA
	塑料组件（扁平）	SOT、SOP、SOJ、PLCC、QFP、BGA、CSP 等
机电元件	异形	继电器、开关、连接器、延迟器、薄型微电机等

SMT 元器件按照使用环境分类，可分为非气密性封装器件和气密性封装器件。非气密性封装器件对工作温度的要求一般为 0～70℃。气密性封装器件的工作温度范围可达到 −55～+125℃。气密性器件价格昂贵，一般使用在高可靠性产品中。

2.2　SMT 电阻器

2.2.1　SMT 固定电阻器

1．SMT 电阻器的封装外形

SMT 电阻器按封装外形，可分为片状和圆柱状两种，外形与结构如图 2-1 所示。SMT 电阻器按制造工艺可分为厚膜型（RN 型）和薄膜型（RK 型）两大类。片状 SMT 电阻器一般是用厚膜工艺制作的：在一个高纯度氧化铝（A1$_2$O$_3$，96%）基底平面上网印二氧化钌（RuO$_2$）电阻浆来制作电阻膜；改变电阻浆料成分或配比，就能得到不同的电阻值，也可以用激光在电阻膜上刻槽微调电阻值；然后再印刷玻璃浆覆盖电阻膜，并烧结成釉保护层，最后把基片两端做成焊端。

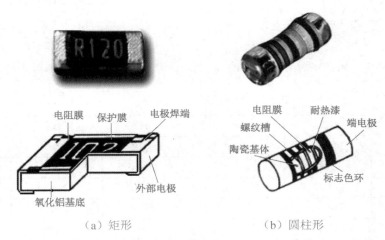

（a）矩形　　　　　　　　（b）圆柱形

图 2-1　片状电阻器的外形与结构

圆柱形 SMT 电阻器（MELF）可以用薄膜工艺来制作；在高铝陶瓷基柱表面溅射镍铬合金膜或碳膜，在膜上刻槽调整电阻值，两端压上金属焊端，再涂覆耐热漆形成保护层并印上色环标志。圆柱形 SMT 电阻器主要有碳膜 ERD 型、金属膜 ERO 型及跨接用的 0 Ω 电阻器三种。

2．外形尺寸

片状 SMT 电阻器是根据其外形尺寸的大小划分成几个系列型号的，现有两种表示方法，欧美产品大多采用英制系列，日本产品大多采用公制系列，我国这两种系列都可以使用。无论哪种系列，系列型号的前两位数字表示元件的长度，后两位数字表示元件的宽度。例如，公制系列 3216（英制 1206）的矩形片状电阻，长 L=3.2 mm（0.12 in），宽 W=1.6 mm（0.06 in）。并且，系列型号的发展变化也反映了 SMC 元件的小型化进程：5750（2220）→4532（1812）→3225（1210）→3216（1206）→2520（1008）→2012（0805）→1608（0603）→1005（0402）→0603（0201）→0402（01005）。典型 SMC 系列的外形尺寸见表 2-2。

图 2-2 所示是一个矩形 SMT 电阻器的外形尺寸示意图。

图 2-3 是 MELF 电阻器的外形尺寸示意图，以 ERD-21TL 为例，L=2.0（+0.1，-0.05）mm，D=1.25（±0.05）mm，T=0.3（+0.1）mm，H=1.4 mm。

通常电阻封装尺寸与功率的关系为：0201—1/20 W，0402—1/16 W，0603—1/10 W，0805—1/8 W，1206—1/4 W。

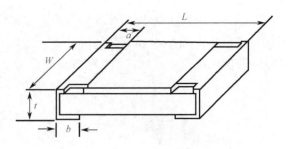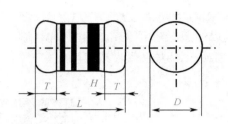

图 2-2　矩形 SMT 电阻器的外形尺寸示意图　　　　图 2-3　　MELF 电阻器的外形尺寸示意图

表 2-2　　典型 SMC 系列的外形尺寸　　　　　　　　　（单位：mm/in）

公制/英制型号	L	W	a	b	T
3216/1206	3.2/0.12	1.6/0.06	0.5/0.02	0.5/0.02	0.6/0.024
2012/0805	2.0/0.08	1.25/0.05	0.4/0.016	0.4/0.016	0.6/0.016
1608/0603	1.6/0.06	0.8/0.03	0.3/0.012	0.3/0.012	0.45/0.018
1005/0402	1.0/0.04	0.5/0.02	0.2/0.008	0.25/0.01	0.35/0.014
0603/0201	0.6/0.02	0.3/0.01	0.2/0.005	0.2/0.006	0.25/0.01

3．标称数值的标注

从电子元件的功能特性来说，SMT 电阻器的参数数值系列与传统插装元件的差别不大，标准的标称数值系列有 E6（电阻值允许偏差±20%）、E12（电阻值允许偏差±12%）、E24（电阻值允许偏差±5%），精密元件还有 E48（电阻值允许偏差±2%）、E96（电阻值允许偏差±1%）等几个系列。

1005、0603 系列片状电阻器的表面积太小，难以用手工装配焊接，所以元件表面不印刷它的标称数值（参数印在编带的带盘上）；3216、2012、1608 系列片状 SMT 电阻器的标称数值一般用印在元件表面上的三位数字表示（E24 系列）：前两位数字是有效数字，第 3 位是倍率乘数（有效数字后所加"0"的个数）。例如，电阻器上印有 114，表示阻值 110 kΩ；表面印有 5R6，表示阻值 5.6 Ω；表面印有 R39，表示阻值 0.39 Ω；跨接电阻采用 000 表示。

当片状电阻器阻值允许偏差为±1%时，阻值采用 4 位数字表示：若电阻值≥100 时，前 3 位数字是有效数字，第 4 位表示有效数字后所加"0"的个数，如 2002 表示 20 kΩ，阻值介于 10～100 Ω 时，在小数点处加"R"，如 15.5 Ω 记为 15R5，阻值小于 10 Ω 时，在小数点处加"R"，不足 4 位的在末尾加"0"，如 4.8 Ω 记为 4R80。

圆柱形电阻器用三位、四位或五位色环表示阻值的大小，每位色环所代表的意义与通孔插装色环电阻完全一样。例如：五位色环电阻器色环从左至右第一位色环是绿色，其有效值为 5；第二位色环为棕色，其有效值为 1；第三位色环是黑色，其有效值为 0；第四位色环为红色，其乘数为 10^2；第五位色环为棕色，其允许偏差为±1%。则该电阻的阻值为 51000 Ω（51.00 kΩ），允许偏差为±1%。

SMT 电阻器在料盘等包装上的标注目前尚无统一的标准，不同生产厂家的标注不尽相同，图 2-4 所示是某国产片状电阻器标识的含义，图中的标识"RC05K103JT"表示该电阻器是 0805 系列 10 kΩ±5% 片状电阻器，温度系数为 ±250%。

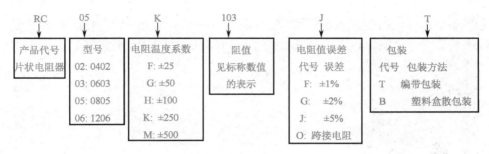

图 2-4　片状电阻器标识的含义

4．SMT 电阻器的主要技术参数

虽然 SMT 电阻器的体积很小，但它的数值范围和精度并不差，常用典型 SMC 电阻器的主要技术参数见表 2-3。3216 系列的阻值范围是 0.39 Ω～10 MΩ，额定功率可达到 1/4 W，允许偏差有 ±1%、±2%，±5% 和 ±10% 四个系列，额定工作温度上限是 70℃。

表 2-3　常用典型 SMC 电阻器的主要技术参数

系列型号	3216	2012	1608	1005
阻值范围	0.39 Ω～10 MΩ	2.2 Ω～10 MΩ	1 Ω～10 MΩ	10 Ω～10 MΩ
允许偏差/%	±1，±2，±5	±1，±2，±5	±2，±5	±2，±5
额定功率/W	1/4，1/8	1/10	1/16	1/16
最大工作电压/V	200	150	50	50
工作温度范围/额定温度/℃	−55～+125/70	−55～+125/70	−55～+125/70	−55～+125/70

5．SMT 电阻器的焊端结构

片状 SMT 电阻器的电极焊端一般由三层金属构成，如图 2-5 所示。焊端的内部电极通常是采用厚膜技术制作的钯银（Pd-Ag）合金电极，中间电极是镀在内部电极上的镍（Ni）阻挡层，外部电极是铅锡（Sn-Pb）合金。中间电极的作用是避免在高温焊接时焊料中的铅和银发生置换反应，从而导致厚膜电极"脱帽"，造成虚焊或脱焊。镍的耐热性和稳定性好，对钯银内部电极起到了阻挡层的作用；但镍的可焊接性较差，镀铅锡合金的外部电极可以提高可焊接性。随着无铅焊接技术的推广，焊端表面的合金镀层也将改变成无铅焊料。

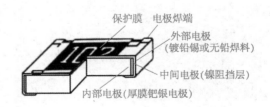

图 2-5　片状 SMT 电阻器的电极焊端

2.2.2 SMT 电阻排（电阻网络）

电阻排也称电阻网络或集成电阻，它是将多个参数与性能一致的电阻，按预定的配置要求连接后置于一个组装体内的电阻网络。图 2-6 所示为 8P4R（8 引脚 4 电阻）3216 系列 SMT 电阻网络的外形与尺寸。

YC16

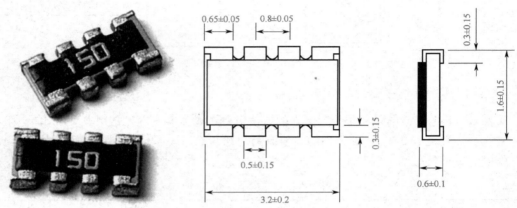

图 2-6 8P4R（8 引脚 4 电阻）3216 系列 SMT 电阻排（电阻网络）

电阻网络按结构可分为 SOP 型、芯片功率型、芯片载体型和芯片阵列型 4 种。根据用途的不同，电阻网络有多种电路形式，芯片阵列型电阻网络的常见电路形式如图 2-7 所示。小型固定电阻网络一般采用标准矩形封装，主要有 0603、0805、1206 等几种尺寸，电阻网络内部的电阻值用数字标注在外壳上，意义与普通固定贴片电阻相同，其精度一般为 J（5%）、G（2%）、F（1%）。

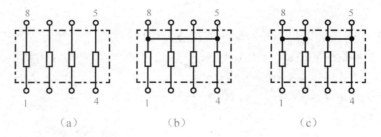

图 2-7 芯片阵列型电阻网络的常见电路形式

2.2.3 SMT 电位器

SMT 电位器，又称为片式电位器。它包括片状、圆柱状、扁平矩形结构各种类型。标称阻值范围在 100 Ω～1 MΩ 之间，阻值允许偏差±25%，额定功耗系列为 0.05 W，0.1 W，0.125 W，0.2 W，0.25 W，0.5 W，阻值变化规律为线性。按其结构的不同，可分为以下几种类型。

1．敞开式结构

敞开式电位器的结构如图 2-8 所示。它又分为直接驱动簧片结构和绝缘轴驱动簧片结构。这种电位器无外壳保护，灰尘和潮气易进入产品，对性能有一定影响，但价格低廉，因此，常用于消费类电子产品中。敞开式的平状电位器仅适用于焊锡膏-再流焊工艺，不适用于贴片波峰焊工艺。

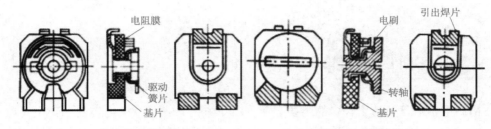

（a）直接驱动簧片结构　　　　（b）绝缘轴驱动簧片结构

图 2-8　敞开式电位器的结构

2．防尘式结构

防尘式电位器的结构如图 2-9 所示，有外壳或护罩，灰尘和潮气不易进入产品，性能好，多用于投资类电子整机和高档消费类电子产品中。

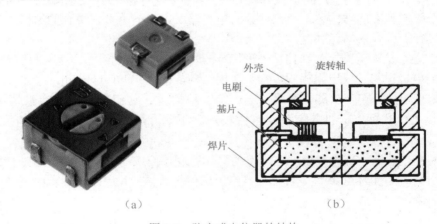

（a）　　　　　　　　（b）

图 2-9　防尘式电位器的结构

3．微调式结构

微调式电位器的结构如图 2-10 所示，属精细调节型，性能好，但价格昂贵，多用于投资类电子整机中。

4．全密封式结构

全密封式结构的电位器有圆柱形和扁平矩形两种形式，具有调节方便、可靠、寿命长的特点。圆柱

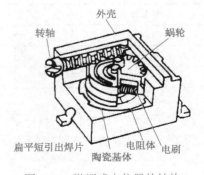

图 2-10　微调式电位器的结构

形电位器的结构如图 2-11 所示，它又分为顶调和侧调两种。

（a）圆柱形顶调电位器的结构　　（b）圆柱形侧调电位器的结构

图 2-11　圆柱状电位器的结构

 ## 2.3　SMT 电容器

SMT 电容器目前使用较多的主要有两种：陶瓷系列（瓷介）的电容器和钽电解电容器，其中瓷介电容器约占 80%，其次是钽和铝电解电容器。有机薄膜和云母电容器使用较少。

2.3.1　片式叠层陶瓷电容器

在片式电容器里用得最多的是片式叠层陶瓷介质电容器。片式叠层陶瓷电容器（MLCC），简称片式叠层电容器，是由印好电极（内电极）的陶瓷介质膜片以错位的方式叠合起来，经过一次性高温烧结形成陶瓷芯片，再在芯片的两端封上金属层（外电极），从而形成一个类似独石的结构体，故也称独石电容器；它是一个多层叠合的结构，其实质是多个简单平行板电容器的并联体。

MLCC 通常是无引脚矩形结构，外形标准与片状电阻大致相同，仍然采用长×宽表示。MLCC 外层电极也与片式电阻相同，都是 3 层结构，即 Ag-Ni/Cd-Sn/Pb。

MLCC 所用介质有 COG、X_7R、Z_5V 等多种类型，它们有不同的容量范围及温度稳定性，以 COG 为介质的电容温度特性较好。不同介质材料 MLCC 的电容量范围见表 2-4。

多层陶瓷电感器内部电极以低电阻率的导体银联接而成，提高了 Q 值和共振频率特性，采用整体结构，具有高可靠性、高品质、高电感值等特性；其应用正逐步由消费类产品向投资类产品渗透和发展。

表 2-4　不同介质材料 MLCC 的电容量范围

型号	COG	X_7R	Z_5V
0805C	10～560 pF	120 pF～0.012 μF	
1206C	680～1500 pF	0.016～0.033 μF	0.033～0.10 μF
1812C	1800～5600 pF	0.039～0.12 μF	0.12～0.47 μF

对于元件上的标注，早期采用英文字母及数字表示其电容量，它们均代表特定的数值，只要查表就可以估算出电容的容量值，字母数值对照表见表 2-5、表 2-6。

表 2-5　片式电容容量系数表

字母	A	B	C	D	E	F	G	H	J	K	L
容量系数	1.0	1.1	1.2	1.3	1.5	1.6	1.8	2.0	2.2	2.4	2.7
字母	M	N	P	Q	R	S	T	U	V	W	X
容量系数	3.0	3.3	3.6	3.9	4.3	4.7	5.1	5.6	6.2	6.8	7.5
字母	Y	Z	a	b	C	d	e	f	m	n	t
容量系数	8.2	9.1	2.5	3.5	4.0	4.5	5.0	6.0	7.0	8.0	9.0

表 2-6　片式电容容量倍率表/pF

下标数字	0	1	2	3	4	5	6	7	8	9
容量倍率	1	10^1	10^2	10^3	10^4	10^5	10^6	10^7	10^8	10^9

　　例如，标注为 F_5，从系数表中查知字母 F 代表系数为 1.6，从倍率表中查知下标 5 表示容量倍率 10^5，由此可知该电容容量为 $1.6×10^5$ pF。

　　现在，片式瓷介电容器上通常不做标注，相关参数标记在料盘上。对于片式电容外包装上的标注，到目前为止仍无统一的标准，不同厂家标注略有不同。MLCC 的结构与外形如图 2-12 所示。

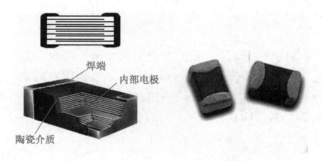

焊端　内部电极　陶瓷介质

图 2-12　MLCC 的结构与外形

2.3.2　SMT 电解电容器

　　常见的 SMC 电解电容器有铝电解电容器和钽电解电容器两种。

1. 铝电解电容器

　　铝电解电容器的容量和额定工作电压的范围比较大，因此做成贴片形式比较困难，一般是异形。主要应用于各种消费类电子产品中，价格低廉。按照外形和封装材料的不同，铝电解电容器可分为矩形（树脂封装）和圆柱形（金属封装）两类。

　　铝电解电容器的制作方法为将高纯度的铝箔（含铝 99.9%～99.99%）电解腐蚀成高倍率的附着面，然后在硼酸、磷酸等弱酸性的溶液中进行阳极氧化，形成电介质薄膜，作为阳极箔；将低纯度的铝箔（含铝 99.5%～99.8%）电解腐蚀成高倍率的附着面，作为阴极箔；

用电解纸将阳极箔和阴极箔隔离后烧成电容器芯子，经电解液浸透，根据电解电容器的工作电压及电导率的差异，分成不同的规格，然后用密封橡胶铆接封口，最后用金属铝壳或耐热环氧树脂封装。

由于铝电解电容器采用非固体介质作为电解材料，因此在再流焊工艺中，应严格控制焊接温度，特别是再流焊接的峰值温度和预热区的升温速率。采用手工焊接时电烙铁与电容器的接触时间应尽量控制在 2 s 以下。

铝电解电容器的电容值及耐压值在其外壳上均有标注，外壳上的深色标记代表负极，如图 2-13 所示。图 (a) 是铝电解电容器的形状和结构，图 (b) 是它的标注和极性表示方式。

贴片式的组装工艺中电容本身也是直立于 PCB 的，与插件式铝电解电容器的区别是 SMT 贴片电容有黑色的橡胶底座。

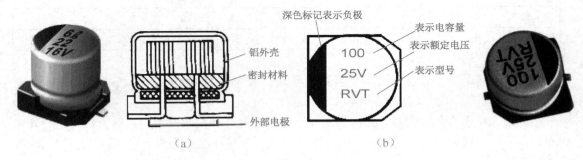

（a） （b）

图 2-13 SMC 铝电解电容器

2. 钽电解电容

固体钽电解电容器的性能优异，是所有电容器中体积小而又能达到较大电容量的产品。因此容易制成适于表面贴装的小型和片式元件。虽然钽原料稀缺，钽电容价格较昂贵，但由于大量采用高比容钽粉，加上对电容器制造工艺的改进和完善，钽电解电容器得到了迅速的发展，使用范围日益广泛。

目前生产的钽电解电容器主要有烧结型固体、箔形卷绕固体、烧结型液体等三种，其中烧结型固体约占目前生产总量的 95%以上，而又以非金属密封型的树脂封装式为主体。图 2-14 所示是烧结型固体电解质片状钽电容器的内部结构图。

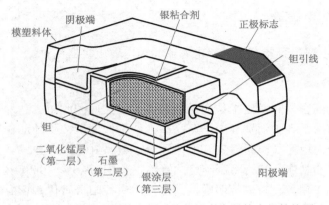

图 2-14 烧结型固体电解质片状钽电容器的内部结构图

　　钽电解电容器的工作介质是在钽金属表面生成的一层极薄的五氧化二钽膜。此层氧化膜介质与组成电容器的一个端极结合成整体，不能单独存在。因此单位体积内所具有的电容量特别大。即比容量非常高，所以特别适宜于小型化。在钽电解电容器工作过程中，具有自动修补或隔绝氧化膜中疵点的性能，使氧化膜介质随时得到加固和恢复其应有的绝缘能力，而不致遭到连续的累积性破坏。这种独特自愈性能，保证了其长寿命和可靠性的优势。

　　按照其外形，钽电解电容器可以分为片状矩形和圆柱形两种。按封装形式的不同，分为裸片型、模塑封装型和端帽型 3 种，如图 2-15 所示。

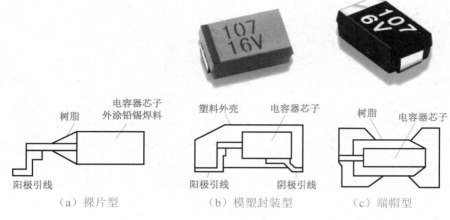

图 2-15　SMC 钽电解电容器的类型

　　① 裸片型即无封装外壳，吸嘴无法吸取，故贴片机无法贴装，一般用于手工贴装。其尺寸小，成本低，但对恶劣环境的适应性差。对于裸片型钽电解电容器来讲，有引线一端为正极。

　　② 模塑封装型即常见的矩形钽电解电容器，多数为浅黄色塑料封装。其单位体积电容低，成本高，尺寸较大，可用于自动化生产中。该类型电容器的阴极和阳极与框架引脚的连接会导致热应力过大，对机械强度影响较大，广泛应用于通信类电子产品中。对于模塑封装型钽电解电容来讲，靠近深色标记线的一端为正极。

　　③ 端帽型也称树脂封装型，主体为黑色树脂封装，两端有金属帽电极。它的体积中等，成本较高，高频性能好，机械强度高，适合自动贴装，常用于投资类电子产品中。对于端帽型钽电解电容器来讲，靠近白色标记线的一端为正极。

　　端帽型钽电解电容器尺寸范围为：宽度 1.27～3.81 mm，长度 2.54～7.239 mm，高度 1.27～2.794 mm。电容量范围是 0.1～100 μF，直流工作电压范围为 4～25 V。

　　④ 圆柱形。圆柱形钽电解电容器由阳极、固体半导体阴极组成，采用环氧树脂封装。该电容器的制作方法为将作为阳极引脚的钽金属线放入钽金属粉末中，加压成形，然后在 1650～2000℃的高温真空炉中烧结成阳极芯片，将芯片放入磷酸等电解质中进行阳极氧化，形成介质膜，通过钽金属线与非磁性阳极端子连接后作为阳极。然后浸入硝酸锰等溶液中，在 200～400℃的气浴炉中进行热分解，形成二氧化锰固体电解质膜并作为阴极。成膜后，在二氧化锰层上沉积一层石墨，再涂银浆，用环氧树脂封装，最后打上标志。从圆柱形钽

电解电容器的结构可以看出，该电容器有极性。阳极采用非磁性金属，阴极采用磁性金属，所以，通常可根据磁性来判断正负电极。其电容值采用色环标定，具体颜色对应的数值见表 2-7。

表 2-7　圆柱形钽电解电容器的色环标志

额定电压/V	本色涂色	标称容量/μF	色　环			
			第 1 环	第 2 环	第 3 环	第 4 环
35	橙色	0.1	茶	黑	黄	粉红
		0.15	色	绿		
		0.22	红	红		
		0.33	橘红	橘红		
		0.47	黄	紫		
		0.68	蓝	灰		
10	粉红色	1.00	茶	黑	绿	绿
		1.50	色	绿		
		2.20	红	红		
6.3		3.30	橘红	橘红		黄
		4.70	黄	紫		

2.4　SMT 电感器

　　SMT电感器是继SMT电阻器、SMT电容器之后迅速发展起来的一种新型无源元件。

　　SMT 电感器除了与传统的插装电感器有相同的扼流、退耦、滤波、调谐、延迟、补偿等功能外，还特别在 LC 调谐器、LC 滤波器、LC 延迟线等多功能器件中体现了独到的优越性。

　　由于电感器受线圈制约，片式化比较困难，故其片式化晚于电阻器和电容器，其片式化率也低。尽管如此，电感器的片式化仍取得了很大的进展。不仅种类繁多，而且相当多的产品已经系列化、标准化，并已批量生产。SMT 电感器的常见类型见表 2-8。目前用量较大的主要有绕线型、多层型和卷绕型。

表 2-8　SMT 电感器类型

类　型	形　状	种　类
固定电感器	矩形	绕线型、多层型、固态型
	圆柱形	绕线型、卷绕印刷型、多层卷绕型
可调电感器	矩形	绕线型（可调线圈、中频变压器）
LC 复合元件	矩形	LC 滤波器、LC 调谐器、中频变压器、LC 延迟线
	圆柱形	LC 滤波器、陷波器
特殊产品		LC、LRC、LR 网络

2.4.1　绕线型 SMT 电感器

绕线型 SMT 电感器实际上是把传统的卧式绕线电感器稍加改进而成。制造时将导线（线圈）缠绕在磁芯上。低电感时用陶瓷作磁芯，大电感时用铁氧体作磁芯，绕组可以垂直也可水平。一般垂直绕组的尺寸最小，水平绕组的电性能要稍好一些，绕线后再加上端电极。端电极也称外部端子，它取代了传统的插装式电感器的引线，绕线型 SMT 电感器的实物外观如图 2-16 所示。

图 2-16　绕线型 SMT 电感器的实物外观

对绕线型 SMT 电感器来说，由于所用磁芯不同，故结构上也有多种形式。

① 工字形结构。这种电感器是在工字形磁芯上绕线制成的，如图 2-17（a）（开磁路）、图 2-17（b）（闭磁路）所示。

② 槽形结构。槽形结构是在磁性体的沟槽上绕上线圈而制成的，如图 2-17（c）所示。

③ 棒形结构。这种结构的电感器与传统的卧式棒形电感器基本相同，它是在棒形磁芯上绕线而成的。只是它用适合 SMT 用的端电极代替了插装用的引线。

④ 腔体结构。这种结构是把绕好的线圈放在磁性腔体内，加上磁性盖板和端电极而成，如图 2-17（d）所示。

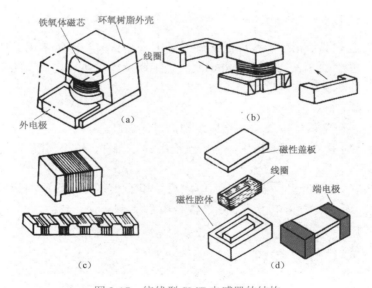

图 2-17　绕线型 SMT 电感器的结构

图 2-18 是各种片式绕线型 SMT 电感器的实物照片图。

图 2-18   片式绕线型 SMT 电感器的实物图

2.4.2   多层型 SMT 电感器

多层型 SMT 电感器也称多层型片式电感器（MLCI），它的结构和多层型陶瓷电容器相似，制造时由铁氧体浆料和导电浆料交替印刷叠层后，经高温烧结形成具有闭合磁路的整体。导电浆料经烧结后形成的螺旋式导电带，相当于传统电感器的线圈，被导电带包围的铁氧体相当于磁芯，导电带外围的铁氧体使磁路闭合。其外形与结构如图 2-19 所示。

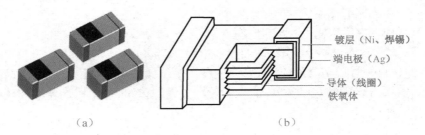

（a）   （b）

图 2-19   多层型 SMT 电感器的结构

MLCI 的制造关键是相当于线圈的螺旋式导电带。目前导电带常用的加工方法有交替（分部）印刷法和叠片通孔过渡法。此外，低温烧结铁氧体材料选择适当的粘合剂种类与含量，对 MLCI 的性能也是非常重要的。

MLCI 具有如下特点：

（1）线圈密封在铁氧体中并作为整体结构，可靠性高。

（2）磁路闭合，磁通量泄漏很少，不干扰周围的元器件，也不易受邻近元器件的干扰，适宜高密度安装。

（3）无引线，可做到薄型、小型化。但电感量和 Q 值较低。多层型片式电感器广泛应用在 VTR、TV、音响、汽车电子、通信、混合电路中。

2.5   SMT 分立器件

SMT 分立器件包括各种分立半导体器件，有二极管、晶体管、场效应管，也有由两三只晶体管、二极管组成的简单复合电路。典型 SMT 分立器件的外形如图 2-20 所示，电极引脚数为 2～6 个。

二极管类器件一般采用 2 端或 3 端 SMT 封装，小功率晶体管类器件一般采用 3 端或 4 端 SMT 封装，4～6 端 SMT 器件内大多封装了 2 只晶体管或场效应管。

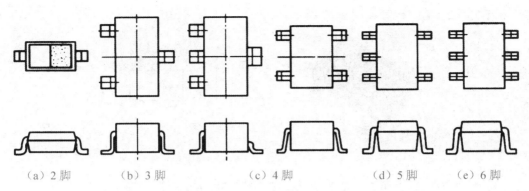

（a）2 脚　　　（b）3 脚　　　　（c）4 脚　　　　（d）5 脚　　　（e）6 脚

图 2-20　典型 SMT 分立器件的外形

2.5.1　SMT 二极管

SMT 二极管有无引线柱形玻璃封装和片状塑料封装两种。

1．无引线柱形玻璃封装二极管

无引线柱形玻璃封装二极管是将管芯封装在细玻璃管内，两端以金属帽为电极。常见的有稳压、开关和通用二极管，功耗一般为 0.5～1 W。外形尺寸有 ϕ1.5 mm×3.5 mm 和 ϕ2.7 mm×5.2 mm 两种，外形如图 2-21（a）所示。

2．矩形片式塑料封装二极管

（1）塑料封装二极管一般做成矩形片状，额定电流 150 mA～1 A，耐压 50～400 V，单管封装外形尺寸为 3.8 mm×1.5 mm×1.1 mm。外形如图 2-21（b）所示。

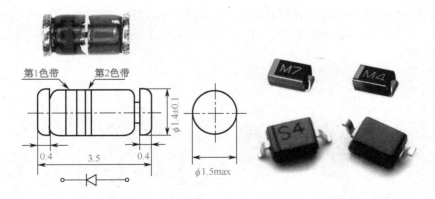

（a）无引线柱形玻璃封装二极管　　（b）矩形片式塑料封装二极管

图 2-21　SMT 二极管

（2）片式塑封复合二极管。所谓复合二极管是指在一个封装内，包含有 2 个以上的二极管，以满足不同的电路工作要求。复合二极管不仅可以减小元器件的数量和体积，更重要是能保证同一个封装内二极管参数的一致性。复合二极管的组合形式有共阴极式、共阳极式、串联式和独立式等类型。复合二极管的常见封装形式有 SOT-23、SC-70、EM-3、SOT-89

等。SOT-23 封装的二极管如图 2-22 所示。

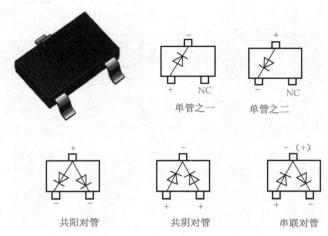

单管之一　　　单管之二

共阳对管　　　共阴对管　　　串联对管

图 2-22　SOT-23 封装的二极管

图 2-23　片式发光二极管

（3）片式发光二极管。图 2-23 所示为片式发光二极管（片式 LED），片式 LED 是一种新型表面贴装式半导体发光器件，具有体积小、散射角大、发光均匀性好、可靠性高等优点，发光颜色包括白光在内的各种颜色，因此被广泛应用在各种电子产品上。

2.5.2　SMT 晶体管

晶体管（三极管）采用带有翼形短引线的塑料封装，即 SOT 封装。可分为 SOT-23、SOT-89、SOT-l43、SOT-252 几种尺寸结构，产品有小功率管、大功率管、场效应管和高频管几个系列；其中 SOT-23 是通用的 SMT 晶体管，SOT-23 有 3 条翼形引脚，外形与内部结构如图 2-24 所示。

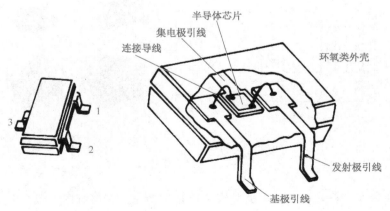

图 2-24　SOT-23 封装晶体管外形与结构

SOT-89 适用于较高功率的场合，它的 e、b、c 三个电极是从管子的同一侧引出，管子底面有金属散热片与集电极相连，晶体管芯片粘接在较大的铜片上，以利于散热。

SOT-l43 有 4 条翼形短引脚，对称分布在长边的两侧，引脚中宽度偏大一点的是集电极，这类封装常见双栅场效应管及高频晶体管。

小功率管额定功率为 100～300 mW，电流为 10～700 mA。

大功率管额定功率为 300 mW～2 W，SOT-252 封装的功耗可达 2～50 W，两条连在一起的引脚或与散热片连接的引脚是集电极。

SMD 分立器件封装类型及产品，到目前为止已有 3000 多种，各厂商产品的电极引出方式略有差别，在选用时必须查阅手册资料。但产品的极性排列和引脚距基本相同，具有互换性。图 2-25 所示是几种 SOT 晶体管外观。

（a）SOT-23　　（b）SOT-89　　（c）SOT-l43　　（d）SOT-252

图 2-25　SOT 封装晶体管

SMD 分立器件的包装方式要便于自动化安装设备拾取，电极引脚数目较少的 SMD 分立器件一般采用盘状纸编带包装。

 ## 2.6　SMT 集成电路

SMT 集成电路包括各种数字电路和模拟电路的 SSI～ULSI 集成器件。由于工艺技术的进步，SMT 集成电路的电气性能指标比 THT 集成电路更好一些。

2.6.1　SMT 集成芯片封装综述

衡量集成电路制造技术的先进性，除了集成度（门数、最大 I/O 数量）、电路技术、特征尺寸、电气性能（时钟频率、工作电压、功耗）外，还有集成电路的封装。

所谓集成电路的封装，是指安装半导体集成电路芯片用的外壳，它不仅起着安放、固定、密封、保护芯片和增强电热性能的作用，而且还是沟通芯片内部与外部电路的桥梁——芯片上的接点用导线连接到封装外壳的引脚上，这些引脚又通过印制电路板上的导线与其他元器件建立连接。因此，封装对于集成电路起着重要的作用，新一代大规模集成电路的出现，常常伴随着新的封装形式的应用。

1．电极形式

SMT 集成电路的 I/O 电极有两种形式：无引脚和有引脚。无引脚形式有 LCCC、PQFN 等，这类器件贴装后，芯片底面上的电极焊端与印制电路板上的焊盘直接连接，可靠性较高。有引脚器件贴装后的可靠性与引脚的形状有关，所以，引脚的形状比较重要。占主导地位的引脚形状有翼形、钩形（J 形）和球形三种。翼形引脚用于 SOT/SOP/QFP 封装，钩形（J 形）引脚用于 SOJ/PLCC 封装，球形引脚用于 BGA/CSP/Flip Chip 封装。

翼形引脚的主要特点是：符合引脚薄而窄以及小间距的发展趋势，特点是焊接容易，可采用包括热阻焊在内的各种焊接工艺来进行焊接，工艺检测方便，但占用面积较大，在运输和装卸过程中容易损坏引脚。

钩形引脚的主要特点是：引线呈"J"形，空间利用率比翼形引脚高，它可以用除热阻焊外的大部分再流焊进行焊接，比翼形引脚坚固。由于引脚具有一定的弹性，可缓解安装和焊接的应力，防止焊点断裂。

2．封装材料

按芯片的封装材料分为金属封装、陶瓷封装、金属-陶瓷封装、塑料封装。

（1）金属封装：金属材料可以冲压，因此有封装精度高，尺寸严格，便于大量生产，价格低廉等优点。

（2）陶瓷封装：陶瓷材料的电气性能优良，适用于高密度封装。

（3）金属-陶瓷封装：兼有金属封装和陶瓷封装的优点。

（4）塑料封装：塑料的可塑性强，成本低廉，工艺简单，适合大批量生产。

3．芯片的装载方式

裸芯片在装载时，它的有电极的一面可以朝上也可以朝下，因此，芯片就有正装片和倒装片之分，布线面朝上为正装片，反之为倒装片。

另外，裸芯片在装载时，它们的电气连接方式也有所不同，有的采用有引线键合方式，有的则采用无引线键合方式。

4．芯片的基板类型

基板的作用是搭载和固定裸芯片，同时兼有绝缘、导热、隔离及保护作用，它是芯片内外电路连接的桥梁。从材料上看，基板有有机和无机之分，从结构上看，基板有单层的、双层的、多层的和复合的。

5．封装比

评价集成电路封装技术的优劣，一个重要指标是封装比：

$$封装比=芯片面积/封装面积$$

这个比值越接近 1 越好。在如图 2-26 所示的集成电路封装示意图里，芯片面积一般很小，而封装面积则受到引脚间距的限制，难以进一步缩小。

集成电路的封装技术已经历经了好几代变迁，从 DIP、QFP、PGA、BGA 到 CSP 再到 MCM，芯片的封装比越来越接近 1，引脚数目增多，引脚间距减小，芯片重量减轻，功耗降低，技术指标、工作频率、耐温性能、可靠性和适用性都取得了巨大的进步。

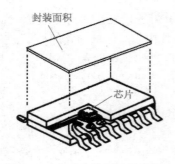

图 2-26　集成电路封装示意图

图 2-27 所示是常用半导体器件封装形式及特点的总结。

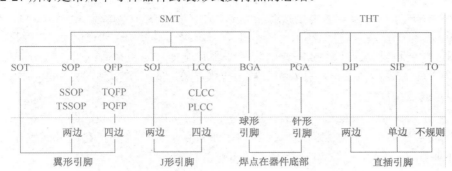

图 2-27　常用半导体器件的封装形式及特点

2.6.2　SMT 集成电路的封装形式

1. SO 封装

引线比较少的小规模集成电路大多采用这种小型封装，如图 2-28 所示。SO 封装又分为几种，芯片宽度小于 0.15 in，电极引脚数目比较少的（一般在 8～40 脚之间），叫做 SOP 封装；宽度在 0.25 in 以上，电极引脚数目在 44 以上的，叫做 SOL 封装，这种芯片常见于随机存储器（RAM）。芯片宽度在 0.6 in 以上，电极引脚数目在 44 以上的，叫做 SOW 封装，这种芯片常见于可编程存储器（E^{2}PROM）。有些 SOP 封装采用小型化或薄型化封装，分别叫做 SSOP 封装和 TSOP 封装。大多数 SO 封装的引脚采用翼形电极，也有一些存储器采用 J 形电极（称为 SOJ），有利于在插座上扩展存储容量，图 2-28（a）和（b），分别是具有翼形引脚和"J"形引脚的 SOP 封装结构。SO 封装的引脚间距有 1.27 mm、1.0 mm、0.8 mm、0.65 mm 和 0.5 mm 几种。

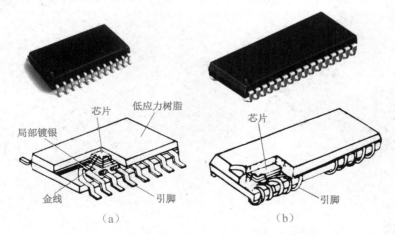

图 2-28　SOP 的翼形引脚和"J"形引脚封装结构

2. QFP 封装

QFP（Quad Flat Pockage）为四侧引脚扁平封装，是 SMT 集成电路主要封装形式之一，引脚从四个侧面引出呈翼（L）形。基材有陶瓷、金属和塑料三种。从数量上看，塑料封装占绝大部分。当没有特别表示出材料时，多数情况为塑料 QFP。塑料 QFP 是最普及的多引脚 LSI 封装。不仅用于微处理器、门阵列等数字逻辑 LSI 电路，而且也用于 VTR 信号处理、音响信号处理等模拟 LSI 电路。引脚中心距有 1.0 mm、0.8 mm、0.65 mm、0.5 mm、0.4 mm、0.3 mm 等多种规格，引脚间距最小极限是 0.3 mm，最大是 1.27 mm。0.65 mm 中心距规格中最多引脚数为 304 个。

为了防止引脚变形，现已出现了几种改进的 QFP 品种。如封装的四个角带有树脂缓冲垫（角耳）的 BQFP，它是在封装本体的四个角设置突起，以防止在运送或操作过程中引脚发生弯曲变形。图 2-29 是 QFP 封装集成电路的外观。

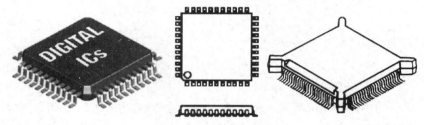

（a）QFP 封装集成电路实物　　（b）QFP 封装的一般形式　　（c）BQFP 封装

图 2-29　常见的 QFP 封装的集成电路

3．PLCC 封装

PLCC 是集成电路的有引脚塑封芯片载体封装，它的引脚向内钩回，叫做钩形（J 形）电极，电极引脚数目为 16～84 个，间距为 1.27 mm，其外观与封装结构如图 2-30 所示。PLCC 封装的集成电路大多是可编程的存储器。芯片可以安装在专用的插座上，容易取下来对其中的数据进行改写；为了减少插座的成本，PLCC 芯片也可以直接焊接在电路板上，但用手工焊接比较困难。

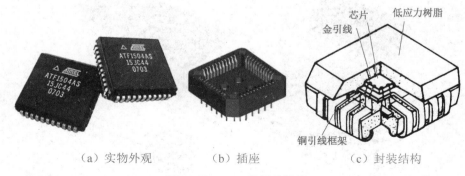

（a）实物外观　　（b）插座　　（c）封装结构

图 2-30　PLCC 的封装结构

PLCC 的外形有方形和矩形两种，矩形引线数分别为 18、22、28、32 条；方形引线数为 16、20、24、28、44、52、68、84、100、124、156 条。PLCC 占用覆盖面积小，引线强度大，不易变形，共面性好。

4. LCCC 封装

LCCC 是陶瓷芯片载体封装的片式集成电路中没有引脚的一种封装；芯片被封装在陶瓷载体上，外形有正方形和矩形两种，无引线的电极焊端排列在封装底面上的四边，电极数目正方形分别为 16、20、24、28、44、52、68、84、100、124 和 156 个，矩形分别为 18、22、28 和 32 个。引脚间距有 1.0 mm 和 1.27 mm 两种，其结构与外形如图 2-31 所示。

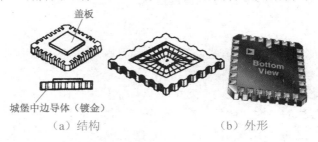

盖板

城堡中边导体（镀金）

（a）结构　　　　　　　（b）外形

图 2-31　LCCC 封装的集成电路

LCCC 引出端子的特点是在陶瓷外壳侧面有类似城堡状的金属化凹槽和外壳底面镀金电极相连，提供了较短的信号通路，电感和电容损耗较低，可用于高频工作状态，如微处理器单元、门阵列和存储器。

LCCC 集成电路的芯片是全密封的，可靠性高但价格高，主要用于军用产品中，并且必须考虑器件与电路板之间的热膨胀系数是否一致的问题。

5. PQFN 封装

PQFN 是一种无引脚封装，呈正方形或矩形，封装底部中央位置有一个大面积裸露焊盘，提高了散热性能。围绕大焊盘的封装外围四周有实现电气连接的导电焊盘。由于 PQFN 封装不像 SOP、QFP 等具有翼形引脚，其内部引脚与焊盘之间的导电路径短，自感系数及封装体内的布线电阻很低，所以它能提供良好的电性能。其外形如图 2-32 所示。

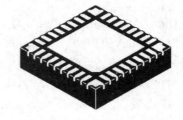

图 2-32　方形扁平无引脚塑料封装（PQFN）

由于 PQFN 具有良好的电性能和热性能，体积小、重量轻，因此已经成为许多新应用的理想选择。PQFN 非常适合应用在手机、数码相机、PDA、DV、智能卡及其他便携式电子设备等高密度产品中。

6. BGA 封装

BGA 封装即球栅阵列封装，是将原来器件 PLCC/QFP 封装的 J 形或翼形电极引脚，改变成球形引脚；把从器件本体四周"单线性"顺序引出的电极，变成本体底面之下"全平面"式的格栅阵排列。这样，既可以疏散引脚间距，又能够增加引脚数目。焊球阵列在器件底面可以呈完全分布或部分分布，如图 2-33 所示。

图 2-33   BGA 封装的集成电路

（1）BGA 方式能够显著地缩小芯片的封装表面积：假设某个大规模集成电路有 400 个 I/O 电极引脚，同样取引脚的间距为 1.27 mm，则正方形 QFP 芯片每边 100 条引脚，边长至少达到 127 mm，芯片的表面积要 160 cm^2 以上；而正方形 BGA 芯片的电极引脚按 20×20 的行列均匀排布在芯片的下面，边长只需 25.4 mm，芯片的表面积还不到 7 cm^2。可见，相同功能的大规模集成电路，BGA 封装的尺寸比 QFP 的要小得多，有利于在 PCB 电路板上提高装配的密度。

（2）从装配焊接的角度看，BGA 芯片的贴装公差为 0.3 mm，比 QFP 芯片的贴装精度要求 0.08 mm 低得多。这就使 BGA 芯片的贴装可靠性显著提高，工艺失误率大幅度下降，用普通多功能贴片机和回流焊设备就能基本满足组装要求。

（3）采用 BGA 芯片，使产品的平均线路长度缩短，改善了电路的频率响应和其他电气性能。

（4）用回流焊设备焊接时，锡球的高度表面张力导致芯片的自校准效应（也称"自对中"或"自定位"效应），提高了装配焊接的质量。

正因为 BGA 封装有比较明显的优越性，所以大规模集成电路的 BGA 品种也在迅速多样化。现在已经出现很多种形式，如陶瓷 BGA（CBGA）、塑料 BGA（PBGA）以及微型 BGA（Micro-BGA、µBGA 或 CSP）等，前两者的主要区分在于封装的基底材料，如 CBGA 采用陶瓷，PBGA 采用 BT 树脂；而后者是指那些封装尺寸与芯片尺寸比较接近的微型集成电路。

目前可以见到的一般 BGA 芯片，焊球间距有 1.5 mm、1.27 mm、1.0 mm 三种；而 µBGA 芯片的焊球间距有 0.8 mm、0.65 mm、0.5 mm、0.4 mm 和 0.3 mm 多种。

7. CSP 封装

CSP 的全称为 Chip Sceie package，为芯片尺寸级封装的意思。是 BGA 进一步微型化的产物，做到裸芯片尺寸有多大，封装尺寸就有多大。即封装后的 IC 尺寸边长不大于芯片的 1.2 倍，IC 面积只比晶粒（Die）大不超过 1.4 倍。CSP 封装可以让芯片面积与封装面积之比超过 1:1.14，已经非常接近于 1:1 的理想情况。

在相同的芯片面积下，CSP 所能达到的引脚数明显的要比 TSOP、BGA 引脚数多得多。TSOP 最多为 304 根引脚，BGA 的引脚极限能达到 600 根，而 CSP 理论上可以达到 1000 根。由于如此高度集成的特性，芯片到引脚的距离大大缩短了，线路的阻抗显著减小，信号的衰减和干扰大幅降低。CSP 封装也非常薄，金属基板到散热体的最有效散热路径仅有 0.2 mm，提升了芯片的散热能力。

目前的 CSP 还主要用于少 I/O 端数集成电路的封装，如计算机内存条和便携电子产品。未来则将大量应用在信息家电（IA）、数字电视（DTV）、电子书（E-Book）、无线网络 WLAN/GigabitEthemet、ADSL/等新兴产品中。

2.7　SMT 元器件的包装

SMT 元器件成品的包装有编带、散装、管装和托盘四种类型。

1．散装

无引线且无极性的 SMC 元件可以散装，例如一般矩形、圆柱形电容器和电阻器。散装的元件成本低，但不利于自动化设备拾取和贴装。

2．盘状编带包装

编带包装适用于除大尺寸 QFP、PLCC、LCCC 芯片以外的其他元器件，其具体形式有纸编带、塑料编带和粘接式编带三种。

（1）纸质编带。纸质编带由底带、载带、盖带及绕纸盘（带盘）组成，如图 2-34 所示。载带上圆形小孔为定位孔，以供供料器上齿轮驱动；矩形孔为承料腔，用来放置元件。

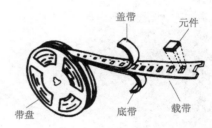

图 2-34　纸质编带

用纸质编带进行元器件包装的时候，要求元件厚度与纸带厚度差不多，纸质编带不可太厚，否则供料器无法驱动，因此，纸编带主要用于包装 0805 规格（含）以下的片状电阻、片状电容（有少数例外）。纸编带一般宽 8 mm，包装元器件以后盘绕在塑料绕带盘上。

（2）塑料编带。塑料编带与纸质编带的结构尺寸大致相同，所不同的是料盒呈凸形，结构与尺寸如图 2-35 所示。塑料编带包装的元器件种类很多，有各种无引线元件、复合元件、异形元件、SOT 晶体管、引线少的 SOP/QFP 集成电路等。贴片时，供料器上的上剥膜装置除去薄膜盖带后再取料。

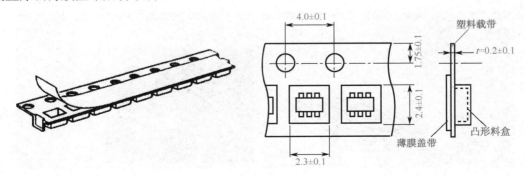

图 2-35　塑料编带结构与尺寸

纸编带和塑料编带的一边有一排定位孔，用于贴片机在拾取元器件时引导编带前进并定位。定位孔的孔距为 4 mm（小于 0402 系列的元件的编带孔距为 2 mm）。在编带上的元器件间距依元器件的长度而定，一般为 4 mm 的倍数。编带的尺寸标准见表 2-9。

表 2-9   SMT 元器件包装编带的尺寸标准

编带宽度/mm	8	12	16	24	32	44	56
元器件间距/mm （4 的倍数）	2，4	4，8	4，8，12	12，16，20，24	16，20，24，28，32	24，28，32，36，40，44	40，44，48，52，56

编带包装的料盘由聚苯乙烯（PS，Polystyrene）材料制成，由一到三个部件组成，其颜色为蓝色、黑色、白色或透明，通常是可以回收使用的。

（3）粘接式编带。粘接式编带的底面为胶带，IC 贴在胶带上，且为双排驱动。贴片时，供料器上有下剥料装置。粘接式编带主要用来包装尺寸较大的片式元器件，如 SOP、片式电阻网络、延迟线等。

图 2-36   管式包装

3．管式包装

管式包装主要用于 SOP、SOJ、PLCC 集成电路、PLCC 插座和异形元件等，从整机产品的生产类型看，管式包装适合于品种多、批量小的产品。

包装管（也称料条）由透明或半透明的聚乙烯（PVC，Polyvinylchloride）材料构成，挤压成满足要求的标准外形，如图 2-36 所示。

管式包装的每管零件数从数十颗到近百颗不等，管中组件方向具有一致性，不可装反。

4．托盘包装

托盘由碳粉或纤维材料制成，用于要求暴露在高温下的元件托盘通常具有 150℃ 或更高的耐温。托盘铸塑成矩形标准外形，包含统一相间的凹穴矩阵，如图 2-37 所示。凹穴托住元件，提供运输和处理期间对元件的保护。间隔为在电路板装配过程中，可保障为用于贴装的标准工业自动化设备提供准确的元件位置。元件安排在托盘内，标准的方向是将第一引脚放在托盘斜切角落。

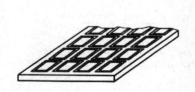

图 2-37   托盘

托盘包装主要用于 QFP、窄间距 SOP、PLCC、BCA 集成电路等器件。

2.8　SMT 元器件的选择与使用

2.8.1　对 SMT 元器件的基本要求

SMT 元器件应该满足以下基本要求。

1．装配适应性——要适应各种装配设备操作和工艺流程

（1）SMT 元器件在焊接前要用贴片机贴放到电路板上，所以，元器件的上表面应该适于贴片机真空吸嘴的拾取。

（2）SMT 元器件的下表面（不包括焊端）应保留使用胶粘剂的空间。

（3）尺寸、形状应该标准化，并具有良好的尺寸精度和互换性。

（4）包装形式适应贴片机的自动贴装，并能够保护器件在搬运过程中免受外力，保持引脚的平整。

（5）具有一定的机械强度，能承受贴装应力和电路基板的弯曲应力。

2．焊接适应性——要适应各种焊接设备及相关工艺流程

（1）元器件的焊端或引脚的共面性好，满足贴装、焊接要求。

（2）元器件的材料、封装耐高温性能好，适应焊接条件：

- 回流焊（235±5）℃，焊接时间（5±0.2）s。
- 波峰焊（250±5）℃，焊接时间（4±0.5）s。

（3）可以承受焊接后采用有机溶剂进行清洗，封装材料及表面标识不得被溶解。

2.8.2　SMT 元器件的选择

选择 SMT 元器件，应该根据系统和电路的要求，综合考虑市场供应商所能提供的规格、性能和价格等因素。

（1）选择元器件时要注意贴片机的贴装精度水平。

（2）钽和铝电解电容器主要用于电容量大的场合。铝电解电容器的容量大、耐压高且价格比较便宜，但引脚在底座下面，焊接的可靠性不如矩形封装的钽电解电容器。

（3）集成电路的引脚形式与焊接设备及工作条件有关，是必须考虑的问题。虽然 SMT 的典型焊接方法是回流焊，但翼形引脚数量不多的芯片也可以放在电路板的焊接面上，用波峰焊设备进行焊接，有经验的技术工人用热风台甚至普通电烙铁也可以熟练地焊接。J 形引脚不易变形，对于单片计算机或可编程存储器等需要多次拆卸以便擦写其内部程序的集成电路，采用 PLCC 封装的芯片与专用插座配合，使拆卸或更换变得容易。但假如产品已经大批量生产，减少 PLCC 的插座显然可以降低成本；而直接焊接在电路板上的 PLCC 芯片维修不够方便，并且不能采用波峰焊设备进行焊接。球形引脚是大规模集成电路的发展方向，但 BGA 集成电路肯定不能采用波峰焊或手工焊接。

（4）机电元件大多由塑料构成骨架，塑料骨架容易在焊接时受热变形，最好选用有引脚露在外面的机电元件。

2.8.3　使用 SMT 元器件的注意事项

1．SMT 元器件存放的环境条件

- 环境温度：库存温度<40℃。
- 生产现场温度<30℃。
- 环境湿度：<RH60%。
- 环境气氛：库存及使用环境中不得有影响焊接性能的硫、氯、酸等有毒气体。
- 防静电措施：要满足 SMT 元器件对防静电的要求。

2．元器件的存放周期

从元器件厂家的生产日期算起，库存时间不超过 2 年；整机厂用户购买后的库存时间一般不超过 1 年；假如是自然环境比较潮湿的整机厂，购入 SMT 元器件以后应在 3 个月内使用，并在存放地及元器件包装中采取适应的防潮措施。

有防潮要求的 SMD 器件：开封后 72 h 内必须使用完毕，最长也不要超过一周。如果不能用完，应存放在 RH20% 的干燥箱内，已受潮的 SMD 器件要按规定进行烘干去潮处理。

烘烤时的注意事项：

（1）凡采用塑料管包装的 SMD（SOP，SOJ，PLCC 和 QFP 等），其包装管不耐高温，不能直接放进烘箱烘烤，应另行放在金属管或金属盘内才能烘烤。

（2）QFP 的包装塑料盘有不耐高温和耐高温两种。耐高温的（注有 T_{max}=135℃，150℃ 或 180℃ 等几种）可直接放入烘箱中进行烘烤，不耐高温的不可直接放入烘箱烘烤，以防发生意外，应另放在金属盘内进行烘烤。转放时应防止损伤引脚，以免破坏其共面性。

3．拿取 SMT 元器件时的要求

在运输、分料、检验或手工贴装时，假如工作人员需要拿取 SMT 器件，应该佩带防静电腕带，尽量使用吸笔操作，并特别注意避免碰伤 SOP、QFP 等器件的引脚，预防引脚翘曲变形。

4．剩余 SMD 的保存方法

（1）配备专用低温低湿储存箱。将开封后暂时不用的 SMD 或连同送料器一起存放在箱内。但配备大型专用低温低湿储存箱费用较高。

（2）利用原有完好的包装袋。只要袋子不破损且内装干燥剂良好（湿度指示卡上所有的黑圈都呈蓝色，无粉红色），就仍可将未用完的 SMD 重新装回袋内，然后用胶带封口。

2.8.4　SMT 器件封装形式的发展

SMT 技术自 20 世纪 60 年代问世以来，经 50 年的发展，已进入完全成熟的阶段，不仅成为当代电路组装技术的主流，而且正继续向纵深发展。就封装器件组装工艺来说，SMT 正在积极开展多芯片模块和三维组装技术的研究。

1. 芯片级组装技术

自从 1947 年世界上第一只晶体管问世以来，特别是随着 LSI，VLSI 及 ASIC 器件的飞速发展，出现了各种先进的 IC 封装技术，如 DIP，SOP，QFP，BGA 和 CSP 等。随着 SMT 技术的成熟，裸芯片直接贴装到 PCB 上已提到议事日程，特别是低膨胀系数的 PCB 以及焊接和填充材料这些制约裸芯片发展的瓶颈技术的解决，使裸芯片技术进入一个高速发展的新时代。从 1997 年以来裸芯片的年增长率已达到 30%以上，发展较为迅速的裸芯片应用包括计算机的相关部件，如微处理器、高速内存和硬盘驱动器等，除此之外，还有一些便携式设备，如手机、数码相机等。最终所有的消费电子产品，由于对高性能和小型化发展趋势的要求，也将大量使用裸芯片技术，因此裸芯片技术必将成为 21 世纪芯片应用的发展主流。

裸芯片焊接技术有两种主要形式：一种是 COB 技术，另一种是倒装片技术 FC（Flip Chip）。

（1）COB 法。COB 法是采用引线键合的方法将裸芯片直接组装在 PCB 上，焊区与芯片体在同一平面上，焊区周边均匀分布，焊区最小面积为 90 μm×90 μm，最小间距为 100 μm，PCB 焊盘有相应的焊盘数，也是周边排列。

在焊接时先将裸芯片用导电/导热胶粘在 PCB 上，凝固后，用线焊机（绑定机）将金属丝（Al 或 Au）在超声、热压的作用下，分别连接在芯片上的 I/O 端子焊区和 PCB 相对应的焊盘上，之后采用环氧树脂进行封装以保护键合引线。COB 法如图 2-38 所示。COB 技术具有价格低廉、节约空间及工艺成熟的优点。但 COB 法不适合大批量自动贴装，并且用于 COB 法的 PCB 制造工艺难度也相对较大；此外，由于 COB 的散热有一定困难，通常只适用于低功耗（0.5～1 W）的 IC 芯片。

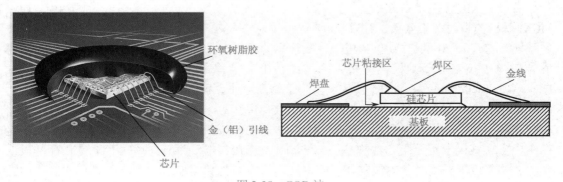

图 2-38　COB 法

（2）FC 法。FC 又称为倒装片，与 COB 相比，其 I/O 端子以面阵列式排列在芯片之上，并在 I/O 端子表面制造成焊料凸点。焊接时，只要将芯片反置于 PCB 上，使凸点对准 PCB 上的焊盘，加热后就能实现 FC 与 PCB 的互连，因此 FC 可以采用类似于 SMT 的技术手段来加工。FC 工艺如图 2-39 所示。

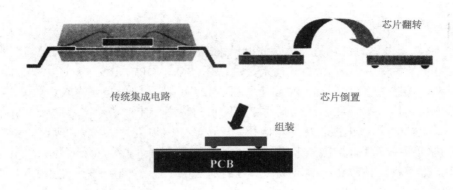

图 2-39　FC 工艺

　　早在 20 世纪 60 年代末，IBM 公司就把 FC 技术大量应用于计算机中，即在陶瓷印制板上贴装高密度的 FC；到了 90 年代，该技术已在多种行业的电子产品中加以应用，特别是便携式的通信设备中。IBM 公司将 FC 连接到 PCB 的过程称为 Controlled Collapse Chip Connection，即受控的塌陷芯片连接，简称 C4。裸芯片在焊接过程中一方面受到熔化焊料表面张力的影响，可以自行校正位置，另一方面又受到重力的影响，芯片高度有限度地下降。因此，FC 无论是封装还是焊接，其工艺都是可靠的和可行的。当前该技术已受到电子装配行业的广泛重视。

　　2．多芯片模块（MCM）技术

　　MCM 是 20 世纪 90 年代以来发展较快的一种先进的混合集成电路，它是把几块 IC 芯片组装在一块电路板上，构成功能电路块，称之为多芯片模块（MCM，Multi Chip Module）。

　　可以说 MCM 技术是 SMT 的延伸，一组 MCM 的功能相当于一个分系统的功能。通常 MCM 基板的布线多于 4 层，且有 100 个以上的 I/O 引出端，并将 CSP，FC，ASIC 器件与之互连。它代表 20 世纪 90 年代电子组装技术的精华，是半导体集成电路技术、厚膜/薄膜混合微电子技术、印制板电路技术的结晶，国际上称之为微组装技术（Microelectronic Packaging Technolegy）。MCM 技术主要用于超高速计算机、外层空间电子技术中。

　　MCM 技术通常分为三大类，即 MCM-L，MCM-C，MCM-D。MCM-L 是在印制电路上制作多层高密度组装和互连，是 COB 芯片——PCB 组装技术的延伸与发展。MCM-C 是在陶瓷多层基板上用厚膜和薄膜多层方法制作高密度组装和互连。MCM-D 是在硅基板或其他新型基板上采用沉积方法制作薄膜多层高密度组装和互连的技术，在 MCM 制作中它的技术含量最高。

　　若把几块 MCM 组装在普通电路板上就实现了电子设备或系统级的功能，从而使军事和工业用电路组件实现了模块化。21 世纪的前 20 年是 MCM 推广应用和使电子设备变革的时期。

　　3．三维立体组装技术

　　三维立体组装技术（简称 3D 组装技术）的指导思想是把 IC 芯片（MCM 片、WSI 大圆片规模集成片）一片片叠起来，利用芯片的侧面边缘和垂直方向进行互连，将水平组装向垂直方向发展为立体组装。实现三维组装不但使电子产品的密度更高，也使其功能更多、信号传输更快、性能更好、可靠性更高，而电子系统的相对成本却会更低，它是目前硅芯片技术的最高水平。

当前实现 3D 组装的途径大致有三种：一是在多层基板内或多层布线介质中埋置 R（电阻）、C（电容）及 IC，基板顶端再贴装各类片式元器件，故称之为埋置型 3D 结构，如图 2-40 所示；二是在 Si 大圆片规模集成（WSI）后作为基板，在其上进行多层布线，最上层再贴装 SMD 构成 3D，此方法称为有源基板型 3D，结构如图 2-41 所示；三是将 MCM 上下层双叠互连起来成为 3D，故称之为叠装型 3D 结构，如图 2-42 所示。

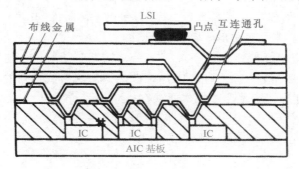

图 2-40　埋置型 3D 结构

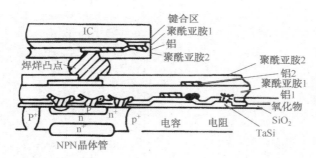

图 2-41　有源基板型 3D 结构

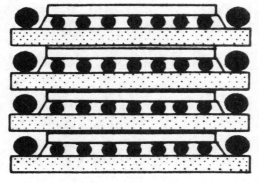

图 2-42　叠装型 3D 结构

2.9　思考与练习题

1．分析 SMT 元器件有哪些显著特点。

2．简述 SMC 元件的小型化进程。

3．试写出下列 SMC 元件的长和宽（mm）：3216，2012，1608，1005。

4．说明下列 SMC 元件的含义：3216C，3216R。

5．简述 SMT 电阻器的焊端结构。

6．常用的 SMC 电容器有哪些类型？叙述它们的结构与特点。

7．SMT 元器件有哪些包装形式？

8．什么是集成电路的封装比？

9．总结归纳 SOP，PLCC，QFP，BGA，CSP 等封装方式各自的特点。

10．SMT 元器件应该满足哪些基本要求？

11．使用 SMT 元器件时应该注意哪些问题？

12．选择 SMT 元器件时应注意哪些方面？

第3章

SMT 工艺材料

SMT 工艺材料，即组装材料，是进行 SMT 生产的基础。在 SMT 的发展过程中，电子化工材料起着相当重要的作用。它主要包括以下几方面的内容：贴片胶及其他粘接剂、焊剂、焊料及防氧化油、焊锡膏和清洗剂。在不同的组装工序中应采用不同的组装材料。有时在同一组装工序中，由于后续工艺或组装方式不同，所用材料也有所不同，常用表面组装材料见表 3-1。

表 3-1　表面组装材料

工艺 组装工序	波峰焊	回流焊	手工焊
贴　装	粘接剂	焊锡膏、粘接剂	粘接剂（选用）
焊　接	焊剂 棒状焊料	焊剂，焊锡膏 预成形焊料	焊剂 焊锡丝
清　洗	各种溶剂		

3.1　贴片胶

SMT 的工艺过程涉及多种粘接剂材料，如固定片式元器件的贴片胶、对线圈和部分元器件起定位作用的密封胶、临时粘接表面组装元器件的插件胶等，这些粘接剂主要是起粘接、定位或密封作用。此外，还有一些具有特殊性能的粘接剂，如导电胶，它能代替焊料在装联过程中起焊接作用。

在上述粘接剂中，对 SMT 工艺过程最重要的是贴片胶。

3.1.1　贴片胶的用途

贴片胶，也称贴装胶、SMT 红胶，它是红色的膏体中均匀地分布着固化剂、颜料、溶剂等的粘接剂，主要用来将元器件固定在印制板上，一般用点胶或网板印刷的方法来分配。贴上元器件后放入烘箱或回流焊机加热硬化，一经加热硬化后，再加热也不会溶化，也就是说，贴片胶的热固化过程是不可逆的。SMT 贴片胶的使用效果会因热固化条件、被连接物、所使用的设备、操作环境的不同而有差异。使用时要根据生产工艺来选择贴片胶，在 SMT 生产中，其主要作用是：

（1）在使用波峰焊时，为防止 PCB 通过焊料槽时元器件掉落，而将元器件固定在印制板上。

（2）双面回流焊工艺中，为防止已焊好的那一面上大型器件因焊料受热熔化而脱落，要使用贴片胶固定。

（3）用于回流焊工艺和预涂敷工艺中防止贴装时的位移和立片。

（4）此外，PCB 和元器件批量改变时，用贴片胶作标记。

3.1.2 贴片胶的化学组成

表面组装贴片胶通常由基体树脂、固化剂和固化促进剂、增韧剂和填料组成。

（1）基体树脂。是贴片胶的核心，一般用环氧树脂和丙烯酸酯类聚合物。近年来也用聚氨酯、聚酯、有机硅聚合物以及环氧树脂—丙烯酸酯类共聚物。

（2）固化剂和固化促进剂。常用的固化剂和固化促进剂为双氰胺、三氟化硼—胺络合物、咪唑类衍生物、酰胺、三嗪和三元酸酰肼等。

（3）增韧剂。由于单纯的基体树脂固化后较脆，为弥补这一缺陷，需在配方中加入增韧剂。常用的增韧剂有邻苯二甲酸二丁酯、邻苯二甲酸二辛酯、液体丁腈橡胶和聚硫橡胶等。

（4）填料。加入填料后可提高贴片胶的电绝缘性能和耐高温性能，还可使贴片胶获得合适的黏度和粘接强度等。常用的填料有硅微粉、碳酸钙、膨润土、白碳黑、硅藻土、钛白粉、铁红和碳黑等。

3.1.3 贴片胶的分类

1. 按基体材料分

按基体材料分，贴片胶可分为环氧树脂和聚丙烯两大类。

环氧树脂是最老的和用途最广的热固型、高黏度的贴片胶，常用双组分。聚丙烯贴片胶则常用单组分，它不能在室温下固化，通常用短时间紫外线照射或用红外线辐射固化，固化温度约为150℃，固化时间约为数十秒到数分钟，属紫外线加热双重固化型。

2. 按功能分

按功能分，贴片胶有结构型、非结构型和密封型。

结构型具有高的机械强度，用来把两种材料永久地粘接在一起，并能在一定的荷重下使它们牢固地接合。非结构型用来暂时固定具有不大荷重的物体，如把 SMD 粘接在 PCB 上，以便进行波峰焊接。密封型用来粘接两种不受荷重的物体，用于缝隙填充、密封或封装等目的。前两种粘接剂在固化状态下是硬的，而密封型粘接剂通常是软的。

3. 按化学性质分

按化学性质分，贴片胶有热固型、热塑型、弹性型和合成型。

（1）热固型粘接剂固化之后再加热也不会软化，不能重新建立粘接连接。热固型又可分单组分和双组分两类。所谓单组分是指树脂和固化剂包装时已经混合。它使用方便，质量稳定，但要求存放在冷藏条件下，以免固化；双组分的树脂和固化剂分别包装，使用时才混合，保存条件不苛刻。但使用时的配比常常把握不准，影响性能。热固型可用于把 SMD 粘接在 PCB 上，主要有环氧树脂、腈基丙烯酸酯、聚丙烯和聚酯。

（2）热塑型固化后可以重新软化，重新形成新的粘接剂，它是单组分系统。

（3）弹性粘接剂是具有较大延伸率的材料，可由合成或天然聚合物用溶剂配制而成，呈乳状，如尿烷、硅树脂和天然橡胶等。

（4）合成粘接剂由热固型、热塑型和弹性型粘接剂组合配制而成。它利用了每种材料的最有用的性能。如环氧—尼龙、环氧聚硫化物和乙烯基—酚醛塑料等。

4．按使用方法分

按使用方法，可分为针式转移、压力注射式、丝网/模板印刷等工艺方式适用的贴片胶。典型贴片胶的特性见表 3-2。

表 3-2　典型贴片胶的特性

型号 性能	（日） TM Bond A 2450	（美） Ami con 930-12-4F	（国产） MG-1	（美） MR8153RA
颜色	红	黄	红	红
黏度/Pa·s	120±40	70～90	100～300	
体积电阻率/Ω·cm	$>1 \times 10^{13}$	1×10^{13}	$>1 \times 10^{13}$	1×10^{14}
触变指数	4±	>3.5	>3	
剪切强度/MPa	>6	>6	10	8.5
固化	150℃ 20 min	120℃ min	150℃ 20 min	150℃ 2～3 min
40℃储存期/天	>2		>5	
25℃储存期/天	>30		>30	60
冷藏储存期	<5℃ 6 个月	0℃ 3 个月	<5℃ 6 个月	5℃ 6 个月

3.1.4　表面组装对贴片胶的要求

为了确保表面组装的可靠性，贴片胶应符合以下要求。

（1）常温使用寿命要长。

（2）合适的黏度。贴片胶的黏度应能满足不同施胶方式、不同设备、不同施胶温度的需要。胶滴时不应拉丝；涂敷后能保持足够的高度，而不形成太大的胶底；涂敷后到固化前胶滴不应漫流，以免流到焊接部位，影响焊接质量。

（3）快速固化。贴片胶应在尽可能低的温度下，以最快的速度固化。这样可以避免 PCB 翘曲和元器件的损伤，也可避免焊盘氧化。

（4）粘接强度适当。贴片胶在焊前应能有效地固定片式元器件，检修时应便于更换不合格的元器件。贴片胶的剪切强度通常为 6～10 MPa。

（5）其他。在固化后和焊接中应无气析；应能与后续工艺中的化学制剂相容而不发生化学反应；不干扰电路功能；有颜色，便于检查；供 SMT 用贴片胶的典型颜色为红色或橙色。

（6）贴片胶的包装。目前市场上贴片胶的包装主要有两种形式，一种是注射针管式包装，可直接上点胶机使用。其包装规格主要有 5 ml、10 ml、20 ml 和 30 ml；此外还有 300 ml 注射管大包装，使用时分装到小针管中再上点胶机。注意将大包装分装到小注射针管中应使用专用工具。

听装主要用于针式转移法和印刷法，一般是 1 kg/听。图 3-1 所示是两种包装的外观。

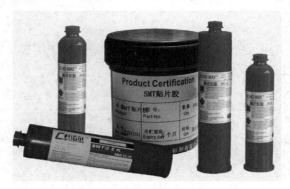

图 3-1　贴片胶的两种包装形式

3.2　焊锡膏

焊锡膏（Solding Pasts），又称焊膏、锡膏，是由合金粉末、糊状焊剂和一些添加剂混合而成的具有一定粘性和良好触变特性的浆料或膏状体。它是 SMT 工艺中不可缺少的焊接材料，广泛用于回流焊中。常温下，由于焊锡膏具有一定的黏性，可将电子元器件粘贴在 PCB 的焊盘上，在倾斜角度不是太大，也没有外力碰撞的情况下，一般元件是不会移动的，当焊锡膏加热到一定温度时，焊锡膏中的合金粉末熔融再流动，液体焊料浸润元器件的焊端与 PCB 焊盘，在焊接温度下，随着溶剂和部分添加剂挥发，冷却后元器件的焊端与焊盘被焊料互连在一起，形成电气与机械相连接的焊点。

3.2.1　焊锡膏的化学组成

焊锡膏主要由合金焊料粉末和助焊剂组成，组成和功能见表 3-3。焊锡膏中合金焊料颗粒与助焊剂（Flux）的体积之比约为 1:1，其中合金焊料粉占总重量的 85%～90%，助焊剂占 15%～10%，即重量之比约为 9:1。

表 3-3 焊锡膏的组成和功能

组　　成		使用的主要材料	功　　能
合金焊料粉		Sn—Pb　　　Sn—Pb—Ag 等	元器件和电路的机械和电气连接
焊剂	焊剂	松香，合成树脂	净化金属表面，提高焊料浸润性
	粘接剂	松香，松香脂，聚丁烯	提供贴装元器件所需黏性
	活化剂	硬脂酸，盐酸，联氨，三乙醇胺	净化金属表面
	溶剂	甘油，乙二醇	调节焊锡膏特性
	触变剂		防止分散，防止塌边

1. 合金焊料粉末

合金焊料粉末是焊锡膏的主要成分。常用的合金焊料粉末有锡—铅（Sn—Pb）、锡—铅—银（Sn—Pb—Ag）、锡—铅—铋（Sn—Pb—Bi）等，常用的合金成分为 63%Sn/37%Pb 以及 62%Sn/36%Pb/2%Ag。不同合金比例有不同的熔化温度，见表 3-4。以 Sn—Pb 合金焊料为例，图 3-2 表示了不同比例的锡、铅合金状态随温度变化的曲线。图 3-2 中的 T 点叫做共晶点，对应合金成分为 61.9%Sn/38.1%Pb，它的熔点只有 182℃。实际工程应用中，一般把 60%Sn/40%Pb 的焊料称为共晶焊锡。

表 3-4 合金焊料熔化温度

合金焊料	熔点/℃	合金焊料	熔点/℃
Sn—Zn	204～371	Sn—Sb	249
Pb—Ag	310～366	Sn—Pb—In	99～216
Sn—Pb	177～327	Sn—Pb—Bi	38～149

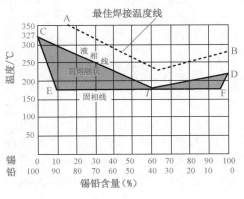

图 3-2 锡铅合金状态图

合金焊料粉末的形状、粒度和表面氧化程度对焊锡膏性能的影响很大。合金焊料粉末按形状分成无定形和球形两种。球形合金粉末的表面积小、氧化程度低、制成的焊锡膏具有良好的印刷性能。合金焊料粉末的粒度一般在 200～400 目。粒度越小，黏度越大；粒度过大，会使焊锡膏粘接性能变差；粒度太细，则由于表面积增大，会使表面含氧量增高，也不宜采用。

2. 助焊剂

在焊锡膏中，糊状助焊剂是合金粉末的载体。其组成与通用助焊剂基本相同。为了改善印刷效果和触变性，有时还需加入触变剂和溶剂。通过助焊剂中活性剂的作用，能清除被焊材料表面以及合金粉末本身的氧化膜，使焊料迅速扩散并附着在被焊金属表面。助焊剂的组成对焊锡膏的扩展性、润湿性、塌陷、黏度变化、清洗性质、焊珠飞溅及储存寿命均有较大影响。

3.2.2　焊锡膏的分类

焊锡膏的品种很多，通常可按以下性能分类：

1. 按合金焊料粉的熔点分

最常用的焊锡膏熔点为 178～183℃，随着所用金属种类和组成的不同，焊锡膏的熔点可提高至 250℃以上，也可降为 150℃以下，可根据焊接所需温度的不同，选择不同熔点的焊锡膏。

2. 按焊剂的活性分

参照通用液体焊剂活性的分类原则，可分为无活性（R）、中等活性（RMA）和活性（RA）三个等级，见表 3-5。使用时可以根据 PCB 和元器件的情况及清洗工艺要求进行选择。

表 3-5　焊锡膏按焊剂的活性分类

类　型	焊剂和活化剂	应用范围
R	水白松香、非活性	航天、军事
RMA	松香、非离子性卤化物等	军事和其他高可靠性电路组件
RA	松香、离子性卤化物	消费类电子产品

3. 按焊锡膏的黏度分

黏度的变化范围很大，通常为 100～600 Pa·s，最高可达 1000 Pa·s 以上。使用时依据施膏工艺手段的不同进行选择。

4. 按清洗方式分

电子产品的清洗方式分为有机溶剂清洗、水清洗、半水清洗和免清洗等方式。这是根据焊接过程中所使用的焊剂、焊料成分来确定的。目前，有专门用于免清洗焊接的焊锡膏（如 SQ-1030 SOM）和水清洗焊接的焊锡膏（如 2062-506A-40-9.5）；一般用于水清洗和免清洗的焊锡膏不含氯离子。从保护环境的角度考虑，水清洗、半水清洗和免清洗是电子产品工艺的发展方向。

3.2.3　表面组装对焊锡膏的要求

在表面组装的不同工艺或工序中，要求焊锡膏具有与之相应的性能，表 3-6 列出了实际应用中 SMT 工艺对焊锡膏特性和相关因素的具体要求。

SMT 工艺对焊锡膏特性和相关因素的具体要求内容如下：

（1）应具有良好的保存稳定性，焊锡膏制备后，印刷前应能在常温或冷藏条件下保存 3～6 个月而性能不变。

（2）印刷时和回流加热前应具有的性能：

① 印刷时应具有优良的脱模性；

② 印刷时和印刷后焊锡膏不易坍塌；

③ 焊锡膏应具有一定的黏度。

（3）加热时应具有的性能：

① 具有良好的润湿性能；

② 不形成或形成最少量的焊料球（锡珠）；

③ 焊料飞溅要少。

（4）回流焊接后应具有的性能：

① 焊剂中固体含量越低越好，焊后易清洗干净；

② 焊接强度高。

表 3-6　对焊锡膏要求的特性和相关因素

材料因素 / 组装要求的特性		焊料合金							焊剂								焊锡膏		
		组成	不纯物	粒度	颗粒形状	粒度分布	氧化状态	熔点	沸点	含量	成分	CI量	氯素含量	触变剂量	溶剂量	电导率	吸水量	黏度	比重
印刷前	储存稳定性		△						O		O			△	△		O		
印刷时	印刷脱模性			○	○	○			O	O				O				O	O
回流前	触变性			O	△	O	△	△	O	O				O	△			O	△
	粘性								O	O	O			O	O				
	浸润性	O	O				O	O				O	O	△			△	O	
回流时	焊料球		△	O	△	O		△		△	△			△	△				
	焊剂飞溅		O				△							△	△				
	速干性						△		△	△	△			△	△				
	洗净性								△	△	O	O	O	△			O		
	组件表面美观	△	O		△				O	O									
	非腐蚀性		△									O	O						
	绝缘电阻		△						△	O	△	△				△		△	
回流后	接合强度　张力																		
	蠕变性																		
	弯曲弹性																		
	热冲击性	○	○				○					○	○						
注：○关系大，△有关系。																			

3.2.4　焊锡膏的选用原则

根据焊锡膏的性能和使用要求，可参考以下几点选用：

（1）焊锡膏的活性可根据印制板表面清洁程度来决定，一般采用 RMA 级，必要时采用 RA 级。

（2）根据不同的涂覆方法选用不同黏度的焊锡膏，一般液体分配器用黏度为 100～200 Pa·s，丝网印刷用黏度为 100～300 Pa·s，漏印模板印刷用黏度为 200～600 Pa·s。

（3）精细间距印刷时选用球形、细粒度焊锡膏。

（4）双面焊接时，第一面采用高熔点焊锡膏，第二面采用低熔点焊锡膏，保证两者相差 30～40℃，以防止第一面已焊元器件脱落。

（5）当焊接热敏元件时，应采用含铋的低溶点焊锡膏。

（6）采用免洗工艺时，要用不含氯离子或其他强腐蚀性化合物的焊锡膏。

几种常用焊锡膏及其性能见表 3-7。

表 3-7　几种焊锡膏的性能

牌　号	合金组成/%	熔点℃	目数/形状	助焊剂含量/%	氯离子含量/%	黏度/Pa·s	用　途
SQ-1025SZH-1	63Sn/37Pb	183	250/球形	10.0	0.2	400	0.65 mm 片状器件用
SQ-2030SZH-1	62Sn/36Pb/2Ag	179	300/球形	10.2	0.2	450	0.5 mm 片状器件用
SQ-1030SZ（Ex-3）	63Sn/37Pb	183	300/球形	10.5	0.2	600	高速贴片用
SQ-1030SOM	63Sn/37Pb	183	300/球形	9.0	0	350	免洗用
2062-506A-40-9.5	62Sn/36Pb/2Ag	178～183	325/球形	9.5	0	330	水清洗
RHG-70-220		220±5	250/无定形	15.0	0.2	320±100	高熔点用
RHG-55-165		135～166	325/无定形	15.0	0.2	180±100	低熔点用

3.2.5　焊锡膏使用的注意事项

（1）焊锡膏通常应该保存在 5～10℃的低温环境下，可以储存在电冰箱的冷藏室内。即使如此，超过使用期限的焊锡膏也不得再使用于生产正式产品。

（2）一般应该在使用前至少 2 h 从冰箱中取出焊锡膏，待焊锡膏达到室温后，才能打开焊锡膏容器的盖子，以免焊锡膏在升温过程中凝结水汽。假如有条件使用焊锡膏搅拌机，焊锡膏回到室温下只需要 15 min 即可投入使用。

（3）观察焊锡膏，如果表面变硬或有助焊剂析出，必须进行特殊处理，否则不能使用；如果焊锡膏的表面完好，也要用不锈钢棒搅拌均匀以后再使用。如果焊锡膏的黏度大而不能顺利通过印刷模板的网孔或定量滴涂分配器，应该适当加入所使用焊锡膏的专用稀释剂，稀释并充分搅拌以后再用。

（4）使用时取出焊锡膏后，应及时盖好容器盖，避免助焊剂挥发。

（5）涂敷焊锡膏和贴装元器件时，操作者应该戴手套，避免污染电路板。

（6）把焊锡膏涂敷到印制板上的关键，是要保证焊锡膏能准确地涂覆到元器件的焊盘上。如果涂敷不准确，必须擦洗掉焊锡膏再重新涂敷，擦洗免清洗焊锡膏不得使用酒精。

（7）印好焊锡膏的电路板要及时贴装元器件，尽可能在 4 h 内完成回流焊。

（8）免清洗焊锡膏原则上不允许回收使用，如果印刷涂敷的间隔超过 1 h，必须把焊锡膏从模板上取下来并存放到当天使用的单独容器里，不要将回收的锡膏放回原容器。

3.2.6　无铅焊料

1. 电子产品制造业带来的铅污染

铅的性质使它成为人类最早认识、最早利用的金属材料之一，现代工业的发展使铅及其化合物的使用量急剧增加。但是，铅及其化合物又是对人体有害的、多亲和性的重金属毒物，它会通过渗入地下水系统而进入动物或人类的食物链；在日常工作生活中，人体可通过皮肤、呼吸、进食等吸收铅或其化合物，造成神经系统、造血系统和消化系统的损伤，对儿童的身体发育、神经行为、语言能力发展产生负面影响，是引发多种重症疾病的因素。

在电子产品制造中一直采用铅锡合金作为印制电路板和电子元器件引线的表面镀层和焊接材料。目前，电子产品带来的铅污染增长在我国主要表现为三种形式：第一，人民对电子产品的消费需求迅速增长，计算机、彩电、手机、数码电子产品的社会保有量已经占世界第一位，并且每年有数千万台的旧产品以非正常回收的方式淘汰；第二，我国沿海地区已经成为全世界电子产品的加工厂，发达国家纷纷把电子制造企业搬迁到中国；第三，国外的电子垃圾被大量走私进入我国，而现在我们既不能有效地全面遏止这种走私，也缺乏把这些电子垃圾无害化的处理手段。这三种形式都可能加剧铅污染对我国环境和人民健康的危害。

2. 无铅焊接工艺的提出

日本是最早开展无铅焊接研究并首先研制出无铅焊料的国家，各大公司已经把无铅焊接技术应用在电子产品的实际生产中。日本立法规定有铅焊接的终止期为 2003 年年底，从 2004 年开始不允许含铅电子产品进口。

2000 年 6 月，美国 IPC Lead-Free Roadmap 第 4 版发表，建议美国企业界于 2001 年推出无铅化电子产品，2004 年实现全面无铅化；2002 年 1 月欧盟 Lead-Free Roadmap1.0 版发表，根据问卷调查结果向业界提供关于无铅化的重要统计资料；欧盟议会和欧盟理事会 2003 年 1 月 23 日发布了第 2002/95/EC 号《关于在电气电子设备中限制使用某些有害物质的指令》，在这个指令中，欧盟明确规定了六种有害物质为：汞（Hg）、镉（Cd）、六价铬（Cr）、铅（Pb）、聚溴联苯（PBB）、聚溴二苯醚（PBDE）；并强制要求自 2006 年 7 月 1 日起，在欧洲市场上销售的电子产品必须为无铅的电子产品（个别类型电子产品暂时除外）；2003 年 3 月，中国信息产业部拟定《电子信息产品生产污染防治管理办法》，提议自 2006 年 7 月 1 日起投放市场的国家重点监管目录内的电子信息产品不能含有铅。

就全世界电子工业的铅消耗量来说，仅占所有行业铅消耗总量的 0.6%，电子产品生产中的铅用量对环境和健康的危害并不明显。但是，在全球经济和环境保护发展的大背景下，无铅焊接已经成为电子制造行业不可逆转的趋势，电子产品生产企业必须积极地应对它、解决它，否则，将无法在世界电子制造业中立足。

3．无铅焊料的研究与推广

目前，国际上对无铅焊料的成分并没有统一的标准。通常是以锡为主体，添加其他金属。应该指出，这些焊料中并不是一点铅都没有，只是规定铅的含量必须少于 0.1%。

（1）对无铅焊料的理想化技术要求。

① 无毒性：无铅合金焊料应该无毒或毒性极低，现在和将来都不会成为新的污染源。

② 性能好：导电率、热传导率、浸润性、机械强度和抗老化性等性能，至少应该相当于当前使用的 Sn—Pb 共晶焊料；并且，容易检验焊接质量，容易修理有缺陷的焊点。

③ 兼容性好：与现有的焊接设备和工艺兼容，尽可能在不需要更换设备和不需要改变工艺的条件下使用无铅焊料进行焊接。例如，无铅焊料的共晶点应该比较低，接近当前使用的铅锡共晶焊料，最好在 180～220℃之间。这样，要求焊接设备和元器件相应改变得少一些，有利于减少技术改造成本。

④材料成本低：所选用的材料能保证充分供应且价格便宜（目前无铅焊料的售价是铅锡共晶焊料的 2～3 倍）。

（2）最有可能替代铅锡焊料的无毒合金是以锡（Sn）为主，添加银（Ag）、锌（Zn）、铜（Cu）、锑（Sb）、铋（Bi）、铟（In）等金属元素，通过合金化来改善焊料的性能，提高可焊性。

应该说，到目前为止，尽管有很多品种的无铅焊料正在加紧研制中，一些品种已经进入实用阶段，但至今还没有哪种无铅焊料在各方面的性质上都优于并可以完全取代 Sn—Pb 共晶焊料。研究正沿着如下三个方向展开：

① 主要重视安全性和可靠性：在 Sn 里添加 Ag 或 Cu，焊接在高温度区域实现。

② 主要追求焊接温度接近 Sn—Pb 共晶焊料：在 Sn 里添加 Zn。

③ 重点追求低熔点焊接温度：以上述两个研究方向为基础，在 Sn—Ag—Cu 合金里添加微量金属 Bi 可以适当降低焊接温度；在 Sn—Zn 合金里加大 Bi 的添加量，可以制成低温焊料。

（3）研究表明，以下列三种合金为主，适量添加其他金属元素的合金有可能成为无铅焊料的选择方案，它们各自的特点和性能如下：

① Sn—Ag 系焊料：这种焊料的机械性能、拉伸强度、蠕变特性及耐热老化性能比 Sn—Pb 共晶焊料优越，延展性稍差；主要缺点是熔点温度偏高，润湿性差，成本高。

现在已经投入使用最多的无铅焊料就是这种合金，配比为 Sn96.3—Ag3.2—Cu0.5（美国推荐的配比是 Sn95.5—Ag4.0—Cu0.5，日本推荐的配比是 Sn96.2—Ag3.2—Cu0.6），其熔点为 217～218℃，市场价格是 Sn—Pb 共晶焊料的 3 倍以上。

② Sn—Zn 系焊料：这种焊料的机械性能、拉伸强度比 Sn—Pb 共晶焊料好，可以拉成焊料线材使用；蠕变特性好，变形速度慢，拉伸变形至断裂的时间长；主要缺点是 Zn 极容易氧化，润湿性和稳定性差，具有腐蚀性。

③ Sn—Bi 系焊料：这种焊料在 Sn—Ag 系的基础上，添加适量的 Bi 组成。优点是熔点低，与 Sn—Pb 共晶焊料的熔点相近；蠕变特性好，增大了拉伸强度；缺点是延展性差，质地硬且脆，可加工性差，不能拉成焊料线材。在 Sn—Zn 系的基础上，添加多量的 Bi，

可制成低温焊料。

4．无铅焊料存在的缺陷

现在，无铅焊料已经在国内众多电子制造企业开始试用或推行，但它目前仍然存在一些缺陷，仅就一般手工焊接来说，主要表现为：

（1）扩展能力差：无铅焊料在焊接时，浸润、扩展的面积只有 Sn—Pb 共晶焊料的 1/3 左右。

（2）熔点高：无铅焊料的熔点一般比 Sn—Pb 共晶焊料的熔点大约高 34～44℃，对电烙铁设定的工作温度也比较高。这就使烙铁头更容易氧化，使用寿命变短。

因此，使用无铅焊料进行手工焊接必须注意以下几点：

① 选用热量稳定、均匀的电烙铁：在使用无铅焊料进行焊接作业时，出于对元器件耐热性以及安全作业的考虑，一般应当选择烙铁头温度在 350～370℃ 以下的电烙铁。

② 控制烙铁头的温度非常重要：能够调节温度的电烙铁，要根据使用的焊料，选择最合适的烙铁头，设定焊接温度并随时调整。

5．无铅焊料引发的新课题

随着无铅焊料的研制，焊料的成分和性能发生了变化，与焊接过程相关的新课题也在探讨研究之中。事实上，电子产品无铅焊接需要解决焊料和焊接两个基本问题，所涉及的是一个范围极其广大的技术领域，焊接设备、焊接材料、助焊剂、焊接工艺、电子元器件都将随之改变。

（1）元器件问题。因为多数无铅焊料的熔点都比较高，焊接过程的温度比采用 Sn—Pb 焊料高，这就要求元器件以及各种结构性材料能够耐受更高的加工温度。

目前还有很多元器件的焊端或引线表面采用 Sn—Pb 镀层，推广无铅焊接的同时，这些镀层也必须采用无铅材料。

（2）印制电路板问题。要求印制电路板的板材能够承受更高的焊接温度，焊接以后不产生变形或铜箔脱落。

焊盘表面镀层也必须无铅化，与无铅焊料兼容，并且制造成本低。

（3）助焊剂问题。目前所用的助焊剂不能帮助无铅焊料提高润湿性，必须研制润湿性更好的新型助焊剂，其温度特性应该与无铅焊料的预热温度和焊接温度相匹配，而且满足环境保护的要求。

（4）焊接设备问题。要适应更高的焊接温度，回流焊设备要改变温区设置，预热区必须加长或更换新的加热元件；波峰焊设备的焊料槽、焊料波喷嘴和传输导轨的爪钩材料要能够承受高温腐蚀。

由于焊料成分不同使熔点及性能不同，焊接温度和设备的控制变得比铅锡焊料更复杂。在焊接高密度、窄间距 SMT 电路板时，有必要采用新的抑制焊料氧化技术或采用惰性气体保护焊接技术。

采用 N_2 气体保护焊接，有利于价格昂贵的无铅焊料减少氧化，但 N_2 气体的产生、保管、防泄漏、回收问题都需要解决。

在无铅焊接工艺日益来临之际，国内各焊接设备制造厂商纷纷研制、仿造无铅波峰焊设备，目前已经形成一定的规模和水平，但以供应外资企业和生产出口产品的企业为主。无铅焊接设备的售价往往是普通焊接设备的 2.5～4 倍以上，购置新设备带来的成本压力导致无铅焊接在电子产品制造企业推进缓慢。

（5）工艺流程中的问题。在 SMT 工艺流程中，无铅焊料的涂敷印刷、元器件的贴片、焊接、助焊剂残渣的清洗以及焊接质量的检验都是新的课题。

（6）废料回收问题。从无铅焊料的残渣中回收 Bi、Cu、Ag 金属，也是一个有待开发与研究的新课题。

3.3　助焊剂

助焊剂，简称焊剂，是焊接过程中不可缺少的辅料。在波峰焊中，助焊剂和合金焊料分开使用，而在回流焊中，助焊剂则作为焊锡膏的重要组成部分。助焊剂对保证焊接质量起着关键的作用。

焊接效果的好坏，除了与焊接工艺、元器件和印制板的质量有关外，助焊剂的选择是十分重要的。

　助焊剂的化学组成

传统的助焊剂通常以松香为基体。松香具有弱酸性和热熔流动性，并具有良好的绝缘性、耐湿性、无腐蚀性、无毒性和长期稳定性，是不可多得的助焊材料。

目前在 SMT 中采用的大多是以松香为基体的活性助焊剂。由于松香随着品种、产地和生产工艺的不同，其化学组成和性能有较大的差异，因此，对松香优选是保证助焊剂质量的关键。通用的助焊剂还包括以下成分：活性剂、成膜物质、添加剂和溶剂等。

1. 活性剂

活性剂是为提高助焊能力而加入的活性物质，它对焊剂净化焊料和被焊件表面起主要作用。活性剂的活性是指它与焊料和被焊件表面氧化物等起化学反应的能力，也反映了清洁金属表面和增强润湿性的能力。润湿性强则焊剂的扩展性高，可焊性就好。在焊剂中，活性剂的添加量较少，通常为 1%～5%，若为含氯的化合物，其氯含量应控制在 0.2% 以下。虽然它的添加量少，但在焊接时起很大的作用。

活性剂分为无机活性剂和有机活性剂两种。无机活性剂，如氯化锌、氯化铵等。通常无机活性剂助焊性好，但作用时间长，腐蚀性大，不宜在电子装联中使用；有机活性剂，如有机酸及有机卤化物等。有机活性剂作用柔和、时间短、腐蚀性小、电气绝缘性好，适宜在电子产品装联中使用。

2. 成膜物质

加入成膜物质，能在焊接后形成一层紧密的有机膜，保护了焊点和基板，具有防腐蚀性和优良的电气绝缘性。常用的成膜物质有松香、酚醛树脂、丙烯酸树脂、氯乙烯树脂、聚氨酯等。一般加入量在 10%～20%，加入过多会影响扩展率，使助焊作用下降。在普通家电或要求不高的电器装联中，使用成膜物质，装联后的电器部件可不清洗，以降低成本，然而在精密电子装联中焊后仍要清洗。

3．添加剂

添加剂是为适应工艺和工艺环境而加入的具有特殊物理和化学性能的物质。常用的添加剂有：

（1）调节剂。为调节助焊剂的酸性而加入的材料，如三乙醇胺可调节助焊剂的酸度；在无机助焊剂中加入盐酸可抑制氧化锌生成。

（2）消光剂。能使焊点消光，在操作和检验时克服眼睛疲劳和视力衰退。一般加入无机卤化物、无机盐、有机酸及其金属盐类，如氧化锌、氯化锡、滑石、硬脂酸、硬脂酸铜、钙等。一般加入量约为5%。

（3）缓蚀剂。加入缓蚀剂能保护印制板和元器件引线，具有防潮、防霉、防腐蚀性能又能保持优良的可焊性。用做缓蚀剂的物质大多是含氮化合物为主体的有机物。

（4）光亮剂。如果要使焊点光亮，可加入甘油、三乙醇胺等，一般加入量约1%。

（5）阻燃剂。为保证使用安全，提高抗燃性而加入的材料，如2，3—二溴丙醇等。

4．溶剂

由于使用的助焊剂大多是液态的。为此，必须将助焊剂的固体成分溶解在一定的溶剂里，使之成为均相溶剂。一般多采用异丙醇和乙醇作为溶剂。用做助焊剂的溶剂应符合以下条件：

（1）对助焊剂中各种固体成分均具有良好的溶解性。

（2）常温下挥发程度适中，在焊接温度下迅速挥发。

（3）气味小，无毒性或毒性低。

3.3.2 助焊剂的分类

在回流焊中，助焊剂作为焊锡膏的重要组成部分。而在波峰焊中，助焊剂与 Sn—Pb 焊锡分开使用。现在广泛采用的助焊剂可以分成两大类：酸系和树脂系。由于酸系焊剂腐蚀性强，所以在表面组装的焊接中，通常采用树脂系焊剂。

助焊剂按其活性特性，可分为 4 类，见表 3-8。

表 3-8　按活性剂特性分类

类　型	标　识	用　途
低活性	R	用于较高级别的电子产品，可实现免清洗
中等活性	RMA	民用电子产品
高活性	RA	可焊性差的元器件
特别活性	RSA	元器件的可焊性差或有镍铁合金

1．松香系列焊剂

松香是最普通的助焊剂，其主要成分是松香酸及其同素异形体、有机多脂酸和碳氢化萜。在室温下松香是硬的。最纯的松香叫水白松香，简称 WW，它是最弱的非活性焊剂类型。在焊接工艺中，水白松香能去除足够的金属氧化物，而使焊料获得优良的润湿性能。为了改善水白松香的活性，可添加诸如烷基胺氢卤化物（联胺卤化物）等活化剂，而形成不同类型的松香系列焊剂。

松香系中的 RMA 通常以液体形式用于波峰焊接和以焊剂形式用于焊锡膏。RA 型广泛用于工业和消费类电子产品的制造，如收音机、电视机和电话机等产品。RSA 型焊剂，由于其腐蚀性和难清洗，所以一般不能用于任何类型的电路组件上。

2. 合成焊剂

合成焊剂的主要成分是合成树脂，可根据用途配成不同类型的合成焊剂。主要用于波峰焊中。采用双波峰焊时，由于双波峰焊系统具有很强的焊料擦洗作用，焊接时第一个波峰会洗掉焊料，导致第二个波峰时，由于焊料不足而出现焊料拉尖和断路。采用合成树脂和松香焊剂组成的合成焊剂能解决这些问题。

3. 有机焊剂

有机焊剂又称有机酸焊剂，类似于极活性的松香焊剂，可溶于水。这类焊剂属腐蚀性焊剂，并且焊后必须从组件上去除，所以在 SMT 的应用方面没有前途。但它们已广泛用于普通组件的焊接工艺中。

若按残留物的溶解性能，则可将助焊剂分为 3 类。

（1）有机溶剂清洗型：无活性（R）类、中等活性（RMA）类、活性（RA）类。

（2）水清洗型（WS）：有机盐类、无机盐类、有机酸类。

（3）免洗型（LS）。免清洗助焊剂只含有极少量的固体成分，不挥发含量只有 1/5～1/20，卤素含量低于 0.01%～0.03%，一般为以合成树脂基础的助焊剂。

其中，作为替代 CFC 清洗剂的有效途径是用水清洗助焊剂，水清洗助焊剂已在波峰焊工艺中使用，但焊后清洗液体的排放问题尚未完全解决。目前正在研制适用于 SMT 回流焊的水溶性焊剂配剂的焊锡膏。

3.3.3　对助焊剂性能的要求及选用

1. 对助焊剂的性能要求

（1）具有去除表面氧化物、防止再氧化物降低表面张力等特性，这是助焊剂必需具备的基本性能。

（2）熔点比焊料低，在焊料熔化之前，助焊剂要先熔化以充分发挥助焊作用。

（3）润湿扩散速度比熔化焊料快，通常要求扩展率在 90% 左右或 90% 以上。

（4）黏度和密度比焊料小，黏度大会使润湿扩散困难，密度大就不能覆盖焊料表面。

（5）焊接时不产生焊珠飞溅，也不产生毒气和强烈的刺激性臭味。

（6）焊后残渣易于去除，并具有不腐蚀、不吸湿和不导电等特性。

（7）焊接后不沾手，焊后不易拉尖。在常温下储存稳定。

2．助焊剂的选用

助焊剂的选择除应满足性能要求外，还应根据不同的焊接对象及焊接方法来选用不同的助焊剂。

（1）不同的焊接方式需用不同状态的助焊剂，波峰焊应用液态助焊剂，回流焊应用糊状助焊剂。

（2）当焊接对象可焊性好时，不必采用活性强的助焊剂；当焊接对象可焊性差时必须采用活性较强的助焊剂。在 SMT 中最常用的是中等活性的助焊剂。

（3）清洗方式不同，要用不同类型的助焊剂。选用有机溶剂清洗，需和有机类或树脂类助焊剂相匹配；选用去离子水清洗，必需用水洗助焊剂；选用免洗方式，只能用固含量在 0.5%～3%的免洗助焊剂。表 3-9 为几种典型助焊剂的特性。

表 3-9　典型助焊剂的特性

牌号 项　目　产地	MH820V 日　本	F-SW32 德　国	α-809 美　国	LDB-1 北　京	WS-10B 海　门	CSF-4 成　都
固含量/%	22	13	25	24	2，-28	38
密度/（g/cm³）	0.840	0.827	0.860	0.835	0.840	0.874
扩展率/%	96			91	≥90	93±3
氯含量/%	0.12	0.01	0.15		≤0.15	
绝缘电阻/Ω	1×10^{11}	1×10^{11}	1×10^{11}	2.6×10^{15}	$≥4\times10^{12}$	$>1\times10^{11}$
水溶性电阻率/Ω·cm			2.2×10^{4}	1×10^{4}	$≥5\times10^{4}$	1×10^{4}
腐蚀性	合格	合格	合格	合格	合格	合格

3.4　清洗剂

焊接和清洗是对电路组件的高可靠性具有深远影响的相互依赖的组装工艺。在 SMT 中，由于所用元器件体积小、贴装密度高、间距小，当助焊剂残留物或者其他杂质存留在印制板表面或空隙时，会因离子污染或电路侵蚀而断路，必须及时清洗，才能提高可靠性，使产品性能符合要求。清洗效果的好坏与清洗剂的性能与质量有密切关系。

3.4.1　清洗剂的化学组成

从清洗剂的特点考虑，选择 CFC—113 和甲基氯仿作为清洗剂的主体材料比较适宜。但由于纯 CFC—113 和甲基氯仿在室温尤其在高温条件下能和活泼金属反应，影响了使用和储存稳定性。

为改善清洗效果，常常在 CFC—113 和甲基氯仿清洗剂中加入低级醇，如甲醇、乙醇等，但醇的加入会引起一些副作用，一方面 CFC—113 和甲基氯仿易于同醇反应，在有金属共存时更加显著，另一方面低级醇中带入的水分还会引起水解反应，由此产生的 HCl 具有强腐蚀性。

因此，在 CFC—113 和甲基氯仿中加入各类稳定剂显得十分重要。在 CFC—113 清洗剂中常用的稳定剂有乙醇酯、丙烯酸酯、硝基烷烃、缩水甘油、炔醇、N—甲基吗啉、环氧烷类化合物。

3.4.2　清洗剂的分类与特点

早期采用的清洗剂有乙醇、丙酮、三氯乙烯等。现在广泛应用的是以 CFC—113（三氟三氯乙烷）和甲基氯仿为主体的两大类清洗剂。但它们对大气臭氧层有破坏作用，现已开发出 CFC 的替代产品，如半水清洗工艺中使用的半水洗溶剂 BIOACT EC-7、Marc lean R 等被认为是最有希望的替代材料，而另一种替代材料 HCFC（含氢氟氯）如 9434、2010、2004 都具有一定毒性。

一般说来，一种性能良好的清洗剂应当具有以下特点：

（1）脱脂效率高，对油脂、松香及其他树脂有较强的溶解能力。

（2）表面张力小，具有较好的浸润性。

（3）对金属材料不腐蚀，对高分子材料不溶解、不溶胀，不会损害元器件和标记。

（4）易挥发，在室温下即能从印制板上除去。

（5）不燃、不爆、低毒性，利于安全操作，也不会对人体造成危害。

（6）残留量低，清洗剂本身也不污染印制板。

（7）稳定性好，在清洗过程中不会发生化学或物理作用，并具有储存稳定性。

　3.5　其他材料

3.5.1　阻焊剂

阻焊剂（俗称绿油）是为适应现代化电器设备安装和元器件连接的需要而发展起来的防焊涂料，它能保护不需焊接的部位，以避免波峰焊时出现焊锡搭线造成的短路和焊锡的浪费。

在 PCB 上应用的阻焊剂种类很多，通常可分为热固化、紫外光固化和感光干膜三大类，前两类都属于印料类阻焊剂，即先经过丝网漏印然后再固化，而感光干膜是将干膜移到 PCB 上再经过紫外光照射显影后制成。

热固化型阻焊剂使用方便、稳定性较好，其主要缺点是效率低、耗能。感光干膜精度很高，但需要专用的设备才能应用于生产。目前紫外光固化型阻焊剂发展较快，它克服了热固化型阻焊剂的缺点，在自动化的生产线中广泛应用。

在阻焊剂中采用的基体树脂有环氧丙烯酸酯、丙烯酸聚氨酯、聚酯丙烯酸酯和有机硅丙烯酸酯等。

3.5.2　防氧化剂

防氧化剂是为防止焊接时焊料氧化产生浮渣而加入的辅料。它不仅具有防氧化作用，而且还能将焊接时生成的浮渣还原成焊锡。防氧化剂对节约焊锡、保证焊接质量起着重要的作用，因而普遍应用在波峰焊中。

常用的防氧化剂有两类，一类是低分子量聚苯醚和聚苯醚羧酸混合物，这类防氧化剂耐热性好，使用寿命长，但由于制备困难，价格高，难于使用；另一类是由油类（如矿物油、动物油、植物油和蜡等）和还原剂（不饱和羧酸、天然树脂及合成树脂）组成的防氧化剂，并需加入适量的热稳定剂和防蚀剂等，这类防氧化剂价格低、还原能力强，被广泛采用。

3.5.3　插件胶

插件胶指固定插装元器件用的胶粘剂，又称临时性粘接剂。对该材料要求具有电绝缘性能，耐高温，室温下呈固态，加热时（70～80℃）熔化，且具有适当的粘接强度并兼有助焊性。改性丁基胶、热熔胶及松香树脂的无机胶粘剂都可作为插件胶使用。

3.6　思考与练习题

1．表面组装材料主要包括哪些内容？

2．贴片胶的作用是什么？它主要与什么焊接方法相配合？

3．贴片胶通常由哪几部分组成？一般分成哪几类？

4．焊锡膏主要起什么作用？其主要成分是什么？

5．简述焊锡膏的选用原则。

6．对无铅焊料的理想化技术要求是什么？目前使用的无铅焊料有哪些类型？在无铅焊料的推广和使用中还存在哪些问题？

7．简述助焊剂的作用和化学组成。

第4章

SMT 印刷涂敷工艺及设备

4.1 焊锡膏印刷工艺

4.1.1 回流焊工艺焊料供给方法

SMT 电路板组装如果采用回流焊技术，在焊接前需要将焊料施放在焊接部位。将焊料施放在焊接部位的主要方法有焊锡膏法、预敷焊料法和预形成焊料法。

1. 焊锡膏法

将焊锡膏涂敷到 PCB 焊盘图形上，是回流焊工艺中最常用的方法。其目的是将适量的焊锡膏均匀地施加在 PCB 的焊盘上，以保证贴片元器件与 PCB 相对应的焊盘在回流焊接时达到良好的电气连接，并具有足够的机械强度。焊锡膏涂敷方式有两种：注射滴涂法和印刷涂敷法。注射滴涂法主要应用在新产品的研制或小批量产品的生产中，可以手工操作，但速度慢、精度低但灵活性高，省去了制造模板的成本。

印刷涂敷法又分直接印刷法（也叫模板漏印法或漏板印刷法）和非接触印刷法（也叫丝网印刷法）两种类型，直接印刷法是目前高档设备广泛应用的方法。

2. 预敷焊料法

预敷焊料法也是回流焊工艺中经常使用的施放焊料的方法。在某些应用场合，可以采用电镀法和熔融法，把焊料预敷在元器件电极部位的细微引线上或是 PCB 的焊盘上，在窄间距器件的组装中，采用电镀法预敷焊料是比较合适的，但电镀法的焊料镀层厚度不够稳定，需要在电镀焊料后再进行一次熔融。经过这样的处理，可以获得稳定的焊料层。

3. 预形成焊料法

预形成焊料是将焊料制成各种形状，如片状、棒状、微小球状等预先成形的焊料，焊料中可含有助焊剂。这种形式的焊料主要用于半导体芯片中的键合部分、扁平封装器件的焊接工艺中。

4.1.2　焊锡膏印刷机及其结构

1．焊锡膏印刷机的分类

焊锡膏印刷机是用来印刷焊锡膏或贴片胶的，其功能是将焊锡膏或贴片胶正确地漏印到 PCB 相应的位置上。

按自动化程度，焊锡膏印刷机可分为三个档次：手动、半自动和全自动印刷机。半自动和全自动印刷机可以根据具体情况配置各种功能，以便提高印刷精度，例如：视觉识别功能、调整电路板传送速度功能、工作台或刮刀 45°角旋转功能（适用于窄间距元器件），以及二维、三维检测功能等。图 4-1（a）、（b）是手动漏印模板印刷机和手动丝网印刷机，图 4-2 是一款全自动焊锡膏印刷机。

（a）手动漏印模板印刷机　　　　　（b）手动丝网印刷机

图 4-1　手动焊锡膏印刷机

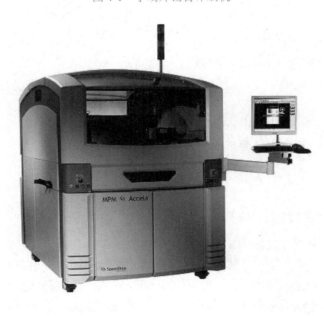

图 4-2　全自动焊锡膏印刷机

印刷过程中 PCB 放进和取出的方式有两种，一种是将整个刮刀机构连同模板抬起，将 PCB 放进和取出，PCB 定位精度取决于转动轴的精度，一般不太高，多见于手动印刷机与半自动印刷机；另一种是刮刀机构与模板不动，PCB 平进与平出，模板与 PCB 垂直分离，故定位精度高，多见于全自动印刷机。

手动印刷机的各种参数与动作均需人工调节与控制，通常仅被小批量生产或难度不高的产品使用，半自动印刷机除了 PCB 装夹过程是人工放置以外，其余动作机器可连续完成，但第一块 PCB 与模板的窗口位置是通过人工来对中的。通常 PCB 通过印刷机台面上的定位销来实现定位对中，因此 PCB 板面上应设有高精度的工艺孔，以供装夹用。

2. 焊锡膏印刷机的结构

半自动与全自动印刷机，一般由以下几部分组成：

（1）夹持 PCB 基板的工作台：包括工作台面、真空夹持或板边夹持机构、工作台传输控制机构。

（2）印刷头系统：包括刮刀、刮刀固定机构、印刷头的传输控制系统等。

（3）丝网或模板及其固定机构。

（4）全自动印刷机通常装有光学对中系统，通过对 PCB 和模板上对中标志（Mark 基准点）的识别，可以自动实现模板窗口与 PCB 焊盘的自动对中，印刷机重复精度达±0.01 mm（6δ）。

（5）为保证印刷精度而配置的其他选件：如干、湿和真空吸擦板系统以及二维、三维测量系统等。

在配有 PCB 自动装载系统后，能实现全自动运行。但印刷机的多种工艺参数，如刮刀速度、刮刀压力、丝网或模板与 PCB 之间的间隙仍需人工设定。

3. 印刷机的主要技术指标

（1）最大印刷面积：根据最大的 PCB 尺寸确定。

（2）印刷精度：根据印制板组装密度和元器件引脚间距的最小尺寸确定，一般要求达到±0.025 mm。

（3）重复精度：一般为±10 μm。

（4）印刷速度：根据产量要求确定。

4.1.3　焊锡膏的印刷方法

1. 焊锡膏印刷的模板及丝网

在焊锡膏印刷中，有直接印刷法和非接触印刷法两种，两种方法的共同之处是其原理与油墨印刷类似，主要区别在于印刷焊料的介质，即用不同的介质材料来加工印刷图形：采用刚性材料加工的金属漏印模板，印刷时无刮动间隙，是直接（接触式）印刷，采用柔性材料丝网，印刷时丝网与 PCB 之间有刮动间隙，是非接触式印刷。

（1）模板。模板（Stencils），又称漏板或网板，它用来定量分配焊锡膏，是焊锡膏印刷的关键工具之一。

模板的外框是铸铝框架（或铝方管焊接而成），中心是金属模板，框架与模板之间依靠丝网相连接，呈"刚—柔—刚"的结构。这种结构确保金属模板既平整又有弹性，且使用时能紧贴 PCB 表面。铸铝框架上备有安装孔，供印刷机上装夹之用。通常模板上的图形离模板的外边约 50 mm，以方便印刷机刮刀头运行。丝网的宽度为 30～40 mm，以保证模板在使用中有一定的弹性。早期的模板也有直接将金属模板融合在框架上的，但由于使用过程中缺乏应有的弹性，现在已经少用。常用做模板的金属材料有锡磷青铜和不锈钢两种。锡磷青铜模板价格较低，材料易得，特别是窗口壁光滑，便于漏印焊膏，但使用寿命不及不锈钢模板者；不锈钢模板坚固耐用，寿命长，但窗口壁不够光滑，不利于漏印焊膏，价格也较高。目前这两类材料制造的模板均有采用，但以不锈钢模板较为常见。

常见的制作方法为：蚀刻、激光、电铸。高档 SMT 印刷机一般使用不锈钢激光切割模板，采用激光将贴片文件位置、形状烧刻在不锈钢板上，适于对精度要求较高的细间距（即 0.3 mm≤芯片引脚间距≤0.5 mm）图形印刷，但加工困难，制作成本也较高。常用的 SMT 模板的厚度为 0.15 mm（或 0.12 mm）。金属模板的结构如图 4-3 所示。

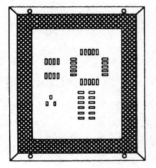 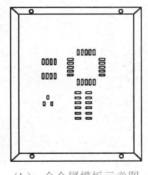 

（a）"刚—柔—刚"模板结构示意图　　（b）全金属模板示意图　　（c）实物照片

图 4-3　模板的结构

（2）丝网。非接触式丝网印刷法是传统的方法，早期曾普遍采用，因此目前很多地方仍习惯上将焊锡膏印刷称为丝印。丝网材料有尼龙丝、真丝、聚酯丝和不锈钢丝等，可用于 SMT 焊锡膏印刷的是聚酯丝和不锈钢丝。用乳剂涂敷到丝网上，只留出印刷图形的开口网目，就制成了非接触式印刷涂敷法所用的丝网。

制作丝网的费用低廉，但由于丝网制作的漏板窗口开口面积始终被丝本身占用一部分，即开口率达不到 100%，而且印刷焊锡膏的图形精度不高；此外，丝网漏板的使用寿命也远远不及金属模板，只适用于大批量生产的一般 SMT 电路板，现在基本上已被淘汰。

2. 漏印模板印刷法的基本原理

漏印模板印刷法的基本原理如图 4-4 所示。

将 PCB 板放在工作支架上，由真空泵或机械方式固定，将已加工有印刷图形的漏印模板在金属框架上绷紧，模板与 PCB 表面接触，镂空图形网孔与 PCB 上的焊盘对准，把焊锡膏放在漏印模板上，刮刀从模板的一端向另一端推进，同时压刮焊锡膏通过模板上的镂空图形网孔漏印（沉积）到 PCB 的焊盘上。假如刮刀单向刮锡，沉积在焊盘上的焊锡膏可能会不够饱满；而刮刀双向刮锡，焊锡膏图形就比较饱满。高档的 SMT 印刷机一般有 A、B 两个刮刀：当刮刀从右向左移动时，刮刀 A 上升，刮刀 B 下降，B 压刮焊锡膏；当刮刀从左向右移动时，刮刀 B 上升，刮刀 A 下降，A 压刮焊锡膏，如图 4-4（a）所示。两次刮锡后，PCB 与模板脱离（PCB 下降或模板上升），完成焊锡膏印刷过程，如图 4-4（b）所示。

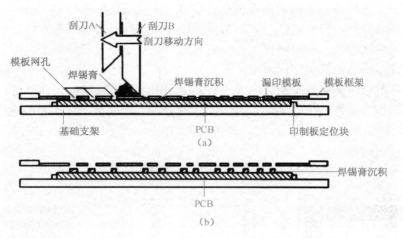

图 4-4　漏印模板印刷法的基本原理

焊锡膏是一种膏状流体，其印刷过程遵循流体动力学的原理。漏印模板印刷的特征是：

● 模板和 PCB 表面直接接触。

● 刮刀前方的焊锡膏颗粒沿刮刀前进的方向滚动。

● 漏印模板离开 PCB 表面的过程中，焊锡膏从漏孔转移到 PCB 表面上。

3．丝网印刷涂敷法的基本原理

丝网材料有尼龙丝、真丝、聚酯丝和不锈钢丝等，可用于 SMT 焊锡膏印刷的是聚酯丝和不锈钢丝。用乳剂涂敷到丝网上，只留出印刷图形的开口网目，就制成了非接触式印刷涂敷法所用的丝网。丝网印刷涂敷法的基本原理如图 4-5 所示。

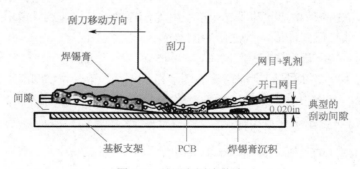

图 4-5　丝网印刷涂敷法

将 PCB 固定在工作支架上，将印刷图形的漏印丝网绷紧在框架上并与 PCB 对准，将焊锡膏放在漏印丝网上，刮刀从丝网上刮过去，压迫丝网与 PCB 表面接触，同时压刮焊锡膏通过丝网上的图形印刷到 PCB 的焊盘上。

丝网印刷具有以下特征：

- 丝网和 PCB 表面隔开一小段距离。
- 刮刀前方的焊锡膏颗粒沿刮板前进的方向滚动。
- 丝网从接触到脱开 PCB 表面的过程中，焊锡膏从网孔转移到 PCB 表面上。
- 刮刀压力、刮动间隙和刮刀移动速度是保证印刷质量的重要参数。

4.1.4　焊锡膏印刷工艺流程

印刷焊锡膏的工艺流程包括以下步骤：印刷前的准备→调整印刷机工作参数→印刷焊锡膏→印刷质量检验→清理与结束。

1. 印刷前准备工作

（1）检查印刷工作电压与气压；熟悉产品的工艺要求。

（2）确认软件程序名称是否为当前生产机种，版本是否正确。

（3）检查焊锡膏：检查焊锡膏的制造日期，是否在出厂后 6 个月之内，品牌型号规格是否符合当前生产要求；是否密封（保存条件 2～10℃），若采用模板印刷，焊锡膏黏度应为 900～1400 Pa·s，最佳为 900 Pa·s，从冰箱中取出后应在室温下恢复至少 2 h，出冰箱后 24 h 之内用完；新启用的焊锡膏应在罐盖上记下开启日期和使用者姓名。

（4）焊锡膏搅拌：焊锡膏使用前要用焊锡膏搅拌机或人工充分搅拌均匀。机器搅拌时间为 1～3 min，人工搅拌时，使用防静电锡膏搅拌刀，顺时针匀速搅拌 2～4 min；搅拌过的焊锡膏必须表面细腻，用搅刀挑起焊锡膏，焊锡膏可匀速落下，且长度保持在 5 cm 左右。图 4-6 所示是焊锡膏搅拌机的照片和内部结构。

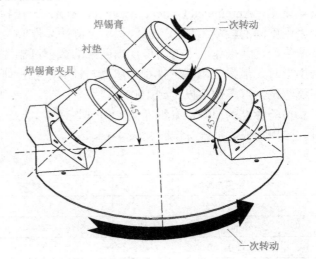

（a）焊锡膏搅拌机的照片　　　　　　　　　　（b）内部结构

图 4-6　焊锡膏搅拌机

（5）检查 PCB 是否正确，有无用错或不良。阅读 PCB 产品合格证，如 PCB 制造日期大于 6 个月应对 PCB 进行烘干处理（在 125℃ 温度下烘干 4 h），通常在前一天进行。

（6）检查模板是否与当前生产的 PCB 一致，窗口是否堵塞，外观是否良好。

2．调整印刷工作参数

接通电源、气源后，印刷机进入开通状态（初始化），对新生产的 PCB 来说，首先要输入 PCB 长、宽、厚及定位识别标志（Mark）的相关参数，Mark 可以纠正 PCB 的加工误差，制作 Mark 图像时，要图像清晰，边缘光滑，对比度强，同时还应输入印刷机各工作参数：印刷行程、刮刀压力、刮刀运行速度、PCB 高度、模板分离速度、模板清洗次数与方法等相关参数。

相关参数设定好后，即可放入模板，使模板窗口位置与 PCB 焊盘图形位置保持在一定范围之内（机器能自动识别），同时安装刮刀，进行试运行，此时应调节 PCB 与模板之间的间隙，通常应保持在"零距离"。正常后，即可放入充分量的焊锡膏进行印刷，并再次调节相关参数，全面调节后即可存盘保留相关参数与 PCB 代号，不同机器的上述安装次序有所不同，自动化程度高的机器安装方便，一次就可以成功。

3．印刷焊锡膏

正式印刷焊锡膏时应注意下列事项：焊锡膏的初次使用量不宜过多，一般按 PCB 尺寸来估计，参考量如下：A5 幅面约 200 g；B5 幅面约 300 g；A4 幅面约 350 g；在使用过程中，应注意补充新焊锡膏，保持焊锡膏在印刷时能滚动前进。注意印刷焊锡膏时的环境质量：无风、洁净、温度 23±3℃，相对湿度＜70%。

4．印刷质量检验

对于模板印刷质量的检测，目前采用的方法主要有目测法、二维检测/三维检测（自动光学检测，Automated Optical Inspection AOI）。在检测焊锡膏印刷质量时，应根据元件类型采用不同的检测工具和方法，采用目测法（带放大镜），适用不含细间距 QFP 器件或小批量生产，其操作成本低，但反馈回来的数据可靠性低，易遗漏，当印刷复杂 PCB，如电脑主板时，最好采用基于视觉传感器与计算机视觉研究基础上的视觉检测系统，并最好是在线测试，可靠性可以达到 100%。

检验标准的原则：有细间距 QFP 时（0.5 mm），通常应全部检查。当无细间距 QFP 时，可以抽检，抽检标准参见表 4-1。

表 4-1　印刷焊锡膏取样规则

批量范围/块	取样数/块	不合格品的允许数量/块
1～500	13	0
501～3200	50	1
3201～10 000	80	2
10 001～35 000	120	3

检验标准：按照企业制定的企业标准或 ST/T10670—1995 以及 IPC 标准。

不合格品的处理：发现有印刷质量时，应停机检查，分析产生的原因，采取措施加以改进，凡 QFP 焊盘不合格者应用无水酒精清洗干净后重新印刷。

5. 结束

当一个产品完工或结束一天工作时，必须将模板、刮刀全部清洗干净，若窗口堵塞，千万勿用坚硬金属针划捅，避免破坏窗口形状。焊锡膏放入另一容器中保存，根据情况决定是否重新使用。模板清洗后应用压缩空气吹干净，并妥善保存在工具架上，刮刀也应放入规定的地方并保证刮刀头不受损。

工作结束应让机器退回关机状态，并关闭电源与气源，同时应填写工作日志表和进行机器保养工作。

4.1.5　印刷机工艺参数的调节

焊锡膏是触变流体，具有粘性。当刮刀以一定速度和角度向前移动时，对焊锡膏产生一定的压力，推动焊锡膏在刮板前滚动，产生将焊锡膏注入网孔或漏孔所需的压力。焊锡膏的粘性摩擦力使焊锡膏在刮板与网板交接处产生切变，切变力使焊锡膏的粘性下降，有利于焊锡膏顺利地注入网孔或漏孔。刮刀速度、刮刀压力、刮刀与网板的角度及焊锡膏的黏度之间都存在一定的制约关系，因此，只有正确地控制这些参数，才能保证焊锡膏的印刷质量。

1. 刮刀的夹角

刮刀的夹角影响到刮刀对焊锡膏垂直方向力的大小，夹角越小，其垂直方向的分力 F_y 越大，通过改变刮刀角度可以改变所产生的压力。刮刀角度如果大于 80°，则焊锡膏只能保持原状前进而不滚动，此时垂直方向的分力 F_y 几乎没有，焊锡膏便不会压入印刷模板窗开口。刮刀角度的最佳设定应在 45～60° 范围内进行，此时焊锡膏有良好的滚动性。

2. 刮刀的速度

刮刀速度快，焊锡膏所受的力也大。但提高刮刀速度，焊锡膏压入的时间将变短，如果刮刀速度过快，焊锡膏不能滚动而仅在印刷模板上滑动。考虑到焊锡膏压入窗口的实际情况，最大的印刷速度应保证 QFP 焊盘焊锡膏印刷纵横方向均匀、饱满，通常当刮刀速度控制在 20～40 mm/s 时，印刷效果较好。因为焊锡膏流进窗口需要时间，这一点在印刷细间距 QFP 图形时尤为明显，当刮刀沿 QFP 焊盘一侧运行时，垂直于刮刀的焊盘上焊锡膏图形比另一侧要饱满，故有的印刷机具有刮刀旋转 45° 的功能，以保证细间距 QFP 印刷时四面焊锡膏量均匀。

3. 刮刀的压力

刮刀的压力即通常所说的印刷压力，印刷压力的改变对印制质量影响重大。印刷压力不足会引起焊锡膏刮不干净且导致 PCB 上焊锡膏量不足，如果印刷压力过大又会导致模板背后的渗漏，同时也会引起丝网或模板不必要的磨损。理想的刮刀速度与压力应该以正好把焊锡膏从钢板表面刮干净为准。

4．刮刀宽度

如果刮刀相对于 PCB 过宽，那么就需要更大的压力、更多的焊锡膏参与其工作，因而会造成焊锡膏的浪费。一般刮刀的宽度为 PCB 长度（印刷方向）加上 50 mm 左右为最佳，并要保证刮刀头落在金属模板上。

5．印刷间隙

采用漏印模板印刷时，通常保持 PCB 与模板零距离（早期也要求控制在 0～0.5 mm，但有 QFP 时应为零距离），部分印刷机器还要求 PCB 平面稍高于模板的平面，调节后模板的金属模板微微被向上撑起，但此撑起的高度不应过大，否则会引起模板损坏，从刮刀运行动作上看，刮刀在模板上运行自如，既要求刮刀所到之处焊锡膏全部刮走，不留多余的焊锡膏，同时刮刀不应在模板上留下划痕。

6．分离速度

焊锡膏印刷后，钢板离开 PCB 的瞬时速度也是关系到印刷质量的参数，其调节能力也是体现印刷机质量好坏的参数，在精密印刷中尤其重要。早期印刷机采用恒速分离，先进的印刷机其钢板离开焊锡膏图形时有一个微小的停留过程，以保证获取最佳的印刷图形。

4.1.6　刮刀形状与制作材料

刮刀形状与制作材料有很多，如图 4-7 所示。刮刀按制作形状可分为菱形和拖尾刮刀两种；从制作材料上可分为聚胺酯橡胶和金属刮刀两类。

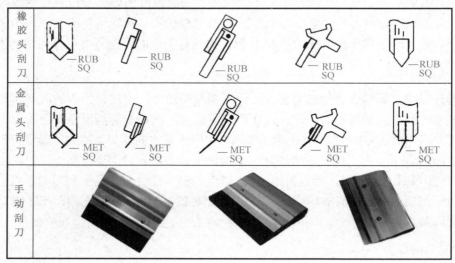

图 4-7　各种不同形式的刮刀

1．菱形刮刀

它是由一块方形（10 mm×10 mm）聚胺酯材料及支架组成，方形聚胺酯夹在支架中间，前后成 45°角。这类刮刀可双向刮印焊锡膏，在每个行程末端刮刀可跳过焊锡膏边缘，所以只需一把刮刀就可以完成双向刮印，典型设备有 MPM 公司生产的 SP-200 型印刷机。但是这种结构的刮刀头焊锡膏量难以控制，并易弄脏刮刀头，给清洗增加工作量。此外，采用菱形刮刀印刷时，应将 PCB 边缘垫平整，防止刮刀将模板边缘压坏。

2．拖尾刮刀

这种类型的刮刀最为常用，它由矩形聚胺酯与固定支架组成，聚胺酯固定在支架上，每个行程方向各需一把刮刀，整个工作需要两把刮刀。刮刀由微型汽缸控制上下，这样不需要跳过焊锡膏就可以先后推动焊锡膏运行。

采用聚胺酯制作刮刀时，有不同硬度可供选择。丝网印刷模板一般选用硬度为 75 邵氏硬度单位（shore），金属模板应选用硬度为 85 邵氏硬度单位。

3．金属刮刀

用聚胺酯制作的刮刀，当刮刀头压力太大或焊锡膏材料较软时易嵌入金属模板的孔中（特别是大窗口孔），将孔中的焊锡膏挤出，造成印刷图形凹陷，印刷效果不良。即使采用高硬度橡胶刮刀，虽改善了切割性，但填充焊锡膏的效果仍较差。为此目前采用了一种将金属片嵌在橡胶刮刀的前沿、金属片在支架上凸出 40 mm 左右的刮刀，称为金属刮刀，并用来代替橡胶刮刀。金属刮刀是由高硬度合金制造的，非常耐疲劳、耐磨、耐弯折，并在刀刃涂覆上润滑膜，当刃口在模板上运行时，焊锡膏能被轻松地推进窗口中。

采用金属刮刀具有下列优点：从较大、较深的窗口到超细间距的窗口印刷均具有优异的一致性；刮刀寿命长，无须修正；印刷时模板不易损坏，没有焊料的凹陷和高低起伏现象，大大减少甚至完全消除了焊料的桥接和渗漏。

4.1.7　全自动焊锡膏印刷机开机作业指导

1．全自动焊锡膏印刷机开机流程

全自动焊锡膏印刷机开机流程如图 4-8 所示。

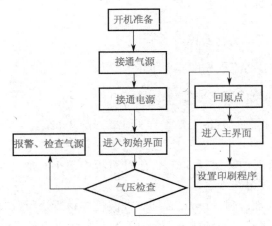

图 4-8　焊锡膏全自动印刷开机流程

2．全自动焊锡膏印刷机开机作业指导示例

（1）开机前，必须对机器进行检查。

① 检查 UPS、稳压器，电源、空气压力是否正常。

② 检查紧急按钮是否被切断。

③ 检查 X.Y.Table 上及周围部位有无异物放置。

（2）开机步骤。

① 合上电源开关，待机器启动后，进入机器主界面。

② 单击"原点"按钮，执行原点复位。

③ 编制（调用）生产程序。

④ 程序 OK，试生产。

⑤ 试生产 OK 后，转入连续生产。

（3）关机步骤。

① 生产结束后，退出程序。

② 将刮刀头移至前端。

③ 推出钢网，卸下刮刀。

④ 单击"系统结束"按钮。关闭主电源开关。

（4）机器保养。

进行机器保养清洁，清洁刮刀上焊锡膏，清洁钢网上焊锡膏。

（5）注意事项。

① 操作员需经考核合格后，方可上机操作，严禁两人或两人以上人员同时操作同一台机器。

② 作业人员每天须清洁机身及工作区域。

③ 机器在正常运作生产时，所有防护门盖严禁打开。

④ 实施日保养后须填写保养记录表。

4.1.8 焊锡膏全自动印刷工艺指导

1．焊锡膏全自动印刷工艺流程

焊锡膏全自动印刷工艺流程如图 4-9 所示。

2．焊锡膏全自动印刷工艺作业指导示例

（1）印刷焊锡膏作业前的准备工作。详见 4.1.3 节的介绍。

（2）添加焊锡膏。

① 加焊锡膏量：首次加焊锡膏 500 g；生产过程中每小时加一次，约 100 g。每次加焊锡膏后填写"加焊锡膏登记表"。

② 加焊锡膏后的处理：每 30 min 必须对外溢的焊锡膏进行收拢。

（3）钢网和刮刀的清洁。清洗频率，每 12 h 一次；清洗模式，湿+干。清洗后在"钢网、刮刀清洁记录表"作相应记录。

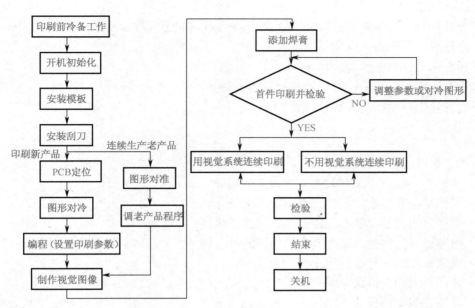

图 4-9　焊锡膏全自动印刷工艺流程

（4）印刷机参数设定。

① 前后刮刀压力（例：5～10.5 g/mm）；

② 擦网频率（例：1 次/10 Panel）；

③ 刮焊锡膏速度（例：10～20 mm/s）；

④ 分离速度（例：0.3～0.5 mm/s）；

⑤ 印刷间隙（例：0 mm）；

⑥ 分离距离（例：0.8～3 mm）。

（5）开机。

（6）注意事项。

① 作业前准备好必要的辅料用具如焊锡膏、酒精、风枪、无尘纸及白碎布，戴好静电腕带。

② 当不使用机器自动擦网或机擦网出现异常或擦网效果不好时，必须手擦。手擦钢网频率为 1 次/15 块 PCB。手擦网后在"人工清洗钢网记录表"中记录时间及次数，并签名。

③ 对于失效、过期的焊锡膏必须交工程师确认后作报废处理。

④ 每次擦网重点检查 IC 位置钢网开口处擦网效果。

⑤ 如果出现异常情况时，堆板时间不超过 2 h，否则对其用超声波进行清洗后，方可投线使用。

⑥ 印刷参数监控：每班四次，并填写"印刷机参数监控表"，如有异常应实时指挥 PIE 解决。

4.1.9　焊锡膏印刷质量分析

由焊锡膏印刷不良导致的品质问题常见有以下几种：

焊锡膏不足（局部缺少甚至整体缺少）：将导致焊接后元器件焊点锡量不足、元器件开路、元器件偏位、元器件竖立。

焊锡膏粘连：将导致焊接后电路短接、元器件偏位。

焊锡膏印刷整体偏位：将导致整板元器件焊接不良，如少锡、开路、偏位、竖件等。

焊锡膏拉尖：易引起焊接后短路。

1. 导致焊锡膏不足的主要因素

可以考虑以下几个方面：

① 印刷机工作时，没有及时补充添加焊锡膏。

② 焊锡膏品质异常，其中混有硬块等异物。

③ 以前未用完的焊锡膏已经过期，被二次使用。

④ 电路板质量问题，焊盘上有不显眼的覆盖物，例如被印到焊盘上的阻焊剂（绿油）。

⑤ 电路板在印刷机内的固定夹持松动。

⑥ 焊锡膏漏印网板薄厚不均匀。

⑦ 焊锡膏漏印网板或电路板上有污染物（如 PCB 包装物、网板擦拭纸、环境空气中漂浮的异物等）。

⑧ 焊锡膏刮刀损坏、网板损坏。

⑨ 焊锡膏刮刀的压力、角度、速度及脱模速度等设备参数设置不合适。

⑩ 焊锡膏印刷完成后，被人为因素不慎碰掉。

2. 导致焊锡膏粘连的主要因素

可以考虑以下几个方面：

① 电路板的设计缺陷，焊盘间距过小。

② 网板问题，镂孔位置不正。

③ 网板未擦拭洁净。

④ 网板问题使焊锡膏脱模不良。

⑤ 焊锡膏性能不良，黏度、坍塌不合格。

⑥ 电路板在印刷机内的固定夹持松动。

⑦ 焊锡膏刮刀的压力、角度、速度及脱模速度等设备参数设置不合适。

⑧ 焊锡膏印刷完成后，被人为因素挤压粘连。

3. 导致焊锡膏印刷整体偏位的主要因素

可以考虑以下几个方面：

① 电路板上的定位基准点不清晰。

② 电路板上的定位基准点与网板的基准点没有对正。

③ 电路板在印刷机内的固定夹持松动。定位顶针不到位。

④ 印刷机的光学定位系统故障。

⑤ 焊锡膏漏印网板开孔与电路板的设计文件不符合。

4. 导致印刷焊锡膏拉尖的主要因素

可以考虑以下几个方面：
① 焊锡膏黏度等性能参数有问题。
② 电路板与漏印网板分离时的脱模参数设定有问题。
③ 漏印网板镂孔的孔壁有毛刺。

4.2　SMT 贴片胶涂敷工艺

SMT 技术需要在焊接前把元器件贴装到电路板上。如果采用回流焊工艺流程进行焊接，依靠焊锡膏就能够把元器件粘贴在电路板上传递到焊接工序；但对于采用波峰焊工艺焊接双面混合装配的电路板来说，由于元器件在焊接过程中位于电路板的下方，所以在贴片时必须用粘接剂将其固定。在双面表面组装情况下，也要用贴片胶辅助固定表面组装元器件，以防翻板和工艺操作中出现振动时导致表面组装元器件掉落。

4.2.1　贴片胶的涂敷

1. 贴片胶的涂敷方法

把贴片胶涂敷到电路板上的工艺俗称"点胶"。常用的方法有点滴法、注射法和印刷法。

（1）点滴法。这种方法是用针头从容器里蘸取一滴贴片胶，把它点涂到电路基板的焊盘之间或元器件的焊端之间。点滴法只能手工操作，效率很低，要求操作者非常细心，因为贴片胶的量不容易掌握，还要特别注意避免涂到元器件的焊盘上导致焊接不良。

（2）注射法。注射法既可以手工操作，又能够使用设备自动完成。手工注射贴片胶，是把贴片胶装入注射器，靠手的推力把一定量的贴片胶从针管中挤出来。有经验的操作者可以准确地掌握注射到电路板上的胶量，取得很好的效果。使用设备时，在贴片胶装入注射器后，应排空注射器中的空气，避免胶量大小不匀、甚至空点。

大批量生产中使用的由计算机控制的自动点胶机工作原理如图 4-10 所示。图 4-10（a）是根据元器件在电路板上的位置，通过针管组成的注射器阵列，靠压缩空气把贴片胶从容器中挤出来，胶量由针管的大小、加压的时间和压力决定。图 4-10（b）是把贴片胶直接涂到被贴装头吸住的元器件下面，再把元器件贴装到电路板指定的位置上。图 4-11 所示是台式点胶机的照片。

（3）贴片胶印刷法。用漏印的方法把贴片胶印刷到电路基板上，这是一种成本低、效率高的方法，特别适用于元器件的密度不太高，生产批量比较大的情况，和印刷焊锡膏一样，可以使用不锈钢薄板或薄铜板制作的模板或采用丝网来漏印贴片胶。

采用印刷法工艺的关键是电路板在印刷机上必须准确定位，保证贴片胶涂敷到指定的位置上，要特别注意避免贴片胶污染焊接面，影响焊接效果。

点胶机的功能还可以用 SMT 自动贴片机来实现：把贴片机的贴装头换成内装贴片胶的点胶针管，在计算机程序的控制下，把贴片胶高速逐一点涂到印制板的焊盘上。

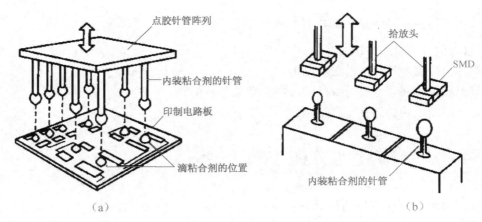

图 4-10　自动点胶机的工作原理示意图

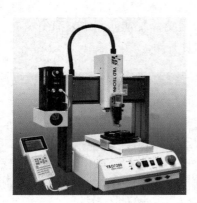

图 4-11　台式点胶机

2．贴片胶的固化

在涂敷贴片胶的位置贴装元器件以后，需要固化贴片胶，把元器件固定在电路板上，固化贴片胶可以采用多种方法，根据贴片胶的类型，比较典型的方法有三种：

（1）用电热烘箱或红外线辐射，对贴装了器件的电路板加热一定时间。

（2）在粘合剂中混合添加一种硬化剂，使粘接了元器件的贴片胶在室温中固化，也可以通过提高环境温度加速固化。

（3）采用紫外线辐射固化贴片胶。

4.2.2　贴片胶涂敷工序及技术要求

1．装配流程中的贴片胶涂敷工序

在元器件混合装配结构的电路板生产中，涂敷贴片胶是重要的工序之一，它与前后工序的关系如图 4-12 所示，其中，图（a）是先插装引线元器件，后贴装 SMT 元器件的方案；图（b）是先贴装 SMT 元器件，后插装引线元器件的方案。比较这两个方案，后者更适合用自动生产线进行大批量生产。

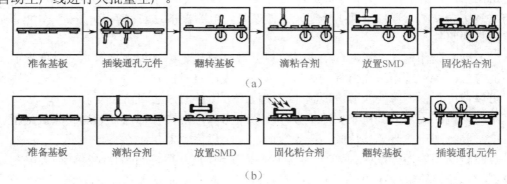

图 4-12　混合装配结构生产过程中的贴片胶涂敷工序

2．涂敷贴片胶的技术要求

由于贴片胶有通过光照固化和加热固化两种不同类型，因此涂敷技术要求也不相同，如图 4-13 所示。图（a）表示光固型贴片胶的涂敷位置，由图可见贴片胶至少应该从元器件的下面露出一半，才能被光照射而实现固化；图（b）是热固型贴片胶的涂敷位置，因为采用加热固化的方法，所以贴片胶可以完全被元器件覆盖。

贴片胶滴的大小和胶量，要根据元器件的尺寸和重量来确定，以保证足够的粘结强度为准；小型元件下面一般只点涂一滴贴片胶，体积大的元器件下面可以点涂多个胶滴或一个比较大的胶滴，如图 4-14 所示；胶滴的高度应该保证贴装元器件以后能接触到元器件的底部；胶滴也不能太大，要特别注意贴装元器件后不要把胶挤压到元器件的焊端和印制板的焊盘上，造成妨碍焊接的污染。

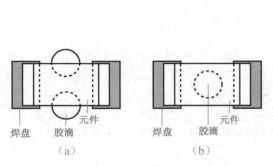

图 4-13　贴片胶的点涂位置

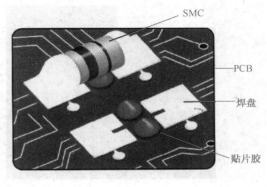

图 4-14　贴片胶滴的大小和胶量

4.2.3　使用贴片胶的注意事项

（1）储存。购回的贴片胶应放于 5℃ 以下的冰箱内低温密封保存。并做好登记工作，注意生产日期和使用寿命（大批进货应检验合格再入库）。

（2）使用。使用时从冰箱取出后，应在室温下恢复 2～3 h（大包装应有 4 h 左右），使其与室温平衡后再打开容器，以防止贴片胶结霜吸潮。使用时应注意贴片胶的型号和黏度，对新换上的贴片胶，注意跟踪首件产品，观察并确认其实际性能。

（3）需要分装的，应该用清洁的注射管灌装，灌装不超过 2/3 体积并进行脱气泡处理。不要将不同型号、不同厂家的胶互相混用，更换品种时，一切与胶接触的工具都应彻底清洗干净。使用后留在原包装容器中的贴片胶仍要低温密封保存。

（4）贴片胶用量应控制适当，用量过少会使粘接强度不够，波峰焊时易丢失元器件，用量过多会使贴片胶流到焊盘上，妨碍正常焊接，给维修工作带来不便。

在使用时应注意胶点直径的检查，一般可在 PCB 板的工艺边处设 1～2 个测试胶点，必要时可贴放 0805 元件并观察固化前后胶点直径的变化，对使用的贴片胶品质真正做到心中有数。

（5）点好胶的 PCB 应及时贴片并固化，遇到特殊情况应暂停点胶，以防 PCB 上胶点吸收空气中的水汽与尘埃，导致贴片质量下降。

（6）清洗。在生产中，特别是更换胶种或长时间使用后都应清洗注射筒等工具，特别是针嘴。通常应将针嘴等小型物品分类处理，金属针嘴应浸泡在广口瓶中，瓶内放专用清洗液（可由供应商提供）或丙酮、甲苯及其混合物并不断摇摆，均有良好的清洗能力。注射筒等也可浸泡后用毛刷及时清洗，配合压缩空气、无尘纸清洗擦拭干净。无水乙醇对未固化的胶也有良好的清洗能力，且对环境无污染。

（7）返修。对需要返修的元器件（已固化）可用热风枪均匀地加热元件，如已焊接完成则要增加温度使焊点熔化，并及时用镊子取下元件，大型的 IC 需要维修站加热，去除元件后仍应在热风枪配合下用小刀慢慢铲除残胶，操作过程中注意不要将 PCB 铜条破坏。需要时再重新点胶，用热风枪局部固化（应保证加热温度和时间），返修工作是很麻烦的事，需要小心细致处理。

4.2.4　点胶工艺中常见的缺陷与解决方法

1. 拉丝/拖尾

- 原因。拉丝/拖尾是点胶中常见的缺陷，产生的原因常见有胶嘴内径太小、点胶压力太高、胶嘴离 PCB 的间距太大、贴片胶过期或品质不好、贴片胶黏度太高、从冰箱中取出后未能恢复到室温、点胶量太大等。
- 解决方法。针对以上原因改换内径较大的胶嘴；降低点胶压力；调节"止动"高度；换胶，选择适合黏度的胶种；贴片胶从冰箱中取出后应恢复到室温（4 h）再投入生产；调整点胶量。

2. 胶嘴堵塞

- 原因。故障现象是胶嘴出胶量偏少或没有胶点出来。产生原因是针孔内未完全清洗干净；贴片胶中混入杂质，有堵孔现象；不相容的胶水相混合。
- 解决方法：换清洁的针头；换质量好的贴片胶；贴片胶牌号不应搞错。

3. 空打

- 原因。现象是只有点胶动作，却无出胶量。产生原因是贴片胶混入气泡；胶嘴堵塞。
- 解决方法：注射筒中的胶应进行脱气泡处理（特别是自己装的胶），按胶嘴堵塞方法处理。

4. 元器件移位

贴片胶固化后元器件移位，严重时元器件引脚不在焊盘上。

- 原因。贴片胶出胶量不均匀，例如片式元件两点胶水中一个多一个少；贴片时元件移位或贴片胶初粘力低；点胶后 PCB 放置时间太长胶水半固化。
- 解决方法：检查胶嘴是否有堵塞，排除出胶不均匀现象；调整贴片机工作状态；换胶水；点胶后 PCB 放置时间不应太长（短于 4 h）。

5. 波峰焊后会掉片

固化后，元器件粘接强度不够，低于规定值，有时用手触摸会出现掉片。

- 原因。产生原因是因为固化工艺参数不到位，特别是温度不够，元件尺寸过大，吸热量大；光固化灯老化；胶水量不够；元件/PCB 有污染。
- 解决办法：调整固化曲线，特别提高固化温度，通常热固化胶的峰值固化温度很关键，达到峰值温度易引起掉片。对光固胶来说，应观察光固化灯是否老化，灯管是否有发黑现象；胶水的数量和元件/PCB 是否有污染都是应该考虑的问题。

6. 固化后元件引脚上浮/移位

这种故障的现象是固化后元件引脚浮起来或移位，波峰焊后锡料会进入焊盘下，严重时会出现短路、开路，如图 4-15 所示。

- 原因。产生原因主要是贴片胶不均匀、贴片胶量过多或贴片时元件偏移。
- 解决办法：调整点胶工艺参数；控制点胶量；调整贴片工艺参数。

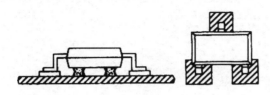

（a）固化后正确的形态

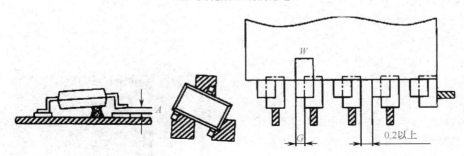

（b）引脚上浮/移位

图 4-15　固化后元件引脚上浮/移位

4.3　思考与练习题

1. 说明 SMT 装配过程中焊锡膏涂敷工序在工艺流程中的位序和工艺过程。
2. 画出全自动焊锡膏印刷工艺流程图。
3. 分析焊锡膏印刷常见的质量问题，讨论对这些质量问题的解决方法？
4. 说明粘合剂的涂敷方法和固化方法。
5. 说明 SMT 装配过程中粘合剂涂敷工序的作用及其在工艺流程中的位序。
6. SMT 点胶工艺中常见的品质缺陷有哪些？分析其产生的原因与解决方法。

第5章

贴片工艺及设备

在 PCB 上印好焊锡膏或贴片胶以后，用贴片机或人工的方式，将 SMC/SMD 准确地贴放到 PCB 表面相应位置上的过程，叫做贴片工序。SMC/SMD 的贴装是整个 SMT 工艺的重要组成部分，它所涉及到的问题较其他工序更复杂，难度更大；同时，贴装设备在整个设备投资中也最大。

5.1 贴片设备

目前在国内的电子产品制造企业里，主要采用自动贴片机进行自动贴片。在小批量的试制生产中，也可以采用手工方式贴片。

常见的贴片机以日本和欧美的品牌为主，主要有：FUJI、SIEMENS、UNIVERSAL、PHIBPS、PANASONIC、YAMAHA、CASIO、SONY 等。按照自动化程度，贴片机可以分为全自动贴片机、半自动贴片机和手动贴片机 3 种。根据贴装速度的快慢，可以分为高速机（通常贴装速度在 5 Chips/s 以上）与中速机，而多功能贴片机（又称为泛用贴片机）能够贴装大尺寸的 SMD 器件和连接器等异形元器件。图 5-1 所示为一种全自动贴片机的外形照片。

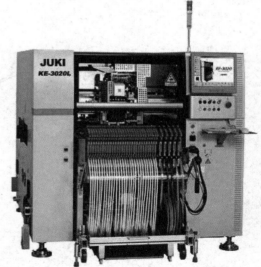

图 5-1　全自动贴片机

5.1.1　自动贴片机的类型

1.　按照贴装元器件的工作方式分类

按照贴装元器件的工作方式，贴片机有四种类型：顺序式、同时式、流水作业式和顺序—同时式。它们在组装速度、精度和灵活性方面各有特色，要根据产品的品种、批量和生产规模进行选择。目前国内电子产品制造企业里，使用最多的是顺序式贴片机。

（1）流水作业式贴片机。所谓流水作业式贴片机，是指由多个贴装头组合而成的流水线式的机型，每个贴装头负责贴装一种或在电路板上某一部位的元器件，如图 5-2（a）所示，这种机型适用于元器件数量较少的小型电路。

（2）顺序式贴片机。顺序式贴片机如图 5-2（b）所示，是由单个贴装头顺序地拾取各种片状元器件，固定在工作台上的电路板由计算机进行控制，在 X—Y 方向上移动，使板上贴装元器件的位置恰好位于贴装头的下面。

（3）同时式贴片机。同时式贴片机也叫多贴装头贴片机，是指它有多个贴装头，分别从供料系统中拾取不同的元器件，同时把它们贴放到电路基板的不同位置上，如图 5-2（c）所示。

（4）顺序—同时式贴片机。顺序—同时式贴片机是顺序式和同时式两种机型功能的组合。片状元器件的放置位置，可以通过电路板在 X—Y 方向上的移动或贴装头在 X—Y 方向上的移动来实现，也可以通过两者同时移动实施控制，如图 5-2（d）所示。

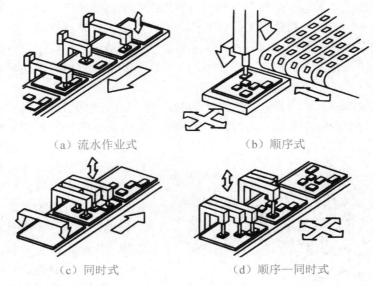

| （a）流水作业式 | （b）顺序式 |
| （c）同时式 | （d）顺序—同时式 |

图 5-2　贴片机的类型

2．按照结构分类

（1）拱架型。拱架型贴片机也称动臂式贴片机，也可以叫做平台式结构或者过顶悬梁式结构。拱架型贴片机根据贴装头在拱架上的布置情况可以细分为动臂式（如图 5-3（a）所示）、垂直旋转式（如图 5-3（b）所示）与平行旋转式三种。

这种结构一般采用一体式的基础框架，将贴装头横梁的 X/Y 定位系统安装在基础框架上，线路板识别相机（俯视相机）安装在贴装头的旁边。线路板传送到机器中间的工作平台上固定，供料器安装在传送轨道的两边，在供料器旁安装有元件识别照相机（仰视相机）。

工作时，PCB 与供料器固定不动，安装有真空吸嘴的贴片头在供料器与 PCB 之间来回移动，将元件从供料器取出，经过对元件位置与方向的调整，然后贴放于 PCB 上。

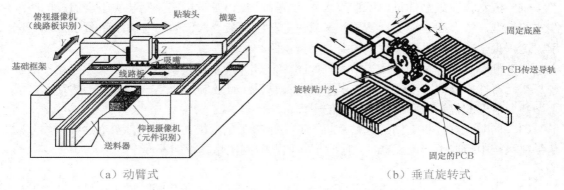

（a）动臂式　　　　　　　　　　　　　（b）垂直旋转式

图 5-3　拱架型贴片机的工作示意图

　　拱架型贴片机因为贴装头往返移动的间隔长，所以速度受到限制。现在一般采用多个真空吸料嘴同时取料（多达十个以上）和采用双梁系统来提高速度，即一个梁上的贴装头在取料的同时，另一个梁上的贴装头贴放元件，速度几乎比单梁系统快一倍。

　　这类机型的优点是：系统结构简朴，可实现高精度，适于各种大小、外形的元件，甚至异型元件，供料器有带状、管状、托盘形式。一般多功能贴片机和中速贴片机采用这种结构。

　　（2）转塔式贴片机。转塔式贴片机也称为射片机，以高速为特征，它的基本工作原理为：搭载供料器的平台在贴片机左右方向不断移动，将装有待吸取元件的供料器移动到吸取位置。PCB 沿 X、Y 方向运行，使 PCB 精确地定位于规定的贴片位置，而贴片机核心的转塔携带着元件，转动到贴片位置，在运动过程中实施视觉检测，经过对元件位置与方向的调整，将元件贴放于 PCB 上。图 5-4 所示是转塔式贴片机的工作示意图。

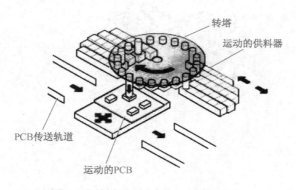

图 5-4　转塔式贴片机的工作示意图

　　由于转塔的特点，将贴片动作细微化，选换吸嘴、供料器移动到位、取元件、元件识别、角度调整、工作台移动（包含位置调整）、贴放元件等动作都可以在同一时间周期内完成，实现了真正意义上的高速度。目前最快的时间周期达到 0.06～0.03 s 一片元件。转塔式贴片机在速度上是优越的，适于大批量生产；但其只能贴装编带包装的元件，如果是托盘包装的细间距、大型的集成电路，则无法完成。

　　使用转塔式贴装头的机器主要应用于大规模的计算机板卡、移动电话、家电等产品的生产上，这是因为在这些产品当中，阻容元件特别多、装配密度大，很适合采用这一机型进行生产。

　　（3）模块机。模块机使用一系列小的单独的贴装单元（也称为模块），每个单元安装有独立的贴装头和元件对中系统。每个贴装头可吸取有限的带状料，贴装 PCB 的一部分，PCB

以固定的间隔时间在机器内步步推进。单独的各个单元机器运行速度较慢，可是，它们连续的或平行的运行会有很高的产量。如 Philips 公司的 AX—5 机器可最多有 20 个贴装头，实现了每小时 15 万片的贴装速度，但就每个贴装头而言，贴装速度在每小时 7 500 片左右，这种机型也主要适用于规模化生产。

5.1.2　自动贴片机整机结构

自动贴片机实际上是一种精密的工业机器人，是机—光—电以及计算机控制技术的综合体。它通过吸取→位移→定位→放置等功能，在不损伤元件和印制电路板的情况下，将 SMC/SMD 元件快速而准确地贴装到 PCB 板所指定的焊盘位置上。

贴片机的基本结构包括设备本体、元器件供给系统、电路板传送与定位装置、贴装头及其驱动定位装置、贴片工具（吸嘴）、计算机控制系统等。为适应高密度超大规模集成电路的贴装，贴片机还具有光学检测与视觉对中系统，保证芯片能够高精度地准确定位。

1. 设备本体

贴片机的设备本体是用来安装和支撑贴片机的底座，一般采用质量大、振动小、有利于保证设备精度的铸铁件制造。

2. 贴装头系统

（1）贴装头。贴装头也叫吸—放头，是贴片机上最复杂、最关键的部分，它相当于机械手，它的动作由拾取→贴放和移动→定位两种动作模式组成。贴装头通过程序控制，完成三维的往复运动，实现从供料系统取料后移动到电路基板的指定位置上的操作。贴装头的端部有一个用真空泵控制的贴装工具——吸嘴，不同形状、不同大小的元器件要采用不同的吸嘴拾放：一般元器件采用真空吸嘴，异形元件（例如没有吸取平面的连接器等）用机械爪结构拾放。当换向阀门打开时，吸嘴的负压把 SMT 元器件从供料系统（散装料仓、管状料斗、盘状纸带或托盘包装）中吸上来；当换向阀门关闭时，吸盘把元器件释放到电路基板上。贴装头通过上述两种动作模式的组合，完成拾取—贴放元器件的动作。

贴装头的种类分为单头和多头两大类，多头贴装头又分为固定式和旋转式，旋转式包括垂直旋转/转盘式和水平旋转/转塔式以及小转塔式等几种。

① 固定式单头。早期单头贴片机主要由吸嘴、定位爪、定位台、Z 轴和 θ 角运动系统组成，并固定在 X/Y 传动机构上，当吸嘴吸取一个元件后，通过机械对中机构实现元件对中，并给供料器一个信号，使下一个元件进入吸片位置，但这种方式贴片速度很慢，通常贴放一只片式元件需 1 s。

② 固定式多头。这是通用型贴片机采用的结构，它在单头的基础上进行了改进，即由单头增加到了 3~6 个贴片头。它们仍然被固定在 X/Y 轴上，但不再使用机械对中，而改为多种形式的光学对中，工作时分别吸取元器件，对中后再依次贴放到 PCB 指定位置上。这类机型的贴片速度可达每小时 3 万个元件，而且这类机器的价格较低，并可组合连用。固定式多头贴装头的外观如图 5-5 所示。

固定式单头和固定式多头由于工作时只做 X/Y 方向的运动，因此均属于平动式贴装头。

③ 垂直旋转—转盘式贴装头。旋转头上安装有 6～30 个吸嘴，工作时每个吸嘴均吸取元件，并在 CCD 处调整 $\Delta\theta$，吸嘴中都装有真空传感器与压力传感器。这类贴装头多见于西门子公司的贴装机中，通常贴装机内装有两组或四组贴装头，其中一组在贴片，另一组在吸取元件，然后交换功能以达到高速贴片的目的。图 5-6 所示是装有 12 个吸嘴的转盘式贴装头的工作示意图。

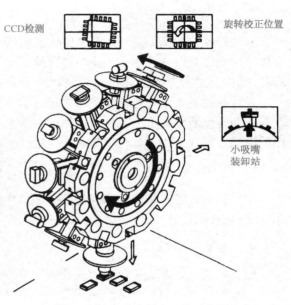

图 5-5　固定式多头贴装头　　　　　图 5-6　转盘式贴装头工作示意图

④ 水平旋转式—转塔式。转塔的概念是将多个贴装头组装成一个整体，贴装头有的在一个圆环内呈环形分布，也有的呈星形放射状分布，工作时这一贴装头组合在水平方向顺时针旋转，故此称为转塔。这类贴装头多用于松下、三洋和富士制造的贴片机中。

转塔式贴片机的转塔一般有 12～24 个贴装头，每个头上有 5～6 个吸嘴，可以吸放多种大小不同的元件。贴片头固定安装在转塔上，只能做水平方向旋转。旋转头各位置的功能做了明确的分工，贴片头在 1 号位从供料器上吸取元器件，然后在运动过程中完成校正、测试、直至 7 号位完成贴片工序。由于贴片头是固定旋转的，不能移动，元件的供给只能靠供料器在水平方向的运动来完成，贴放位置则由 PCB 工作台的 X/Y 高速运动来实现。在贴片头的旋转过程中，供料器以及 PCB 也在同步运行。由于拾取元件和贴片动作同时进行，使得贴片速度大幅度提高。转塔式贴装头的工作过程如图 5-7 所示。

由于元件在料带中并不一定是在中心，所以吸嘴在吸料时根据上一次校正的吸料偏差进行补正。吸嘴呈环形分布的贴装头可以通过转塔的旋转和贴装头的旋转来补偿吸料 X、Y 方向的微量偏差；吸嘴呈星形放射状分布的贴装头，通过转塔的旋转来补偿吸料 X 方向，通过 Y 轴凸轮的转动来补偿吸料 Y 方向的偏差。

由于元件的大小和重量不一，转塔在处理不同大小和重量的元件时的速度也不同。对于较小的元件，如 0201，0402，0603 和 0805 等，转塔一般可以用全速转动和贴装；对于较大元件，如钽电容、SOIC、PLCC 和 QFP 等元件，转塔需要在所有的过程中降速。如果在转塔上有一个贴装头上的元件需要降速，整个转塔的速度将会随着这个元件的需要而下降。

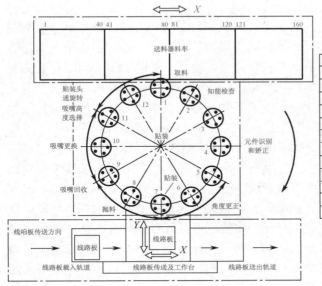

位　　置	动作与功能
1（12点钟）	吸取元件，吸取高底控制
2（1点钟）	知能检测，检查元件的厚度，是否侧立，以及吸嘴高度
3（2点钟）	无动作
4（3点钟）	元件的识别和校正
5（4点钟）	元件旋转，并通过真空检查元件是否存在
6（5点钟）	元件旋转到贴装角度
7（6点钟）	元件贴装至线路板，贴装高度控制
8（7点钟）	元件未通过识别的将不贴装，抛到抛料盒中
9（8点钟）	将用过的吸嘴回收至贴装头中
10（9点钟）	通过旋转贴装头来更换吸嘴
11（10点钟）	吸嘴下降到需要的高度
12（11点钟）	贴装头预旋转到吸料的角度

图 5-7　转塔式贴装头的工作过程

贴装头的 X/Y 定位系统一般用直流伺服电动机驱动、通过机械丝杠传输力矩。如果采用磁尺和光栅定位，其精度高于丝杠定位，但丝杠定位比较容易维护修理。

综上所述，目前主流贴片头结构主要有平动式、旋转式和组合式 3 种，旋转式中又分为转塔式、转盘式。

（2）吸嘴（Nozzle）。吸嘴是贴片头上进行拾取和贴放的贴装工具，它是贴片头的心脏。吸嘴拾起元器件并将其贴放到 PCB 上，一般有两种方式：一是根据元器件的高度，即事先输入元器件的厚度，当吸嘴下降到此高度时，真空释放并将元器件贴放到焊盘上，采用这种方法有时会因元器件厚度的误差，出现贴放过早或过迟现象，严重时会引起元器件移位或飞片的缺陷；另一种方法是吸嘴根据元器件与 PCB 接触瞬间产生的反作用力，在压力传感器的作用下实现贴放的软着陆，又称为 Z 轴的软着陆，故贴片时不易出现移位与飞片缺陷。

由于吸嘴频繁、高速与元器件接触，其磨损是非常严重的。早期吸嘴采用合金材料，后又改为碳纤维耐磨塑料材料，更先进的吸嘴则采用陶瓷材料及金刚石，使吸嘴更耐用。

图 5-8 为一种贴片机吸嘴的实物照片。

图 5-8　一种贴片机吸嘴的实物照片

3. 供料器

供料器也称送料器或喂料器，其作用是将片式的 SMC/SMD 按照一定的规律和顺序提供给贴片头，以方便贴片头吸嘴准确拾取，为贴片机提供元件进行贴片。例如有一种 PCB 上需要贴装 10 种元件，这时就需要 10 个供料器为贴片机供料。供料器按机器品牌及型号区分，一般来说不同品牌的贴片机所使用的供料器是不相同的，但相同品牌不同型号一般都可以通用。

供料器按照驱动方式的不同可以分为电驱动、空气压力驱动和机械打击式驱动，其中电驱动的振动小，噪声低，控制精度高，因此目前高端贴片机中供料器的驱动基本上都用电驱动，而中低档贴片机都用空气压力驱动和机械打击式驱动。根据 SMC/SMD 包装的不同，供料器通常有带状供料器、管状供料器、盘状供料器和散装供料器等几种。

（1）带状供料器。带状供料器用于编带包装的各种元器件。由于带状供料器的包装数量比较大，小元件每盘可以装 5 000 个，甚至更多，大的 IC 每盘也能装几百个以上，不需要经常续料，人工操作量少，出现差错的概率小，因此带状供料器的用途最广泛。贴装前，将带状供料器安装到相应的供料器支架上，贴装时，编带包装元器件的带盘随编带架垂直旋转，将元器件源源不断地输送到贴片头吸嘴吸取的地方。

带状供料器根据编带材质的不同，有纸编带、塑料编带和粘接式塑料编带供料器。带状供料器的规格是根据编带宽度来确定的，是标准化的。带状供料器的规格通常有 8 mm、12 mm、16 mm、24 mm、32 mm、44 mm、56 mm 和 72 mm 等。图 5-9 所示为带状供料器的外形及编带在供料器上的情况。从图中可以看出，编带轮固定在供料器的轴上，编带通过压带装置进入供料槽内；上带与编带基体通过分离板分离，固定到收带轮上，编带基体的上同步孔装入同步棘轮齿上，编带头直至供料器的外端。供料器装入供料站后，贴装头按程序吸取元件并通过进给滚轮给手柄一个机械信号，驱动同步轮转一个角度，使下一个元件送到供料位置上；上带则通过皮带轮机构将其收回卷紧，废基带通过废带通道排除并定时处理。

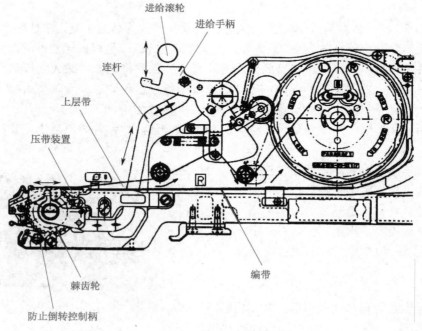

图 5-9　带状供料器的外形及编带在供料器上的情况

（2）管状供料器。管状供料器的作用就是把包装管内的元器件按顺序送到吸片位置以供贴片头吸取。管状供料器基本上都是采用电动方式产生机械振动来驱动元器件，使得元器件缓慢移动到窗口位置，通过调节料架振幅来控制进料的速度。由于管状供料器需要一管一管地续料，人工操作量大，而且续料时容易出错，因此一般只用于小批量生产。

管状供料器的规格有单通道、多通道之分。单通道管状供料器的规格有 8 mm、12 mm、16 mm、24 mm、32 mm 和 44 mm；多通道管状供料器有 2～7 通道不等，通道的宽度有的是固定的，有的是可以任意调整的。工作时，管状供料器定位料斗在水平面上二维移动，为贴装头提供新的待取元件。图 5-10（a）所示为多通道管状供料器。

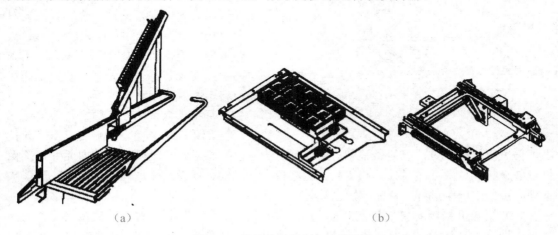

（a）　　　　　　　　　　　　　　　（b）

图 5-10　管状供料器与盘状供料器

（3）盘状供料器。盘状供料器如图 5-10（b）所示，又称为华夫盘，它主要用于 QFP、BGA、CSP、PLCC 等器件。盘状供料器的结构形式有单盘式和多盘式。单盘式续料的概率大，影响生产效率，一般只适合于简单产品或 IC 比较少的产品，以及小批量生产。多盘专用供料器现在被广泛采用。盘状供料器有手动和自动两种，自动盘状供料器一般有 10 层、20 层、40 层、80 层和 120 层之分。自动盘状供料器更换器件时，可以实现不停机上料或换料。

（4）散装供料器。散装供料器一般在小批量的生产中应用，规模化大生产一般应用很少。散装供料器带有一套线性的振动轨道，随着导轨的振动，元件在轨道上排队前进。这种供料器只适合于矩形和圆柱形的片式元件，不适合具有极性的片式元件。目前，SMT 业界已经开发出多轨道式的散装供料器，不同的轨道可以驱动不同的片式元件。随着贴装进程，装载着多种不同元器件的散装料仓水平旋转，把即将贴装的那种元器件转到料仓门的下方，便于贴装头拾取。

4．视觉对中系统

机器视觉系统是影响元件组装精度的主要因素。机器视觉系统在工作过程中首先是对 PCB 的位置进行确认，当 PCB 输送至贴片位置上时，安装在贴片机头部的 CCD，首先通过对 PCB 上定位标志的识别，实现对 PCB 位置的确认；CCD 对定位标志确认后，通过 BUS（总线）反馈给计算机，计算出贴片圆点位置误差（ΔX，ΔY），同时反馈给控制系统，以实现 PCB 识别过程并被精确定位，使贴装头能把元器件准确地释放到一定的位置上。在确认 PCB 位置后，接着是对元器件的确认，包括元件的外形是否与程序一致，元件的中心是否居中，元件引脚的共面性和形变。其中，元器件对中过程为：贴片头吸取元器件后，视觉系统对元器件成像，并转化成数字图像信号，经计算机分析出元器件的几何中心和几何尺寸，并与控制程序中的数据进行比较，计算出吸嘴中心与元器件中心在 ΔX，ΔY 和 $\Delta \theta$ 的误差，并及时反馈至控制系统进行修正，保证元器件引脚与 PCB 焊盘重合。

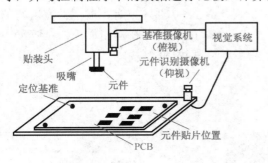

图 5-11   贴片视觉对中系统

根据安装位置或摄像机的类型不同，视觉系统一般分为俯视、仰视、头部或激光对齐，图 5-11 是一个典型的贴片视觉对中系统。

（1）俯视摄像机安装在贴装头上，用来在电路板上搜寻目标（称做基准），以便在贴装前将电路板置于正确位置。

（2）仰视摄像机用于在固定位置检测元件，一般采用 CCD 技术，在贴装之前，元件必须移过摄像机上方，以便做视觉对中处理。由于贴装头必须移至供料器吸取元件，摄像机安装在拾取位置（送料处）和安装位置（板上）之间，视像的获取和处理便可在贴装头移动的过程中同时进行，从而缩短贴装时间。

（3）摄像机直接安装在贴装头上，在拾取元件移到指定位置的过程中完成对元件的检测，这种技术又称为"飞行对中技术"，它可以大幅度提高贴装效率。该系统由 2 个模块组成：一个模块是由光源与散射透镜组成的光源模块，光源采用 LED 发光二极管。另一个模块为接受模块，采用 Line CCD 及一组光学镜头组成接收模块。此两个模块分别装在贴装头主轴的两边，与主轴及其他组件组成贴装头，如图 5-12 所示。贴片机有几个贴装头，就会有相应的几套系统。

（4）激光对齐是指从光源产生一适中的光束，照射在元件上，来测量元件投射的影响。这种方法可以测量元件的尺寸、

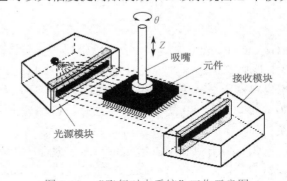

图 5-12   "飞行对中系统"工作示意图

形状以及吸嘴中心轴的偏差。这种方法快速，因为不要求从摄像机上方走过。其主要缺陷是不能对引脚和密脚元件作引脚检查，但对于片状元件则是一个好选择。

5．贴片机的 X、Y、Z/θ 轴的定位系统

（1）X，Y 定位系统。X，Y 定位系统是贴片机的关键机构，也是评估贴片机精度的主要指标，它包括 X，Y 传动机构和 X，Y 伺服系统。它的功能有两种：一种是支撑贴装头，即贴片头安装在 X 导轨上，X 导轨沿 Y 方向运动，从而实现在 X/Y 方向贴片的全过程，这类结构在通用型贴片机中多见；另一种是支撑 PCB 承载平台，并实现 PCB 在 X/Y 方向上移动，

这类结构常见于转塔式旋转头类的贴片机中，在这类高速机中，其贴装头仅做旋转运动，而依靠供料器的水平移动和 PCB 承载平面的运动完成贴片过程。还有一类贴片机，贴装头安装在 X 导轨上，并仅做 X 方向运动，而 PCB 的承载台仅做 Y 方向运动，工作时两者配合完成贴片过程。

X, Y 传动机构主要有两大类，一类是滚珠丝杠—直线导轨，另一类是同步齿形带—直线导轨。

随着 SMC/SMD 尺寸的减小及精度的不断提高，对贴片机 X, Y 定位系统的要求越来越高。而 X, Y 定位系统是由 X, Y 伺服系统来保证的，即由交流伺服电机驱动 X, Y 传动机构，并在位移传感器及控制系统指挥下实现精度定位，其中，位移传感器的精度起着关键的作用。目前贴片机上使用的位移传感器有圆光栅编码器，磁栅尺和光栅尺 3 种。这三种测量方法均能获得很高的运动定位精度。

（2）Z 轴定位系统。在通用型贴片机中，支撑贴片头的基座固定在 X 导轨上，基座本身不做"Z"方向的运动。这里的 Z 轴控制系统，特指贴片头的吸嘴在运动过程中的定位，其目的是适应不同厚度 PCB 与不同高度元器件贴片的需要。Z 轴控制系统常见的形式有下列两种：圆光栅编码器—AC/DC 电机伺服系统和圆筒凸轮控制系统。

（3）Z 轴的旋转定位。早期贴片机的 Z 轴/吸嘴的旋转控制是采用气缸和挡块来实现的，只能做到 0° 和 90° 控制，现在的贴片机已直接将微型脉冲电机安装在贴片头内部，以实现 θ 方向高精度的控制。松下 MSR 型贴片机微型脉冲马达的分辨率为 0.072°/脉冲，它通过高精度的谐波驱动器（减速比为 30:1），直接驱动吸嘴装置。由于谐波驱动器具有输入轴与输出轴同心度高，间隙小，振动低等优点，故吸嘴 θ 方向的实际分辨率可高达 0.0024°/脉冲，确保了贴片精度的提高。

6. 贴片机的传感系统

贴片机中安装有多种传感器，如压力传感器、负压传感器和位置传感器。贴片机运行过程中，所有这些传感器时刻监视机器的正常运转。传感器应用越多，说明机器的智能化水平越高。下面简要介绍各种传感器的功能。

（1）压力传感器。贴片机的压力系统包括各种气缸的工作压力和真空发生器，这些发生器均对空气压力有一定的要求，低于设备规定的压力时，机器就不能正常运转。压力传感器始终监视压力的变化，一旦机器异常，将会及时报警，提醒操作人员及时处理。

（2）负压传感器。吸嘴靠负压吸取元器件，吸片时必须达到一定的真空度方能判别所拾元器件是否正常。因此，负压的变化反映了吸嘴吸取元器件的情况。如果供料器没有元器件，或元件过大卡在供料器上，或负压不够，吸嘴将吸不到元器件；或者吸嘴虽然吸到元器件，但是元器件吸着错误，或者在贴片头运动过程中，由于受到运动力的作用而掉下，都会使吸嘴压力发生变化；这些情况都由负压传感器进行监视。通过检测压力变化，贴片机就可以控制贴装情况，并在异常情况时发出报警信号，提醒操作者及时处理，如图 5-13 所示。

目前新型负压传感器已经实现微小型化，负压传感器与转换和处理电路集成在一起，形成一体化部件，称为负压变送器。变送器输出标准电信号（0～5 V 电压或 4～20 mA 电流）。小型负压传感器重量可小于 70 g，因而可以直接装到贴片头上，如图 5-14 所示。

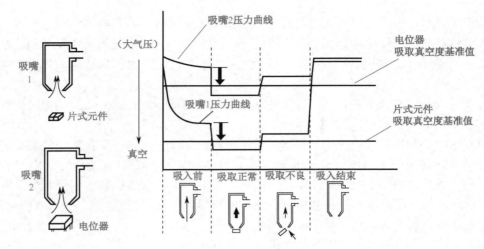

图 5-13   负压的变化反映了吸嘴吸取元器件的情况

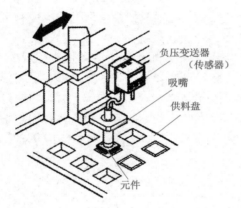

图 5-14   负压传感器直接装到贴片头上

（3）位置传感器。PCB 的传输定位、记数，贴片头和工作台的实时监测，辅助机构的运动等，都对位置有严格的要求，这些位置要求通过各种形式的位置传感器来实现。

大部分贴片机的轨道上有 4 个位置传感器，如图 5-15 所示，在前置 A 轨道上，一般有两个传感器，在 PCB 入口处的传感器主要检测 PCB 是否导入，一旦检测到 PCB，前置 A 轨道上的传送皮带便运行起来，如果中间 B 轨道上有 PCB 等待或正在贴片，入口处的 PCB 便运行到前置 A 轨道的第二个传感器位置处停止运行，等待中间 B 轨道上的 PCB 导出后，再传送到中间 B 轨道上准备贴片。如果前置 A 轨道第二个传感器位置处有 PCB 等待，即使 PCB 入口处传感器检测到有 PCB，前置 A 轨道上的传送皮带也会停止运行，处于等待状态。中间 B 轨道上的传感器主要检测是否有 PCB 等待贴装，如果检测到 PCB，贴片程序便会迅速运行起来，元器件会按照指令被贴装到 PCB 的各个位置。PCB 上的元器件被组装完成后，被快速导入到后端的 C 轨道上，C 轨道上的传送皮带就会运行，把 PCB 导出到下一个工序。如果后端轨道出口处发生 PCB 阻塞，即使中间 B 轨道上的 PCB 完成贴装，PCB 也不会被导出。

图 5-15   贴片机轨道上的位置传感器

贴片机在贴片过程中，贴片头都是沿着 X 轴与 Y 轴方向高速移动，为了防止贴片头撞击机器的臂杆，在贴片机的 X 轴和 Y 轴方向分别有两个限位传感器，如图 5-16 所示。贴片头一旦到达限位传感器，机器便会立即停止运行。由此可见，限位传感器主要对贴片头起保护的作用。

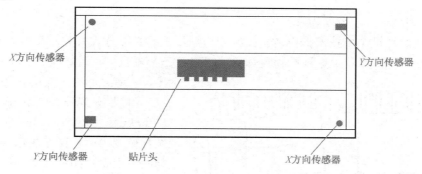

图 5-16　贴片机 X 轴和 Y 轴方向的限位传感器

（4）图像传感器。贴片机工作状态的实时显示，主要采用 CCD 图像传感器，它能采集各种所需的图像信号，包括 PCB 的位置、元器件尺寸，并经过计算机分析处理，使贴片头完成调整与贴片工作。

（5）激光传感器。激光现在已经被广泛应用到贴片机上，它能帮助判别器件引脚的共面性。当被测试的器件运行到激光传感器的监测位置时，激光发出的光束照射到 IC 引脚并反射到激光读取器上，若反射回来的光束与发射光束相同，则器件共面性合格，当不相同时，则器件由于引脚变形，使发射光光束变长，激光传感器从而识别出该器件引脚有缺陷。同样道理，激光传感器还能识别器件的高度。

（6）区域传感器。贴片机在工作时，为了贴片头安全运行，通常在贴片头的运动区域内设有传感器，利用光电原理监控运行空间，以防外来物体带来伤害。

（7）贴片头压力传感器。随着贴片头速度和精度的提高，对贴片头将元器件放到 PCB 上的智能性要求越来越高，这就是通常所说的"Z 轴软着陆"功能，它是通过压力传感器及伺服电机的负载特性来实现的。当元器件放置到 PCB 上的瞬间会受到震动，其震动力能及时传送到控制系统，通过控制系统的调控再反馈到贴片头，从而实现 Z 轴软着陆功能。具有该功能的贴片头在工作时，给人的感觉是平稳轻巧，若进一步观察，则元器件贴装到 PCB 上，浸入的焊膏深度大体相同，这对防止后续焊接时出现立碑、错位和飞片等焊接缺陷也是非常有利的。

7. 计算机控制系统

计算机控制系统是指挥贴片机进行准确有序操作的核心，目前大多数贴片机的计算机控制系统采用 Windows 界面。可以通过高级语言软件或硬件开关，在线或离线编制计算机程序并自动进行优化，控制贴片机的自动工作步骤。

贴片机的计算机控制系统通常采用二级计算机控制：子级由专用工控计算机系统构成，完成对机械机构运动的控制；主控计算机采用 PC 实现编程和人机对话。

5.1.3 贴片机的主要技术指标

衡量贴片机的三个重要指标是精度、贴片速度和适应性。

1. 精度

精度是贴片机主要技术指标之一。精度与贴片机的对中方式有关，其中以全视觉对中的精度最高。一般来说，贴片的精度体系应该包含三个项目：贴片精度、分辨率、重复精度，三者之间有一定的相关度。

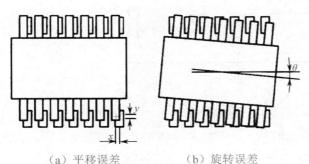

（a）平移误差   （b）旋转误差

图 5-17 贴片机的贴装精度

（1）贴片精度是指元器件贴装后相对于 PCB 上标准位置的偏移量大小。贴片精度由两种误差决定，即平移误差和旋转误差，如图 5-17 所示。平移误差产生的主要原因是 X—Y 定位系统不够精确；旋转误差产生的主要原因是元器件对中机构不够精确和贴装工具存在旋转误差。一般要求贴装 SMC 精度达到±0.01 mm，贴装高密度、窄间距的 SMD 至少要求精度达到±0.06 mm。

（2）分辨率是贴片机分辨空间连续点的能力，它是贴片机能够分辨的最近两点之间的距离。贴片机的分辨率取决于两个因素：一是定位驱动电动机的分辨率，二是传动轴驱动机构上的旋转位置或线性位置检测装置的分辨率。贴片机的分辨率用来度量贴片机运行时的最小增量，是衡量机器本身精度的重要指标。例如，丝杠的每个步进长度为 0.01 mm，那么该贴片机的分辨率为 0.01 mm。但是，实际贴片精度包括所有误差的总和。因此，描述贴片机性能时很少使用分辨率，一般在比较不同贴片机的性能时才使用它。

（3）重复精度是贴装头重复返回标定点的能力。通常采用双向重复精度的概念，它定义为"在一系列试验中，从两个方向接近任一给定点时离开平均值的偏差"。

2. 贴片速度

有许多因素会影响贴片机的贴片速度，例如 PCB 的设计质量、元器件供料器的数量和位置等。一般高速机的贴片速度高于 5 片（Chips）/s，目前最高的贴片速度已经达到 20 片/s 以上；高精度、多功能贴片机一般都是中速机，贴片速度为 2～3 片/s 左右。贴片机的速度主要用以下几个指标来衡量：

（1）贴装周期。指完成一个贴装过程所用的时间，它包括从拾取元器件、元器件定位、检测、贴放和返回到拾取元器件的位置这一过程所用的时间。

（2）贴装率。指在一小时内完成的贴片周期。测算时，先测出贴片机在 50 mm×250 mm 的电路板上贴装均匀分布的 150 只片状元器件的时间，然后计算出贴装一只元器件的平均时间，最后计算出一小时贴装的元器件数量，即贴装率。目前高速贴片机的贴装率可达每小时数万片至十几万片。

（3）生产量。理论上每班的生产量可以根据贴装率来计算，但由于实际的生产量会受到许多因素的影响，与理论值有较大的差距，影响生产量的因素有生产时停机、更换供料器或重新调整电路板位置的时间等因素。

随着电子元件日益小型化以及电子器件多引脚、细间距的趋势，对贴片机的精度与速度要求越来越高，但精度与速度是需要折衷考虑的，一般高速贴片机的高速往往是以牺牲精度为代价的。

3．适应性

适应性是贴片机适应不同贴装要求的能力，包括以下内容：

（1）能贴装的元器件种类：贴装元器件种类广泛的贴片机，比仅能贴装 SMC 或少量 SMD 类型的贴片机的适应性好。影响贴装元器件类型的主要因素是贴片精度、贴装工具、定位机构与元器件的相容性，以及贴片机能够容纳供料器的数目和种类。一般高速贴片机主要可以贴装各种 SMC 元件和较小的 SMD 器件（最大约 25 mm×30 mm）；多功能机可以贴装从 1.0 mm×0.5 mm 至 54 mm×54 mm 的 SMD 器件（目前可贴装的元器件尺寸已经达到最小 0.6 mm×0.3 mm，最大 60 mm×60 mm），还可以贴装连接器等异形元器件，连接器的最大长度可达 150 mm 以上。

（2）贴片机能够容纳供料器的数目和种类：贴片机上供料器的容纳量通常用能装到贴片机上的 8 mm 编带供料器的最多数目来衡量。一般高速贴片机的供料器位置大于 120 个，多功能贴片机的供料器位置在 60～120 个之间。由于并不是所有元器件都能包装在 8 mm 编带中，所以贴片机的实际容量将随着元器件的类型而变化。

（3）贴装面积：由贴片机传送轨道以及贴装头的运动范围决定。一般可贴装的电路板尺寸，最小为 50 mm×50 mm，最大应大于 250 mm×300 mm。

（4）贴片机的调整：当贴片机从组装一种类型的电路板转换到组装另一种类型的电路板时，需要进行贴片机的再编程、供料器的更换、电路板传送机构和定位工作台的调整、贴装头的调整和更换等工作。高档贴片机一般采用计算机编程方式进行调整，低档贴片机多采用人工方式进行调整。

5.2　贴片工艺

5.2.1　对贴片质量的要求

要保证贴片质量，应该考虑三个要素：贴装元器件的正确性、贴装位置的准确性和贴装压力（贴片高度）的适度性。

1．贴片工序对贴装元器件的要求

（1）元器件的类型、型号、标称值和极性等特征标记，都应该符合产品装配图和明细表的要求。

（2）被贴装元器件的焊端或引脚至少要有厚度的 1/2 浸入焊锡膏，一般元器件贴片时，焊锡膏挤出量应小于 0.2 mm；窄间距元器件的焊锡膏挤出量应小于 0.1 mm。

（3）元器件的焊端或引脚都应该尽量和焊盘图形对齐、居中。回流焊时，熔融的焊料使元器件具有自定位效应，允许元器件的贴装位置有一定的偏差。

2．元器件贴装偏差及贴片压力（贴装高度）

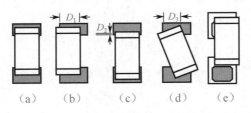

图 5-18　矩形元器件贴装偏差

（1）矩形元器件允许的贴装偏差范围。如图 5-18 所示，图（a）的元器件贴装优良，元器件的焊端居中位于焊盘上。图（b）表示元件在贴装时发生横向移位（规定元器件的长度方向为"纵向"），合格的标准是焊端宽度的 3/4 以上在焊盘上，即 $D_1 \geq$ 焊端宽度的 75%，否则为不合格。图（c）表示元器件在贴装时发生纵向移位，合格的标准是焊端与焊盘必须交叠，即 $D_2 \geq 0$，否则为不合格。图（d）表示元器件在贴装时发生旋转偏移，合格的标准是 $D_3 \geq$ 焊端宽度的 75%，否则为不合格。图（e）表示元器件在贴装时与焊锡膏图形的关系，合格的标准是元件焊端必须接触焊锡膏图形，否则为不合格。

（2）小外形晶体管（SOT）允许的贴装偏差范围。允许有旋转偏差，但引脚必须全部在焊盘上。

（3）小外形集成电路（SOIC）允许的贴装偏差范围。允许有平移或旋转偏差，但必须保证引脚宽度的 3/4 在焊盘上，如图 5-19 所示。

（4）四边扁平封装器件和超小型器件（QFP，包括 PLCC 器件）允许的贴装偏差范围要保证引脚宽度的 3/4 在焊盘上，允许有旋转偏差，但必须保证引脚长度的 3/4 在焊盘上。

（5）BGA 器件允许的贴装偏差范围。焊球中心与焊盘中心的最大偏移量小于焊球半径，如图 5-20 所示。

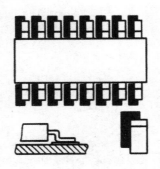

图 5-19　SOIC 集成电路贴装偏差

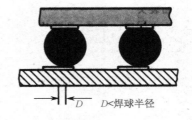

$D <$ 焊球半径

图 5-20　BGA 集成电路贴装偏差

（6）元器件贴片压力（贴装高度）。元器件贴片压力要合适，如果压力过小，元器件焊端或引脚就会浮放在焊锡膏表面，焊锡膏就不能粘住元器件，在电路板传送和焊接过程中，未粘住的元器件可能移动位置。

如果元器件贴装压力过大，焊锡膏挤出量过大，容易造成焊锡膏外溢，使焊接时产生桥接，同时也会造成器件的滑动偏移，严重时会损坏器件。

5.2.2　贴片机编程

贴片机是计算机控制的自动化生产设备，贴片之前必须编制程序。贴片机编程是指通过按规定的格式或语法编写一系列的工作指令，让贴片机按预定的工作方式进行贴片工作。一般每个工厂都有自己的编程方式，可以使用自己编写的软件，也可以购买专业的离线软件或使用设备厂家自带的编程软件。

贴片程序的编制有示教编程和计算机编程两种方式。一般生产中都采用计算机编程，计算机编程有在线编程和离线编程两种。

1．离线编程

离线编程是指在独立的计算机上通过离线编程软件把 PCB 的贴装程序编好、调试好，然后通过数据线把程序传输到贴片机上的计算机中存储起来，在需要时，随时可以通过贴片机上的键盘从机器中把程序调用出来进行生产。大多数贴片机可采用离线编程。离线编程的速度一般相对在线编程要快，编程的效率较高，采用 CAD 数据等直接进行转换，无须手工定位，可获得更高的贴装精度，并减少产品更换时的待机时间。离线编程对多品种小批量生产十分有利。

离线编程的步骤：PCB 程序数据编辑→自动编程优化并编辑→将数据输入设备→在贴片机上对优化好的产品程序进行编辑→核对检查并备份贴片程序。

2．在线编程

在线编程是利用贴片机中的计算机进行编程，是对 PCB 上的元件贴装位置适时地进行坐标数据的定位，根据不同的元件再选择吸嘴，在数据表格上填入相关的数据，如吸嘴编号、贴片头编号、元件厚度、供料器所在的位置编号、元件的规格尺寸等，编程时贴片机要停止工作。

在线编程一般要完成下面这些内容：确定 PCB 的尺寸和进板方向，设定 PCB 的坐标原点（可以是 PCB 上任何一点），定位 Mark 点坐标，定位 PCB 上贴装元件位置中心点坐标，选择贴片头，选择吸嘴，确定供料器的位号；编辑贴装元件影像；建立贴装元件库；优化程序；这些可归纳为程序数据的编辑、元器件的影像编辑、编辑程序的优化、校对检查并备份四大步。

5.2.3　全自动贴片机的一般操作

1．贴片作业工艺流程

全自动贴片机贴片工艺流程如图 5-21 所示。

2．贴片作业准备

贴片作业准备工作主要包括：
（1）贴装工艺文件准备；
（2）元器件类型、包装、数量与规格稽核；

（3）PCB 焊盘表面焊膏涂覆稽核；

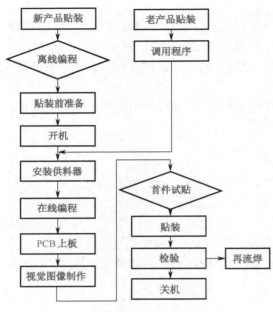

图 5-21　全自动贴片机贴片工艺流程

一般应大于 PCB 宽度 1 cm，要保证 PCB 在轨道上运动流畅。

⑥ 贴装头。检查每个头的吸嘴是否归位。

⑦ 吸嘴。检查每个吸嘴是否有堵塞或缺口现象。

⑧ 顶针。开机前需严格检查顶针的高度是否满足支撑 PCB 的需求，根据 PCB 厚度和外形尺寸安装顶针数量和位置。

（2）打开主电源开关，启动贴片机。打开位于贴片机前面右下角的主电源开关，贴片机会自动启动至初始化界面。

（3）执行回原点操作。初始化完毕后，会显示执行回原点的对话框，单击"确定"按钮，贴片机开始回原点。

★ 注　意 ★

当执行回原点操作时每个轴都会移动。将身体的任一部分伸入贴片机头部移动范围内都是极危险的，要确保身体处于贴片机移动范围之外。

（4）预热。主要在节假日结束后或在寒冷的地方使用时，需在接通电源后立即进行预热。选择预热对象（"轴"、"传送"、"MTC"中选择一项，初始设置为"轴"）→选择预热结束条件（可选择时间或次数，按"时间"或"次数"按钮即可，初始设定为"时间"）→设置时间或次数→设置速度。

（5）进入在线编程或调用程序准备生产。

（4）料站的组件规格核对；

（5）是否有手补件或临时不贴件、加贴件；

（6）贴片编程。

3．贴片机开机

（1）操作前检查。

① 电源。检查电源是否正常。

② 气源。检查气压是否达到贴片机规定的供气需求，通常为 0.55 MPa。

③ 安全盖。检查前后安全盖是否已盖好。

④ 喂料器。检查每个喂料器是否安全地安装在供料台上且没有翘起，无杂物或散料在喂料器上。

⑤ 传送部分。检查有无杂物在传送带上，各传送带部件运动时有无互相妨碍。根据 PCB 宽度调整传送轨道宽度，轨道宽度

4．贴片机关机

（1）停止贴片机运行。有 4 种方法可以停止贴片机运行。

① 紧急停止按钮。按下这个按钮将触发紧急停止，注意在正常运行状态下不要用这种方式停止运行贴片机。

②【STOP】键。按下【STOP】键立即停止贴片机运行，回到待机状态，在操作面板上按【START】键。

③【Cycle Stop】键。按下这个键，则贴片机在贴装完当前这块 PCB 后停止。

④【Conveyout Stop】键。如果想在贴装完当前传送带的 PCB 后停止运行，按下这个键。所有在传送带上的 PCB 在贴装完后都会被传出，但新放置在入口处的 PCB 不会被传进。

★ 注　意 ★

除紧急情况外，不要在贴片机运行状态时按下紧急停止按钮。

（2）复位。按下操作面板上的【RESET】键，贴片机会立即停止运行，回到等待生产状态。

（3）按下屏幕上的【OFF】键。

① 当检查窗口出现时按下【YES】键。

② 当回原点对话框出现后按下【OK】。

③ 当关机对话框出现后按下【OK】。

④ 按下紧急停止按钮。当紧急停止对话框出现后，按下紧急停止按钮，然后按【OK】键。

（4）关闭主电源开关。当显示"Ready to shut down"时，按下【OK】键并关闭右下方的主电源开关。

★ 注　意 ★

如果不遵循以上步骤关机，有可能会对系统软件或数据造成损害。

由于机型不同和软件版本的关系，如果实际界面和本操作指导有区别，请以实际显示界面和该机型配套的说明书为准。

5.2.4　贴片质量分析

对贴片产品的品质要求，一般要遵循 IPC 相关验收标准。产品按照消费类电子产品、工业类电子产品、军用类和航空航天类三大类进行分类。不同的类别，验收的标准也是不一样的。以偏位缺陷为例，对于消费类电子产品，焊端或引脚部分落在焊盘上的面积达到 50%，就能满足一级验收标准，低于 50%就不合格；对于工业类电子产品，焊端或引脚部分落在焊盘上的面积达到 50%～75%之间，则满足二级验收标准，若超过 75%则更好；对于军用和航空航天类产品，焊端或引脚部分落在焊盘上的面积超过 75%，则满足三级验收标准。

SMT 贴片常见的品质问题有：漏件、侧件、翻件、偏位、损件等。

1．导致贴片漏件的主要因素

可以考虑以下几个方面：
① 元器件供料架送料不到位。
② 元件吸嘴的气路堵塞、吸嘴损坏、吸嘴高度不正确。
③ 设备的真空气路故障，发生堵塞。
④ 电路板进货不良，产生变形。
⑤ 电路板的焊盘上没有焊锡膏或焊锡膏过少。
⑥ 元器件质量问题，同一品种的厚度不一致。
⑦ 贴片机调用程序有错漏，或者编程时对元器件厚度参数的选择有误。
⑧ 人为因素不慎碰掉。

2．导致 SMC 电阻器贴片时翻件、侧件的主要因素

① 元器件供料架送料异常。
② 贴装头的吸嘴高度不对。
③ 贴装头抓料的高度不对。
④ 元件编带的装料孔尺寸过大，元件因振动翻转。
⑤ 散料放入编带时的方向弄反。

3．导致元器件贴片偏位的主要因素

① 贴片机编程时，元器件的 $X—Y$ 轴坐标不正确。
② 贴片吸嘴原因，使吸料不稳。

4．导致元器件贴片时损坏的主要因素

① 定位顶针过高，使电路板的位置过高，元器件在贴装时被挤压。
② 贴片机编程时，元器件的 Z 轴坐标不正确。
③ 贴装头的吸嘴弹簧被卡死。

5.3　手工贴装 SMT 元器件

　　手工贴装 SMT 元器件，俗称手工贴片。除了因为条件限制需要手工贴片焊接以外，在具备自动生产设备的企业里，假如元器件是散装的或有引脚变形的情况，也可以进行手工贴片，作为机器贴装的补充手段。

1．贴装前准备

　　手工贴片之前需要先在电路板的焊接部位涂抹助焊剂和焊锡膏。可以用刷子把助焊剂直接刷涂到焊盘上，并采用简易印刷工装手工印刷焊锡膏或手动滴涂焊锡膏。

2．手工贴装工具

　　采用手工贴片工具贴放 SMT 元器件。手工贴片的工具有：不锈钢镊子、真空吸笔、

3～5 倍台式放大镜或 5～20 倍立体显微镜、防静电工作台、防静电腕带。图 5-22 为用真空吸笔从元件编带上吸取元件的情况。

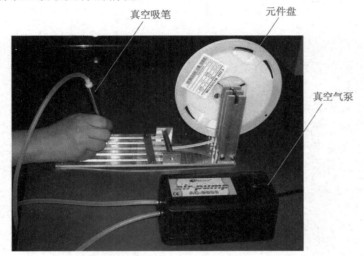

图 5-22 用真空吸笔从元件编带上吸取元件的情况

3. 手工贴装的操作方法

（1）贴装 SMC 片状元件：用镊子夹持元件，把元件焊端对齐两端焊盘，居中贴放在焊锡膏上，用镊子轻轻按压，使焊端浸入焊锡膏。

（2）贴装 SOT：用镊子夹持 SOT 元件体，对准方向，对齐焊盘，居中贴放在焊锡膏上，确认后用镊子轻轻按压元件体，使浸入焊锡膏中的引脚不小于引脚厚度的 1/2。

（3）贴装 SOP、QFP：器件 1 脚或前端标志对准印制板上的定位标志，用镊子夹持或吸笔吸取器件，对齐两端或四边焊盘，居中贴放在焊锡膏上，用镊子轻轻按压器件封装的顶面，使浸入焊锡膏中的引脚不小于引脚厚度的 1/2。贴装引脚间距在 0.65 mm 以下的窄间距器件时，可在 3～20 倍的放大镜或显微镜下操作。

（4）贴装 SOJ、PLCC：与贴装 SOP、QFP 的方法相同，只是由于 SOJ、PLCC 的引脚在器件四周的底部，需要把印制板倾斜 45°角来检查芯片是否对中、引脚是否与焊盘对齐。

贴装元器件以后，用手工、半自动或自动的方法进行焊接。

4. 注意事项

在手工贴片前必须保证焊盘清洁。新电路板上的焊盘都比较干净，但返修的电路板在拆掉旧元件以后，焊盘上就会有残留的焊料。贴换元器件到返修位置上之前，必须先用手工或半自动的方法清除残留在焊盘上的焊料，如使用电烙铁、吸锡线、手动吸锡器或用真空吸锡泵把焊料吸走。清理返修的电路板时要特别小心，在组装密度越来越大的情况下，操作比较困难并且容易损坏其他元器件及线路板。

5.4   思考与练习题

1. 衡量贴片机的三个重要指标是什么？
2. 请对贴片机的四种工作类型进行分析和对比。
3. 说明贴片机的主要结构。
4. 画出全自动贴片机贴片工艺流程图。
5. 分析贴片中常见的质量问题，讨论对这些质量问题的解决方法。
6. 请说明手工贴片元器件所需的工具及其用途。
7. 叙述手工贴片元器件的操作步骤及注意事项。

第6章

SMT 焊接工艺及设备

6.1 焊接原理与 SMT 焊接特点

6.1.1 电子产品焊接工艺

任何复杂的电子产品都是由最基本的元器件组成，通过导线将电子元器件连接起来，就能够完成一定的电气连接，实现特定的电路功能。导线与元器件连接的最主要方法是焊接。焊接质量是否可靠，对整机的性能指标影响很大。一些精密复杂的仪器常常因为一个焊点的虚焊造成整机报废甚至因此发生事故。对于一个电子产品来说，通常只要打开机箱，看一看它的装配结构和电路焊接质量，就可以立即判定它的性能优劣，也能够判断出生产企业的技术能力和工艺水平。

1. 焊接的分类

现代焊接技术的类型主要有以下几种：

（1）加压焊。加压焊又分为加热与不加热两种方式，如：冷压焊、超声波焊等，属于不加热方式，而加热方式中，一种是加热到塑性，另一种是加热到局部熔化。

（2）熔焊。焊接过程中母材和焊料均熔化的焊接方式称为熔焊。如：等离子焊、电子束焊、气焊等。

（3）钎焊。所谓钎焊，是指在焊接过程中母材不熔化，而焊料熔化的焊接方式。钎焊又分为软钎焊和硬钎焊；软钎焊：焊料熔点<450℃，硬钎焊：焊料熔点>450℃。

软钎焊中最重要的一种方式是锡焊，常用的锡焊方式有：

① 手工烙铁焊。
② 手工热风焊。
③ 浸焊。
④ 波峰焊。
⑤ 回流焊。

2. 锡焊原理

在电子产品制造过程中，应用最普遍、最有代表性的是锡焊。锡焊能够完成机械的连接，对两个金属部件起到结合、固定的作用；锡焊同时实现电气的连接，让两个金属部件电气导通，这种电气的连接是电子产品焊接作业的特征，是粘合剂所不能替代的。

锡焊方法简便，只需要使用简单的工具（如电烙铁）即可完成焊接、焊点整修及元器件拆换等工艺过程。此外，锡焊还具有成本低、容易实现自动化等优点，在电子工程技术里，它是使用最早、最广、占比重最大的焊接方法。

锡焊是将焊件和焊料共同加热到锡焊温度，在焊件不熔化的情况下，焊料熔化并润湿焊接面，形成焊件的连接。其主要特征有以下三点：

- 焊料熔点低于焊件。
- 焊接时将焊料与焊件共同加热到锡焊温度，焊料熔化而焊件不熔化。
- 焊接的形成依靠熔化状态的焊料润湿焊接面，由毛细作用使焊料进入焊件的间隙，依靠二者原子的扩散，形成一个合金层，从而实现焊件的结合。

（1）润湿。焊接的物理基础是"润湿"，润湿也叫做"浸润"，是指液体在与固体的接触面上摊开，充分铺展接触的一种现象。锡焊的过程，就是通过加热，让铅锡焊料在焊接面上熔化、流动、润湿，使铅锡原子渗透到铜母材（导线、焊盘）的表面内，并在两者的接触面上形成 Cu_6—Sn_5 的脆性合金层。

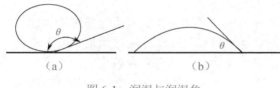

图 6-1　润湿与润湿角

在焊接过程中，焊料和母材接触所形成的夹角叫做润湿角，又称接触角，如图 6-1 中的 θ。图（a）中，当 $\theta>90°$ 时，焊料与母材没有润湿，不能形成良好的焊点；图（b）中，当 $\theta<90°$ 时，焊料与母材润湿，能够形成良好的焊点。仔细观察焊点的润湿角，就能判断焊点的质量。

显然，如果焊接面上有阻隔润湿的污垢或氧化层，不能生成两种金属材料的合金层，或者温度不够高使焊料没有充分熔化，都不能使焊料润湿。

（2）锡焊的条件。进行锡焊，必须具备以下条件：

① 焊件必须具有良好的可焊性。所谓可焊性是指在适当温度下，被焊金属材料与焊锡能形成良好结合的合金的性能。并不是所有的金属都具有好的可焊性，有些金属如铬、钼、钨等的可焊性就非常差；有些金属的可焊性比较好，如紫铜、黄铜等。在焊接时，由于高温使金属表面产生氧化膜，影响材料的可焊性。为了提高可焊性，可以采用表面镀锡、镀银等措施采防止材料表面的氧化。

② 焊件表面必须保持清洁与干燥。为了使焊锡和焊件达到良好的结合，焊接表面一定要保持清洁与干燥。即使是可焊性良好的焊件，由于储存或被污染，都可能在焊件表面产生对浸润有害的氧化膜和油污，在焊接前务必把污垢和氧化膜清除干净，否则无法保证焊接质量。金属表面轻微的氧化，可以通过助焊剂作用来清除；氧化程度严重的金属表面，则必须采用机械或化学方法清除，例如进行刮除或酸洗等；当储存和加工环境湿度较大，或焊件表面有水迹时，就要对焊件进行烘干处理，否则会造成焊点浸润不良。

③ 要使用合适的助焊剂。助焊剂也叫焊剂，助焊剂的作用是清除焊件表面的氧化膜。不同的焊接工艺，应该选择不同的助焊剂，如镍铬合金、不锈钢、铝等材料，没有专用的

特殊助焊剂是很难实施锡焊的。在焊接印制电路板等精密电子产品时，为使焊接可靠稳定，通常采用以松香为主的助焊剂。

④ 焊件要加热到适当的温度。焊接时，热能的作用是熔化焊锡和加热焊接对象，使锡、铅原子获得足够的能量渗透到被焊金属表面的晶格中而形成合金。焊接温度过低，对焊料原子渗透不利，无法形成合金，极易形成虚焊；焊接温度过高，会使焊料处于非共晶状态，加速助焊剂分解和挥发，使焊料品质下降，严重时还会导致 PCB 的焊盘脱落或被焊接的元器件损坏。

需要强调的是，不但焊锡要加热到熔化，而且应该同时将焊件加热到能够熔化焊锡的温度。

⑤ 合适的焊接时间。焊接时间是指在焊接全过程中，进行物理和化学变化所需要的时间。它包括被焊金属达到焊接温度的时间、焊锡的熔化时间、助焊剂发挥作用及生成金属合金的时间几个部分。当焊接温度确定后，就应根据被焊件的形状、性质、特点等确定合适的焊接时间。焊接时间过长，容易损坏元器件或焊接部位；过短，则达不到焊接要求。对于电子元器件的焊接，除了特殊焊点以外，一般每个焊点加热焊接一次的时间不超过 2 s。

6.1.2　SMT 焊接技术特点

焊接是表面组装技术中的主要工艺技术之一。在一块 SMA（表面组装组件）上少则有几十个，多则有成千上万个焊点，一个焊点不良就会导致整个 SMA 或 SMT 产品失效。焊接质量取决所用的焊接方法、焊接材料、焊接工艺技术和焊接设备。

根据熔融焊料的供给方式，在 SMT 中采用的软钎焊技术主要为波峰焊和回流焊。一般情况下，波峰焊用于混合组装（既有 THT 元器件，也有 SMC/SMD）方式，回流焊用于全表面组装方式。波峰焊是通孔插装技术中使用的传统焊接工艺技术，根据波峰的形状不同有单波峰焊、双波峰焊等形式之分。根据提供热源的方式不同，回流焊有传导、对流、红外、激光、气相等方式。在 SMT 技术中，一般是不采用浸焊工艺的。

表 6-1 比较了在 SMT 中使用的各种软钎焊方法。

表 6-1　SMT 焊接方法及其特性

焊接方法		初始投资	操作费用	生产量	温度稳定性	适 应 性				
						温度曲线	双面装配	工装适应性	温度敏感元件	焊接误差率
再流焊接	传导	低	低	中高	好	极好	不能	差	影响小	很低
	对流	高	高	高	好	缓慢	不能	好	有损坏危险	很低
	红外	低	低	中	取决于吸收	尚可	能	好	要求屏蔽	低（a）
	激光	高	中	低	要求精确控制	要求试验	能	很好	极好	低
	气相	中—高	高	中高	极好	（b）	能	很好	有损坏危险	中等
波峰焊接		高	高	高	好	难建立	（c）	不好	有损坏危险	高
注：（a）适当固定和夹紧；（b）改变停顿时间容易，改变温度困难；（c）一面插装普通元件，SMC 装在另一面										

波峰焊与回流焊之间的基本区别在于热源与钎料的供给方式不同。在波峰焊中，钎料

波峰有两个作用：一是供热，二是提供钎料。在回流焊中，热是由回流焊炉自身的加热机理决定的，焊锡膏由专用的设备以确定的量先行涂覆。波峰焊技术与回流焊技术是 PCB 上进行大批量焊接元器件的主要方式。就目前而言，回流焊技术与设备是 SMT 组装厂商组装 SMD/SMC 的首选技术与设备，但波峰焊仍不失为一种高效自动化、高产量、可在生产线上串联的焊接技术。因此，在今后相当长的一段时间内，波峰焊技术与回流焊技术仍然是电子组装的首选焊接技术。

由于 SMC/SMD 的微型化和 SMA 的高密度化，SMA 上元器件之间和元器件与 PCB 之间的间隔很小，因此，表面组装元器件的焊接与 THT 元器件的焊接相比，主要有以下几个特点：

（1）元器件本身受热冲击大；

（2）要求形成微细化的焊接连接；

（3）由于表面组装元器件的电极或引线的形状、结构和材料种类繁多（如图 6-2 所示），因此要求能对各种类型的电极或引线都能进行焊接；

（4）要求表面组装元器件与 PCB 上焊盘图形的接合强度和可靠性高。

所以，SMT 与 THT 相比，对焊接技术提出了更高的要求。然而，这并不是说获得高可靠性的 SMA 是困难的，事实上，只要对 SMA 进行正确设计和执行严格的组装工艺，其中包括严格的焊接工艺，SMA 的可靠性甚至会比通孔插装组件的可靠性更高。

除了波峰焊接和回流焊接技术之外，为了确保 SMA 的可靠性，对于一些热敏感性强的 SMD 常采用局部加热方式进行焊接。

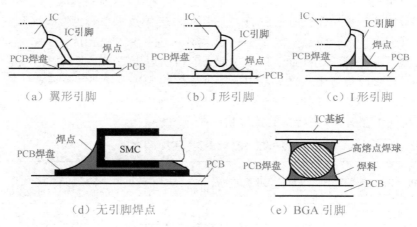

（a）翼形引脚　　　　　（b）J 形引脚　　　　　（c）I 形引脚

（d）无引脚焊点　　　　　（e）BGA 引脚

图 6-2　SMT 元器件的电极或引线形状

6.2　表面组装的自动焊接技术

在工业化生产过程中，THT 工艺常用的自动焊接设备是浸焊机和波峰焊机，从焊接技术上说，这类焊接属于流动焊接，是熔融流动的液态焊料和焊件对象做相对运动，实现浸润而完成焊接。

回流焊接是 SMT 时代的焊接方法。它使用膏状焊料，通过模板漏印或点滴的方法涂敷在电路板的焊盘上，贴上元器件后经过加热，焊料熔化再次流动，浸润焊接对象，冷却后形成焊点。焊接 SMT 电路板，也可以使用波峰焊。SMT 焊接工艺的典型设备是回流焊炉以及焊锡膏印刷机、贴片机等组成的焊接流水线。

6.2.1　波峰焊

1. 波峰焊机结构及其工作原理

波峰焊机是在浸焊机的基础上发展起来的自动焊接设备，两者最主要的区别在于设备

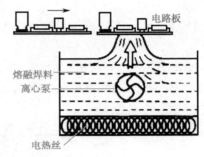

图 6-3　波峰焊机的焊锡槽示意图

的焊锡槽。波峰焊是利用焊锡槽内的机械式或电磁式离心泵，将熔融焊料压向喷嘴，形成一股向上平稳喷涌的焊料波峰并源源不断地从喷嘴中溢出。装有元器件的印制电路板以平面直线匀速运动的方式通过焊料波峰，在焊接面上形成浸润焊点而完成焊接。图 6-3 是波峰焊机的焊锡槽示意图。

与浸焊机相比，波峰焊设备具有如下优点：

（1）熔融焊料的表面漂浮一层抗氧化剂隔离空气，只有焊料波峰暴露在空气中，减少了氧化的机会，可以减少氧化渣带来的焊料浪费。

（2）电路板接触高温焊料时间短，可以减轻电路板的翘曲变形。

（3）浸焊机内的焊料相对静止，焊料中不同密度的金属会产生分层现象（下层富铅而上层富锡）。波峰焊机在焊料泵的作用下，整槽熔融焊料循环流动，使焊料成分均匀一致。

（4）波峰焊机的焊料充分流动，有利于提高焊点质量。

现在，波峰焊已成为应用最普遍的一种焊接电路板的工艺方法。这种方法适宜成批、大量地焊接一面装有分立元件和集成电路的印制线路板。凡与焊接质量有关的重要因素，如焊料与助焊剂的化学成分、焊接温度、速度、时间等，在波峰焊机上均能得到比较完善的控制。图 6-4 是一般波峰焊机的内部结构示意图。

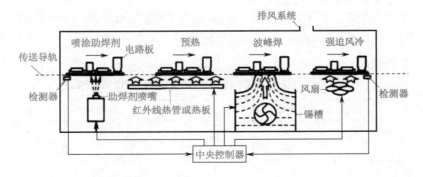

图 6-4　波峰焊机的内部结构示意图

在波峰焊机内部，焊锡槽被加热使焊锡熔融，机械泵根据焊接要求工作，使液态焊锡

从喷口涌出，形成特定形态的、连续不断的锡波；已经完成插件工序的电路板放在导轨上，以匀速直线运动的形式向前移动，顺序经过涂敷助焊剂和预热工序，进入焊锡槽上部，电路板的焊接面在通过焊锡波峰时进行焊接。然后，焊接面经冷却后完成焊接过程，被送出焊接区。冷却方式大都为强迫风冷，正确的冷却温度与时间，有利于改进焊点的外观与可靠性。

　　助焊剂喷嘴既可以实现连续喷涂，也可以被设置成检测到有电路板通过时才进行喷涂的经济模式；预热装置由热管组成，电路板在焊接前被预热，可以减小温差、避免热冲击。预热温度在 90～120℃之间，预热时间必须控制得当，预热使助焊剂干燥（蒸发掉其中的水分）并处于活化状态。焊料熔液在锡槽内始终处于流动状态，使喷涌的焊料波峰表面无氧化层，由于印制板和波峰之间处于相对运动状态，所以助焊剂容易挥发，焊点内不会出现气泡。

　　为了获得良好的焊接质量，焊接前应做好充分的准备工作，如保证产品的可焊性处理（预镀锡）等；焊接后的清洗、检验、返修等步骤也应按规定进行操作。

　　图 6-5 是波峰焊机的外观照片。

图 6-5　波峰焊机的外观照片

2. 波峰焊的工艺因素调整

　　在波峰焊机工作的过程中，焊料和助焊剂被不断消耗，需要经常对这些焊接材料进行监测，并根据监测结果进行必要的调整。

　　（1）焊料。波峰焊一般采用 Sn63—Pb37 的共晶焊料，熔点为 183℃，Sn 的含量应该保持在 61.5%以上，并且 Sn—Pb 两者的含量比例误差不得超过±1%，主要金属杂质的最大含量范围见表 6-2。

表 6-2　波峰焊焊料中主要金属杂质的最大含量范围

金属杂质	铜 Cu	铝 A1	铁 Fe	铋 Bi	锌 Zn	锑 Sb	砷 As
最大含量范围/‰	0.8	0.05	0.2	1	0.02	0.2	0.5

　　应该根据设备的使用频率，一周到一个月定期检测焊料的 Sn-Pb 比例和主要金属杂质含量，如果不符合要求，应该更换焊料或采取其他措施。例如当 Sn 的含量低于标准时，可以添加纯 Sn 以保证含量比例。

焊料的温度与焊接时间、波峰的形状与强度决定焊接质量。焊接时，Sn-Pb 焊料的温度一般设定为 245℃左右，焊接时间 3 s 左右。

随着无铅焊料的应用以及高密度、高精度组装的要求，新型波峰焊设备需要在更高的温度下进行焊接，焊料槽部位也将实行氮气保护。

（2）助焊剂。波峰焊使用的助焊剂，要求表面张力小，扩展率大于 85%；黏度小于熔融焊料，容易被置换且焊接后容易清洗。一般助焊剂的密度为 0.82～0.84 g/cm^3，可以用相应的溶剂来稀释调整。

假如采用免清洗助焊剂，要求密度小于 0.8 g/cm^3，固体含量小于 2.0%，不含卤化物，焊接后残留物少，不产生腐蚀作用，绝缘性好，绝缘电阻大于 $1×10^{11}$ Ω。

助焊剂的类型应该根据电子产品对清洁度和电性能的要求选择：卫星、飞机仪表、潜艇通信、微弱信号测量仪器等军用、航空航天产品或生命保障类医疗装置，必须采用免清洗助焊剂；通信设施、工业装置、办公设备、计算机等，可以采用免清洗助焊剂，或者用清洗型助焊剂，焊接后进行清洗；消费类电子产品，可以采用中等活性的松香助焊剂，焊接后不必清洗，也可以使用免清洗助焊剂。

应该根据设备的使用频率，每天或每周定期检测助焊剂的密度，如果不符合要求，应更换助焊剂或添加新助焊剂保证密度符合要求。

（3）焊料添加剂。在波峰焊的焊料中，还要根据需要添加或补充一些辅料：防氧化剂可以减少高温焊接时焊料的氧化，不仅可以节约焊料，还能提高焊接质量。防氧化剂由油类与还原剂组成。要求还原能力强，在焊接温度下不会碳化。锡渣减除剂能让熔融的铅锡焊料与锡渣分离，起到防止锡渣混入焊点、节省焊料的作用。

另外，波峰焊设备的传送系统，即传送链、传送带的速度也要依据助焊剂、焊料等因素与生产规模综合选定与调整。传送链、传送带的倾斜角度在设备制造时是根据焊料波形设计的，但有时也要随产品的改变而进行微量调整。

3. 几种适应 SMT 的波峰焊机

以前，旧式的单波峰焊机在焊接时容易造成焊料堆积、焊点短路等现象，用人工修补焊点的工作量较大。并且，在采用一般的波峰焊机焊接 SMT 电路板时，有两个技术难点：

- 气泡遮蔽效应：在焊接过程中，助焊剂或 SMT 元器件的粘贴剂受热分解所产生的气泡不易排出，遮蔽在焊点上，可能造成焊料无法接触焊接面而形成漏焊。
- 阴影效应：印制板在焊料熔液的波峰上通过时，较高的 SMT 元器件对它后面或相邻的较矮的 SMT 元器件周围的死角产生阻挡，形成阴影区，使焊料无法在焊接面上漫流而导致漏焊或焊接不良。

为克服这些 SMT 焊接缺陷，除了采用回流焊等焊接方法以外，已经研制出许多新型或改进型的波峰焊设备，有效地排除了原有波峰焊机的缺陷，创造出空心波、组合空心波、紊乱波等新的波峰形式。按波峰形式分类，可以分为单峰、双峰、三峰和复合峰四种类型。以下是目前常见的新型波峰焊机：

（1）斜坡式波峰焊机。这种波峰焊机的传送导轨以一定角度的斜坡方式安装。并且斜坡的角度可以调整，如图 6-6（a）所示。这样的好处是增加了电路板焊接面与焊锡波峰接触的长度。假如电路板以同样速度通过波峰，等效增加了焊点浸润的时间，从而可以提高传送导轨的运行速度和焊接效率；不仅有利于焊点内的助焊剂挥发，避免形成夹气焊点，还能让多余的焊锡流下来。

（2）高波峰焊机。高波峰焊机适用于 THT 元器件"长脚插焊"工艺，它的焊锡槽及其锡波喷嘴如图 6-6（b）所示。其特点是，焊料离心泵的功率比较大，从喷嘴中喷出的锡波高度比较高，并且其高度 h 可以调节，保证元器件的引脚从锡波里顺利通过。一般，在高波峰焊机的后面配置剪腿机（也叫切脚机），用来剪短元器件的引脚。

（3）电磁泵喷射波峰焊机。在电磁泵喷射空心波焊接设备中，通过调节磁场与电流值，可以方便地调节特制电磁泵的压差和流量，从而调整焊接效果。这种泵控制灵活，每焊接完成一块电路板后，自动停止喷射，减少了焊料与空气接触的氧化作用。这种焊接设备多用在焊接贴片/插装混合组装的电路板中，图 6-6（c）是它的原理示意图。

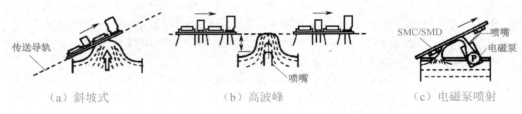

（a）斜坡式　　　　　　　　（b）高波峰　　　　　　　　（c）电磁泵喷射

图 6-6　几种波峰焊机的特点

（4）双波峰焊机。双波峰焊机是 SMT 时代发展起来的改进型波峰焊设备，特别适合焊接那些 THT+SMT 混合元器件的/电路板。双波峰焊机的焊料波型如图 6-7 所示。使用这种设备焊接印制电路板时，THT 元器件要采用"短脚插焊"工艺。电路板的焊接面要经过两个熔融的铅锡焊料形成的波峰：这两个焊料波峰的形式不同，最常见的波型组合是"紊乱波"+"宽平波"，"空心波"+"宽平波"的波型组合也比较常见；焊料熔液的温度、波峰的高度和形状、电路板通过波峰的时间和速度这些工艺参数，都可以通过计算机伺服控制系统进行调整。图 6-8 是理想的双波峰焊的焊接温度曲线。

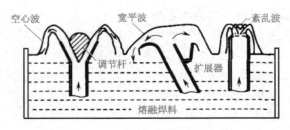

图 6-7　双波峰焊机的焊料波型

在预热区内，电路板上喷涂的助焊剂中的水分和溶剂被挥发，可以减少焊接时产生气体。同时，松香和活化剂开始分解活化，去除焊接面上的氧化层和其他污染物，并且防止金属表面在高温下再次氧化。印制电路板和元器件被充分预热，可以有效地避免焊接时急剧升温产生的热应力损坏。电路板的预热温度及时间，要根据印制板的大小、厚度、元器件的尺寸和数量，以及贴装元器件的多少而确定。在 PCB 表面测量的预热温度应该在 90～130℃之间，多层板或贴片元器件较多时，预热温度取上限。预热时间由传送带的速度来控制。如果预热温度偏低或预热时间过短，助焊剂中的溶剂挥发不充分，焊接时就会产生气体引起气孔、锡珠等焊接缺陷；如预热温度偏高或预热时间过长，焊剂被提前分解，使焊剂失去活性，同样会引起毛刺、桥接等焊接缺陷。

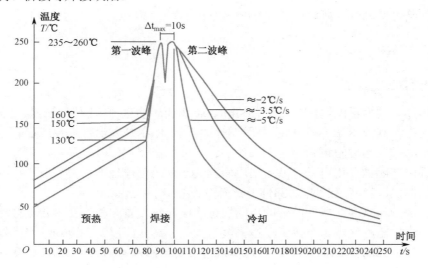

图 6-8　理想的双波峰焊的焊接温度曲线

为恰当控制预热温度和时间，达到最佳的预热温度，可以参考表 6-3 内的数据，也可以从波峰焊前涂覆在 PCB 底面的助焊剂是否有粘性来进行经验性判断。

表 6-3　不同印制电路板在波峰焊时的预热温度

PCB 类型	元器件种类	预热温度/℃
单面板	THC+SMD	90～100
双面板	THC	90～110
双面板	THC+SMD	100～110
多层板	THC	100～125
多层板	THC+SMD	110～130

焊接过程是被焊接金属表面、熔融焊料和空气等之间相互作用的复杂过程，同样必须控制好温度和时间。如果焊接温度偏低，液体焊料的粘性大，不能很好地在金属表面浸润和扩散，就容易产生拉尖、桥接、焊点表面粗糙等缺陷；如果焊接温度过高，则容易损坏元器件，还会由于助焊剂被碳化而失去活性、焊点氧化速度加快，致使焊点失去光泽、不饱满。因此，波峰表面温度一般应该在（250±5）℃的范围之内。

因为热量、温度是时间的函数，在一定温度下，焊点和元件的受热量随时间而增加。波峰焊的焊接时间可以通过调整传送系统的速度来控制，传送带的速度要根据不同波峰焊机的长度、预热温度、焊接温度等因素统筹考虑，进行调整。以每个焊点接触波峰的时间来表示焊接时间，一般焊接时间约为 2～4 s。

合适的焊接温度和时间，是形成良好焊点的首要条件。焊接温度和时间与预热温度、焊料波峰的温度、导轨的倾斜角度、传输速度都有关系。双波峰焊的第一波峰一般调整为温度（235~240）℃，时间 1 s 左右，第二波峰一般设置在（240~260）℃，时间 3 s 左右。综合调整控制工艺参数，对提高波峰焊质量非常重要。

6.2.2 回流焊

1．回流焊工艺概述

回流焊，也称为再流焊，是英文 Re-flow Soldering 的直译，回流焊工艺是通过重新熔化预先分配到印制板焊盘上的膏装软钎焊料，实现表面组装元器件焊端或引脚与印制板焊盘之间机械与电气连接的软钎焊。

回流焊是伴随微型化电子产品的出现而发展起来的锡焊技术，主要应用于各类表面组装元器件的焊接，目前已经成为 SMT 电路板组装技术的主流。

经过焊锡膏印刷和元器件贴装的电路板进入回流焊设备。传送系统带动电路板通过设备里各个设定的温度区域，焊锡膏经过干燥、预热、熔化、浸润、冷却，将元器件焊接到印制板上。回流焊的核心环节是利用外部热源加热，使焊料熔化而再次流动浸润，完成电路板的焊接过程。

由于回流焊工艺有"再流动"及"自定位效应"的特点，使回流焊工艺对贴装精度的要求比较宽松，容易实现焊接的高度自动化与高速度。同时也正因为再流动及自定位效应的特点，回流焊工艺对焊盘设计、元器件标准化、元器件端头与印制板质量、焊料质量以及工艺参数的设置有更严格的要求。

回流焊操作方法简单，效率高、质量好、一致性好，节省焊料（仅在元器件的引脚下有很薄的一层焊料），是一种适合自动化生产的电子产品装配技术。

回流焊技术的一般工艺流程如图 6-9 所示。

2．回流焊工艺的特点

与波峰焊技术相比，回流焊工艺具有以下技术特点：

（1）元器件不直接浸渍在熔融的焊料中，所以元器件受到的热冲击小（由于加热方式不同，有些情况下施加给元器件的热应力也会比较大）。

（2）能在前导工序里控制焊料的施加量，减少了虚焊、桥接等焊接缺陷，所以焊接质量好，焊点的一致性好，可靠性高。

（3）假如前导工序在 PCB 上施放焊料的位置正确而贴放元器件的位置有一定偏离，在回流焊过程中，当元器件的全部焊端、引脚及其相应的焊盘同时浸润时，由于熔融焊料表面张力的作用，产生自定位效应，能够自

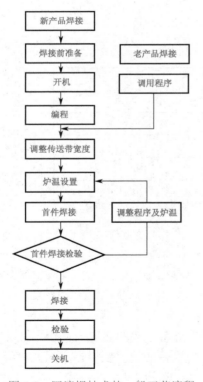

图 6-9 回流焊技术的一般工艺流程

动校正偏差，把元器件拉回到近似准确的位置。

（4）回流焊的焊料是商品化的焊锡膏，能够保证正确的组分，一般不会混入杂质。

（5）可以采用局部加热的热源，因此能在同一基板上采用不同的焊接方法进行焊接。

（6）工艺简单，返修的工作量很小。

3．回流焊工艺的焊接温度曲线

控制与调整回流焊设备内焊接对象在加热过程中的时间—温度参数关系（常简称为焊接温度曲线），是决定回流焊效果与质量的关键。各类设备的演变与改善，其目的也是更加便于精确调整温度曲线。

回流焊的加热过程可以分成预热、焊接（再流）和冷却三个最基本的温度区域，主要有两种实现方法：一种是沿着传送系统的运行方向，让电路板顺序通过隧道式炉内的各个温度区域；另一种是把电路板停放在某一固定位置上，在控制系统的作用下，按照各个温度区域的梯度规律调节、控制温度的变化。温度曲线主要反映电路板组件的受热状态，常规回流焊的理想焊接温度曲线如图 6-10 所示。

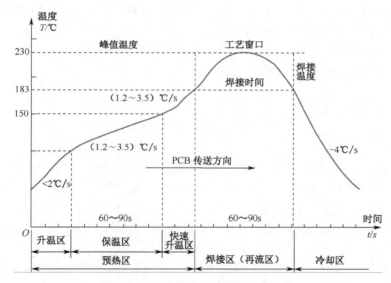

图 6-10　回流焊的理想焊接温度曲线

典型的温度变化过程通常由四个温区组成，分别为预热区、保温区、再流区与冷却区。

（1）预热区：焊接对象从室温逐步加热至 150℃ 左右的区域，缩小与回流焊过程的温差，焊锡膏中的溶剂被挥发。

（2）保温区：温度维持在 150～160℃，焊锡膏中的活性剂开始作用，去除焊接对象表面的氧化层。

（3）回流区：温度逐步上升，超过焊锡膏熔点温度 30%～40%（一般 Sn—Pb 焊锡的熔点为 183℃，比熔点高约 47～50℃），峰值温度达到 220～230℃ 的时间短于 10 s，焊锡膏完全熔化并润湿元器件焊端与焊盘。这个范围一般被称为工艺窗口。

（4）冷却区：焊接对象迅速降温，形成焊点，完成焊接。

由于元器件的品种、大小与数量不同以及电路板尺寸等诸多因素的影响，要获得理想而一致的曲线并不容易，需要反复调整设备各温区的加热器，才能达到最佳温度曲线。

为调整最佳工艺参数而测定焊接温度曲线，是通过温度测试记录仪进行的，这种记录测量仪，一般由多个热电偶与记录仪组成。5~6 个热电偶分别固定在小元件、大器件、BGA 芯片旁边及电路板边缘等位置，连接记录仪，一起随电路板进入炉膛，记录时间—温度参数。在炉子的出口处取出后，把参数送入计算机，用专用软件处理并描绘曲线。

4. 回流焊的工艺要求

（1）要设置合理的温度曲线。回流焊是 SMT 生产中的关键工序，假如温度曲线设置不当，会引起焊接不完全、虚焊、元件翘立（"立碑"现象）、锡珠飞溅等焊接缺陷，影响产品质量。

（2）SMT 电路板在设计时就要确定焊接方向，并应当按照设计方向进行焊接。一般，应该保证主要元器件的长轴方向与电路板的运行方向垂直。

（3）在焊接过程中，要严格防止传送带振动。

必须对第一块印制电路板的焊接效果进行判断，施行首件检查制。检查焊接是否完全、有无焊锡膏熔化不充分或虚焊和桥接的痕迹、焊点表面是否光亮、焊点形状是否向内凹陷、是否有锡珠飞溅和残留物等现象，还要检查 PCB 的表面颜色是否改变。在批量生产过程中，要定时检查焊接质量，及时对温度曲线进行修正。

6.2.3　回流焊炉的工作方式和结构

1. 回流焊炉的工作方式

回流焊的核心环节是将预敷的焊料熔融、再流、浸润。回流焊对焊料加热有不同的方法，就热量的传导来说，主要有辐射和对流两种方式；按照加热区域，可以分为对 PCB 整体加热和局部加热两大类；整体加热的方法主要有红外线加热法、汽相加热法、热风加热法、热板加热法；局部加热的方法主要有激光加热法，红外线聚焦加热法、热气流加热法、光束加热法。

回流焊炉的结构主体是一个热源受控的隧道式炉膛，涂敷了膏状焊料并贴装了元器件的电路板随传动机构直线匀速进入炉膛，顺序通过预热、再流（焊接）和冷却这三个基本温度区域。

在预热区内，电路板在 100~160℃的温度下均匀预热 2~3 min，焊锡膏中的低沸点溶剂和抗氧化剂挥发，化成烟气排出；同时，焊锡膏中的助焊剂浸润，焊锡膏软化塌落，覆盖了焊盘和元器件的焊端或引脚，使它们与氧气隔离；并且，电路板和元器件得到充分预热，以免它们进入焊接区因温度突然升高而损坏。在焊接区，温度迅速上升，比焊料合金的熔点高 20~50℃，膏状焊料在热空气中再次熔融，浸润焊接面，时间大约 30~90 s。当焊接对象从炉膛内的冷却区通过，使焊料冷却凝固以后，全部焊点同时完成焊接。

回流焊设备可用于单面、双面、多层电路板上 SMT 元器件的焊接，以及在其他材料的电路基板（如陶瓷基板、金属芯基板）上的回流焊，也可以用于电子器件、组件、芯片的回流焊，还可以对印制电路板进行热风整平、烘干，对电子产品进行烘烤、加热或固化粘合剂。回流焊设备既能够单机操作，也可以连入电子装配生产线配套使用。

回流焊设备还可以用来焊接电路板的两面：先在电路板的 A 面漏印焊锡膏，粘贴 SMT 元器件后入炉完成焊接；然后在 B 面漏印焊锡膏，粘贴元器件后再次入炉焊接。这时，电路板的 B 面朝上，在正常的温度控制下完成焊接；A 面朝下，受热温度较低，已经焊好的元器件不会从板上脱落下来。这种工作状态如图 6-11 所示。

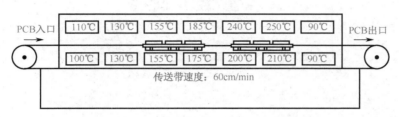

图 6-11　回流焊时电路板两面的温度不同

2.　回流焊炉的结构

热风回流焊是目前应用较广的一种回流焊类型，现以此为例介绍回流焊炉的结构。

回流焊炉主要由炉体、上下加热源、PCB 传送装置、空气循环装置、冷却装置、排风装置、温度控制装置以及计算机控制系统等组成。

（1）外部结构。

① 电源开关。主电源来源，一般为 380 V 三相四线制电源。

② PCB 传输部件，一般有传输链和传输网两种。

③ 信号指示灯。指示设备当前状态，共有三种颜色。绿色灯亮表示设备各项检测值与设定值一致，可以正常使用；黄色灯亮表示设备正在设定中或尚未启动；红色灯亮表示设备有故障。

④ 生产过程中将助焊剂烟雾等废气抽出，以保证炉内再流气体干净。

⑤ 显示器，键盘。设备操作接口。

⑥ 散热风扇。

⑦ 紧急开关。按下紧急开关，可关闭各电动机电源，同时关闭发热器电源，设备进入紧急停止状态。

（2）内部结构。热风回流焊炉内部结构如图 6-12 所示。

① 加热器。一般为石英发热管组，提供炉温所必需的热量。

② 热风电动机。驱动风泵将热量传输至 PCB 表面，保持炉内热量均匀。

③ 冷却风扇。冷却焊后 PCB。

④ 传输带驱动电动机。给传输带提供驱动动力。

⑤ 传输带驱动轮。传输带驱动轮起传动网链作用。

⑥ UPS。在主电源突然停电时，UPS 会自动将存于蓄电池内的电量释放，驱动网链运动，将 PCB 运输出炉。

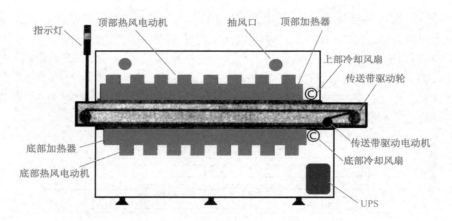

图 6-12　热风回流焊炉的内部结构

3. 回流焊炉的主要技术指标

① 温度控制精度（指传感器灵敏度）：应该达到 ±0.1～0.2℃。

② 温度均匀度：±1～2℃，炉膛内不同点的温差应该尽可能小。

③ 传输带横向温差：要求 ±5℃ 以下。

④ 温度曲线调试功能：如果设备无此装置，要外购温度曲线采集器。

⑤ 最高加热温度：一般为 300～350℃，如果考虑温度更高的无铅焊接或金属基板焊接，应该选择 350℃ 以上。

⑥ 加热区数量和长度：加热区数量越多、长度越长，越容易调整和控制温度曲线。一般中小批量生产，选择 4～5 个温区，加热长度 1.8 m 左右的设备，即能满足要求。

⑦ 焊接工作尺寸：根据传送带宽度确定，一般为 30～400 mm。

6.2.4　回流焊设备的类型

根据加热方式的不同，回流焊设备一般分为以下几种类型：

1. 热板传导回流焊

利用热板传导来加热的焊接方法称为热板回流焊。热板回流焊的工作原理如图 6-13 所示。

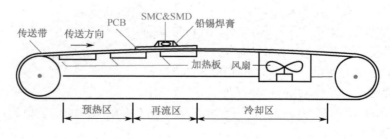

图 6-13　热板回流焊的工作原理

（1）工作原理。热板传导回流焊的发热器件为板型，放置在薄薄的传送带下，传送带由导热性能良好的聚四氟乙烯材料制成。待焊电路板放在传送带上，热量先传送到电路板上，再传至焊锡膏与 SMC/SMD 元器件，焊锡膏熔化以后，再通过风冷降温，完成电路板焊接。

（2）特点。这种回流焊的热板表面温度不能大于 300℃，早期用于导热性好的高纯度氧化铝基板、陶瓷基板等厚膜电路单面焊接，随后也用于焊接初级 SMT 产品的单面电路板。其优点是结构简单，操作方便；缺点是热效率低，温度不均匀，电路板若导热不良或稍厚就无法适应，对普通覆铜箔电路板的焊接效果不好，故很快被其他形式的回流焊炉取代。

2．红外线辐射回流焊

（1）工作原理。在设备内部，通电的陶瓷发热板（或石英发热管）辐射出远红外线，电路板通过数个温区，接受辐射转化为热能，达到回流焊所需的温度，焊料润湿完成焊接，然后冷却。红外线辐射加热法是最早、最广泛使用的 SMT 焊接方法之一。其原理示意如图 6-14 所示。

（2）特点。红外线回流焊炉设备成本低，适用于低组装密度产品的批量生产，调节温度范围较宽的炉子也能在点胶贴片后固化贴片胶。炉内有远红外线与近红外线两种热源，一般，前者多用于预热，后者多用于再流加热。整个加热炉可以分成几段温区，分别控制温度。

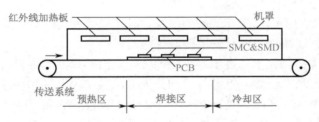

图 6-14　红外线辐射回流焊的原理示意图

红外线辐射回流焊炉的优点是热效率高，温度变化梯度大，温度曲线容易控制，焊接双面电路板时，上、下温度差别大。缺点是电路板同一面上的元器件受热不够均匀，温度设定难以兼顾周全，阴影效应较明显；当元器件的封装、颜色深浅、材质差异不同时，各焊点所吸收的热量不同；体积大的元器件会对小元器件造成阴影使之受热不足。

3．全热风回流焊

（1）工作原理。全热风回流焊是一种通过对流喷射管嘴或者耐热风机来迫使气流循环，从而实现被焊件加热的焊接方法，该类设备在 90 年代开始兴起。

（2）特点。由于采用此种加热方式 PCB 和元器件的温度接近给定加热温区的气体温度，完全克服了红外回流焊的局部温差和遮蔽效应，故目前应用较广。在全热风回流焊设备中循环气体的对流速度至关重要。为确保循环气体作用于印制板的任一区域气流必须具有足够快的速度，这在一定程度上易造成印制板的抖动和元器件的移位。此外采用此种加热方式的热交换效率较低耗电较多。

4．红外线热风回流焊

20 世纪 90 年代后，元器件进一步小型化，SMT 的应用不断扩大。为使不同颜色、不同体积的元器件（例如 QFP、PLCC 和 BGA 封装的集成电路）能同时完成焊接，必须改善回流焊设备的热传导效率，减少元器件之间的峰值温度差别，在电路板通过温度隧道的过程中维持稳定一致的温度曲线，设备制造商开发了新一代回流焊设备，改进加热器的分布、空气的循环流向，增加温区划分，使之能进一步精确控制炉内各部位的温度分布，便于温度曲线的理想调节。

（1）工作原理。红外线热风回流焊技术结合了热风对流与红外线辐射两者的优点，用波长稳定的红外线（波长约 8 μm）发生器作为主要热源，利用对流的均衡加热特性以减少元器件与电路板之间的温度差别。

改进型的红外线热风回流焊是按一定热量比例和空间分布，同时混合红外线辐射和热风循环对流加热的方式。目前多数大批量 SMT 生产中的回流焊炉都是采用这种大容量循环强制对流加热的工作方式。

在炉体内，热空气不停流动，均匀加热，有极高的热传递效率，不单纯依靠红外线直接辐射加温。

（2）特点。这种方法的特点是，各温区独立调节热量，减小热风对流，还可以在电路板下面采取制冷措施，从而保证加热温度均匀稳定，电路板表面和元器件之间的温差小，温度曲线容易控制。红外热风回流焊设备的生产能力高，操作成本低。同时，这种方法有效克服了红外回流焊的局部温差和遮蔽效应并弥补了热风回流焊对气体流速要求过快而造成的影响，因此这种回流焊目前是使用得最普遍的。

现在，随着温度控制技术的进步，高档的强制对流热风回流焊设备的温度隧道更多地细分了不同的温度区域，例如，把预热区细分为升温区、保温区和快速升温区等。在国内设备条件好的企业里，已经能够见到 7～10 个温区的回流焊设备。当然，回流焊炉的强制对流加热方式和加热器形式，也在不断改进，使传导对流热量给电路板的效率更高，加热更均匀。图 6-15 是红外线热风回流焊炉的照片。

图 6-15　红外线热风回流焊炉的照片

5. 汽相回流焊

这是美国西屋公司于 1974 年首创的焊接方法，曾经在美国的 SMT 焊接中占有很高比例。

（1）工作原理。加热传热介质氟氯烷系溶剂，使之沸腾产生饱和蒸汽；在焊接设备内，介质的饱和蒸汽遇到温度低的待焊 PCB，转变成为相同温度下的液体，释放出汽化潜热，使膏状焊料熔融润湿，从而使电路板上的所有焊点同时完成焊接。

（2）加热过程。利用 PCB 托盘有规律的运动，经过红外预热，进入隔离区进一步预热，然后将被加热对象逐层依次送入加热层。由于主加热器位于底部，因此从工艺腔体底部到顶部相对于不同的高度会产生一定温差，在腔体内的不同高度形成不同的温度，从而使腔体内分成多个不同的温区，加热过程中利用这些不同的温区，精密调整加热工艺曲线，达到 PCB 和元器件都被充分加热，用以完成被加热对象焊接前的预热过程，实现润湿准备的目的。

被加热对象在汽相层内进行润湿焊接，进行充分的热交换。在热交换过程中，蒸汽中的热量被交换到温度相对较低的被加热对象中，热量被交换走的部分蒸汽，冷凝成液体，流回主加热槽，主加热槽体下的电加热器会不断提供汽相液沸腾所需要的热能。由此周而复始，直至被加热对象的温度与汽相液蒸汽的温度完全一致，并在汽相液表面重新形成一层稳定的汽相层。

PCB 离开加热工作区后，PCB 上的冷凝液体将流回汽相液槽内。由于液体会很快蒸发，所以 PCB 板取出前已经干燥。

（3）特点：加热过程中，PCB 任何部位的温度是完全相同的，即使长时间加热，这个温度也不超过汽相液的沸点温度，因此，不会出现加热温度过高的问题。

汽相回流焊能精确控制温度（取决于熔剂沸点），汽相液的沸点是人为设定、选择的，厂家提供多种不同温度（150～276℃）多种规格的汽相液，可由使用者根据被加热对象所需温度而事先选择。

汽相液沸腾后的蒸汽的密度大于空气，因此会在汽相液表面上方形成一层稳定的沉于空气底部的汽相层，而汽相液是一种惰性的介质，从而为被加热对象提供一个惰性气体环境，能够完全避免氧化现象。

汽相回流焊的缺点是介质液体及设备的价格高，介质液体是典型的臭氧层损耗物质，在工作时会产生少量有毒的全氟异丁烯（PFIB）气体，因此在应用上受到极大限制。图 6-16 是汽相回流焊设备的工作原理示意图。溶剂在加热器作用下沸腾产生饱和蒸汽，图中，电路板从左向右进入炉膛受热进行焊接。炉子上方与左右都有冷凝管，将蒸汽限制在炉膛内。

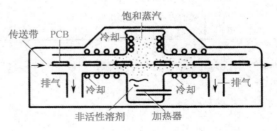

图 6-16　汽相回流焊的工作原理示意图

6. 简易红外线回流焊机

图 6-17 是简易红外线热风回流焊机的照片。它是内部只有一个温区的小加热炉，能够

焊接的电路板最大面积为 400 mm×400 mm（小型设备的有效焊接面积会小一些）。炉内的加热器和风扇受单片机控制，温度随时间变化，电路板在炉内处于静止状态。使用时打开炉门，放入待焊的电路板（如图 6-17 所示），按下启动按钮，电路板连续经历预热、再流和冷却的温度过程，完成焊接。控制面板上装有温度调整按键和 LCD 显示屏，焊接过程中可以监测温度变化情况。

图 6-17　简易红外线热风回流焊机

这种简易设备的价格比隧道炉膛式红外线热风回流焊设备的价格低很多，适用于生产批量不大的小型企业。

7. 各种回流焊工艺主要加热方法比较

各种回流焊工艺主要加热方法的优缺点见表 6-4。

表 6-4　回流焊各种加热方法的主要优缺点

加 热 方 式	原 理	优 点	缺 点
热板	利用热板的热传导加热	1. 减少对元器件的热冲击 2. 设备结构简单，操作方便，价格低	1. 受基板热传导性能影响大 2. 不适用于大型基板、大型元器件 3. 温度分布不均匀
红外	吸收红外线辐射加热	1. 设备结构简单，价格低 2. 加热效率高，温度可调范围宽 3. 减少焊料飞溅、虚焊及桥接	元器件材料、颜色与体积不同，热吸收不同，温度控制不够均匀
热风	高温加热的气体在炉内循环加热	1. 加热均匀 2. 温度控制容易	1. 容易产生氧化 2. 能耗大
红外+热风	强制对流加热	1. 温度分布均匀 2. 热传递效率高	设备价格高
汽相	利用惰性溶剂的蒸汽凝聚时释放的潜热加热	1. 加热均匀，热冲击小 2. 升温快，温度控制准确 3. 在无氧环境下焊接，氧化少	1. 设备和介质费用高 2. 不利于环保

6.2.5　全自动热风回流焊炉的一般操作

1. 开机

（1）开机前检查准备。

① 检查电源供给（三相五线制电源）是否为本机额定电源。

② 检查设备是否良好接地。

③ 检查紧急停止按钮（机器前电箱上面左右各有一个红色按钮）是否弹开。

④ 查看炉体是否关闭紧密。

⑤ 查看运输链条及网带是否有挂、碰现象。

（2）合上主机电源开关。按下控制面板的电源延时开关 2 s 以上，电源指示灯亮，同时听到"哗"的声音，即为开启，计算机自动进入回流焊主操作界面。

（3）待机器加热温度达到设定值时 10 min 后，装配好的 PCB 才能过炉焊接或固化。

2. 回流焊接编程

回流焊接编程需设定的主要参数见表 6-5。

表 6-5　回流焊接参数设置

项目	参数		功　　能
	参数设定	炉温参数	设定各温区的炉温参数
		基板传送速度	设定基板过炉的速度
		上、下风机速度	设定风机速度大小，改善每个温区热量分布均匀程度
设置	温度报警设定		设定各温区控温偏差上、下限值
	定时设定		设定系统在一周内每天五个时间段开关机时间
	运输速度补偿值		若运输实际速度大于显示速度，则减少运输系数；若运输实际速度小于显示速度，则增加运输系数
	机器参数设定		设定运输方向、加油周期、产量检测、自动调宽窄等参数
	宽度调节		手动或自动进行导轨宽度值调节
操作	面板操作		选择系统在自动或手动状态下运行。选择手动运行时，依次单击"开机"、"加热打开"、"打开热风机"及"运输启动"按钮；选择自动运行时，先在"定时器"按钮中设定好系统运行的开关机时间后，单击"自动"即可启动整个系统自动运行。单击加热区"开关"按钮，可单独控制每一加热区加热状态
	I/O 检测		可进行 I/O 检测
	产量清零		清除炉子当前生产记录

3. 回流焊接首件检验

（1）目的。首件检验的目的是为确保在无品质异常的情况下投入生产，防止批量性品质问题的发生。

（2）内容。

① 取最先加工完成的组件（SMA）1~5 件，由检验员进行外观、尺寸、性能等方面的检查和测试。

② 依照标准对组件焊接效果进行检查。

③ 要检查 IC 和有极性的组件，判断极性方向是否正确。

④ 要检查是否有偏移、缺件、错件、多件、锡多、锡少、连锡、立碑、假焊、冷焊等缺陷。

⑤ 预检人员依外观图或样本作为首件检查及检验依据。

⑥ 从输送带上拿 1 件半成品进行目视检验，如目视不良不能判定时，在放大镜下进行确认或上报线长。

⑦ 确认 Chip set 品名、规格等是否正确，并检查有无短路、偏移、空焊等不良。

⑧ 针对 0.5Pitch 零件脚表面，利用拨棒以 45º 倾角、0.7 m/min 的速度、不超过 0.5～1 kg 的压力，于零件四边进行轻拨动作，注意脚位不能有脱落及松动现象。

⑨ 检查板面是否有异物残留、多件、缺件、PCB 刮伤等不良现象。

⑩ 检查 SMD 组件移位是否超出了标准。

4．关机

手动状态下，关闭加热，20 min 后关闭运输风机，退出主界面，关闭电源；自动状态下，关闭自动运行，20 min 后关闭冷却指示，退出主界面，关闭电源。

5．操作注意事项

（1）UPS 应处于常开状态。

（2）若遇紧急情况，可以按机器两端"应急开关"。

（3）控制用计算机禁止其他用途。

（4）在开启炉体进行操作时，务必要用支撑杆支撑上下炉体。

（5）在安装程序完毕后，对所有支持文件不要随意删改，以防止程序运行出现不必要的故障。

（6）同品种的 PCB，要求一天测试一次温度曲线。不同品种的 PCB 在转线时，必须测试一次温度曲线。

6.3　SMT 元器件的手工焊接

6.3.1　手工焊接 SMT 元器件的要求与条件

在生产企业里，焊接 SMT 元器件主要依靠自动焊接设备，但在维修电子产品或者研究单位制作样机的时候，检测、焊接 SMT 元器件都可能需要手工操作。

在高密度的 SMT 电路板上，对于微型贴片元器件，如 BGA、CSP、倒装芯片等，完全依靠手工已无法完成焊接任务，有时必须借助半自动的维修设备和工具。

1．手工焊接 SMT 元器件与焊接 THT 元器件的几点不同

（1）焊接材料：焊锡丝更细，一般要使用直径 0.5～0.8 mm 的活性焊锡丝，也可以使用膏状焊料（焊锡膏）；但要使用腐蚀性小、无残渣的免清洗助焊剂。

（2）工具设备：使用更小巧的专用镊子和电烙铁，电烙铁的功率不超过 20 W，烙铁头是尖细的锥状，如图 6-18 所示；如果提高要求，最好备有热风工作台、SMT 维修工作站和专用工装。

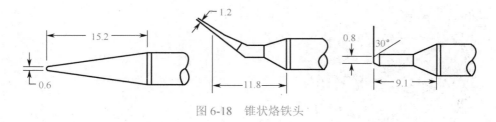

图 6-18　锥状烙铁头

（3）要求操作者熟练掌握 SMT 的检测、焊接技能，积累一定工作经验。

（4）要有严密的操作规程。

2．检修及手工焊接 SMT 元器件的常用工具及设备

（1）检测探针。一般测量仪器的表笔或探头不够细，可以配用检测探针，探针前端是针尖，末端是套筒，使用时将表笔或探头插入探针，用探针测量电路会比较方便、安全。探针外形如图 6-19（a）所示。

（2）电热镊子。电热镊子是一种专用于拆焊 SMC 的高档工具，它相当于两把组装在一起的电烙铁，只是两个电热芯独立安装在两侧，接通电源以后，捏合电热镊子夹住 SMC 元件的两个焊端，加热头的热量熔化焊点，很容易把元件取下来。电热镊子的示意图如图 6-19（b）所示。

（3）恒温电烙铁。SMT 元器件对温度比较敏感，维修时必须注意温度不能超过 390℃，所以最好使用恒温电烙铁。恒温电烙铁如图 6-20（a）所示。

恒温电烙铁的烙铁头温度可以控制，根据控制方式不同，分为电控恒温电烙铁和磁控恒温电烙铁两种。

电控恒温烙铁采用热电偶来检测

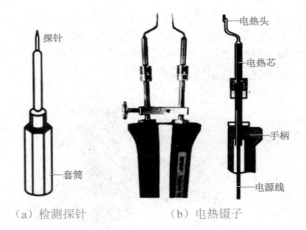

（a）检测探针　　　　（b）电热镊子

图 6-19　专用工具检测探针与电热镊子

和控制烙铁头的温度。当烙铁头的温度低于规定值时，温控装置控制开关使继电器接通，给电烙铁供电，使温度上升。当温度达到预定值时，控制电路就构成反动作，停止向电烙铁供电。如此循坏往复，使烙铁头的温度基本保持一恒定值。

目前，采用较多的是磁控恒温电烙铁。它的烙铁头上装有一个强磁体传感器，利用它在温度达到某一点时磁性消失这一特性，作为磁控开关，来控制加热器元件的通断以控制温度。因恒温电烙铁采用断续加热，它比普通电烙铁节电 1/2 左右，并且升温速度快。由于烙铁头始终保持恒温，在焊接过程中焊锡不易氧化，可减少虚焊，提高焊接质量。烙铁头也不会产生过热现象，使用寿命较长。

由于片状元器件的体积小，烙铁头的尖端应该略小于焊接面，为防止感应电压损坏集成电路，电烙铁的金属外壳要可靠接地。

（4）电烙铁专用加热头。在电烙铁上配用各种不同规格的专用加热头后，可以用来拆焊引脚数目不同的 QFP 集成电路或 SO 封装的二极管、晶体管、集成电路等。加热头外形

如图 6-20（b）所示。

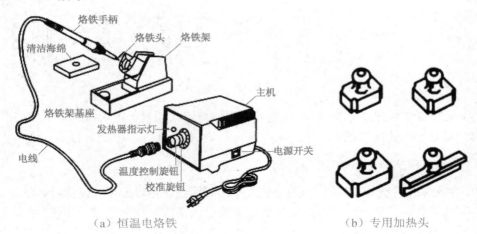

（a）恒温电烙铁　　　　　　　　　　　（b）专用加热头

图 6-20　恒温电烙铁与专用加热头

（5）真空吸锡枪。真空吸锡枪主要由吸锡枪和真空泵两大部分构成。吸锡枪的前端是中间空心的烙铁头，带有加热功能。按动吸锡枪手柄上的开关，真空泵即通过烙铁头中间的孔，把熔化了的焊锡吸到后面的锡渣储罐中。取下锡渣储罐，可以清除锡渣。真空吸锡枪的外观如图 6-21 所示。

（a）台式　　　　　　　　　　　（b）手持式

图 6-21　真空吸锡枪

（6）热风工作台。热风工作台是一种用热风作为加热源的半自动设备，用热风工作台很容易拆焊 SMT 元器件，比使用电烙铁方便得多，而且能够拆焊更多种类的元器件，热风台也能够用于焊接。热风台的实物照片如图 6-22 所示。

热风工作台的热风筒内装有电热丝，软管连接热风筒和热风台内置的吹风电动机。按下热风台前面板上的电源开关，电热丝和吹风电动机同时开始工作，电热丝被加热，吹风电动机压缩空气，通过软管从热风筒前端吹出来，电热丝达到足够的温度后，就可以用热风进行焊接或拆焊；断开电源开关电热丝停止加热，但吹风电动机还要继续工作一段时间，直到热风筒的温度降低以后才自动停止。

热风台的前面板上，除了电源开关，还有"HEATER（加热温度）"和"AIR（吹风强度）"两个旋钮，分别用来调整、控制电热丝的温度和吹风电动机的送风量。两个旋钮的刻度都是从 1～8，分别指示热风的温度和吹风强度。

图 6-22　热风工作台

3. 手工焊接 SMT 元器件电烙铁的温度设定

焊接时，对电烙铁的温度设定非常重要。最适合的焊接温度，是让焊点上的焊锡温度比焊锡的熔点高 50℃左右。由于焊接对象的大小、电烙铁的功率和性能、焊料的种类和型号不同，在设定烙铁头的温度时，一般要求在焊锡熔点温度的基础上增加 100℃左右。

（1）手工焊接或拆除下列元器件时，电烙铁的温度设定为 250～270℃或（250±20）℃：

① 1206 以下所有 SMT 电阻、电容、电感元件。

② 所有电阻排、电感排、电容排元件。

③ 面积在 5 mm×5 mm（包含引脚长度）以下并且少于 8 脚的 SMD。

（2）除上述元器件，焊接温度设定为 350～370℃或（350±20）℃。在检修 SMT 电路板的时候，假如不具备好的焊接条件，也可用银浆导电胶粘接元器件的焊点，这种方法避免元器件受热，操作简单，但连接强度较差。

6.3.2　SMT 元器件的手工焊接与拆焊

1. 用电烙铁进行焊接

用电烙铁焊接 SMT 元器件，最好使用恒温电烙铁，若使用普通电烙铁，烙铁的金属外壳应该接地，防止感应电压损坏元器件。由于片状元器件的体积小，烙铁头尖端的截面积应该比焊接面小一些，如图 6-23 所示。焊接时要注意随时擦拭烙铁尖，保持烙铁头洁净；焊接时间要短，一般不要超过 2 s，看到焊锡开始熔化就立即抬起烙铁头；焊接过程中烙铁头不要碰到其他元器件；焊接完成后，要用带照明灯的 2～5 倍放大镜，仔细检查焊点是否牢固、有无虚焊现象；假如焊件需要镀锡，先将烙铁尖接触待镀锡处约 1 s，然后再放焊料，焊锡熔化后立即撤回烙铁。

（a）合适　　　（b）太小　　　（c）太大

图 6-23　选择大小合适的烙铁头

① 焊接电阻、电容、二极管一类两端 SMC 元器件时，先在一个焊盘上镀锡后，电烙

铁不要离开焊盘，保持焊锡处于熔融状态，立即用镊子夹着元器件放到焊盘上，先焊好一个焊端，再焊接另一个焊端，如图 6-24 所示。

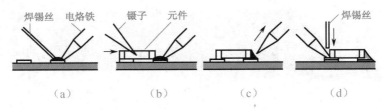

图 6-24   手工焊接两端 SMC 元件

另一种焊接方法是，先在焊盘上涂敷助焊剂，并在基板上点一滴不干胶，再用镊子将元器件粘放在预定的位置上，先焊好一脚，后焊接其他引脚。安装钽电解电容器时，要先焊接正极，后焊接负极，以免电容器损坏。

② 焊接 QFP 封装的集成电路，先把芯片放在预定的位置上，用少量焊锡焊住芯片角上的 3 个引脚，如图 6-25（a）所示，使芯片被准确地固定，然后给其他引脚均匀涂上助焊剂，逐个焊牢，如图 6-25（b）所示。焊接时，如果引脚之间发生焊锡粘连现象，可按照如图 6-25（c）的方法清除粘连：在粘连处涂抹少许助焊剂，用烙铁尖轻轻沿引脚向外刮抹。

有经验的技术工人会采用 H 型烙铁头进行"拖焊"—沿着 QFP 芯片的引脚，把烙铁头快速向后拖—能得到很好的焊接效果，如图 6-25（d）所示。

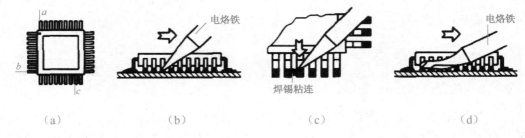

图 6-25   焊接 QFP 芯片的手法

焊接 SOT 晶体管或 SO、SOL 封装的集成电路与此相似，先焊住两个对角，然后给其他引脚均匀涂上助焊剂，逐个焊牢。

如果使用含松香芯或助焊剂的焊锡丝，亦可一手持电烙铁另一手持焊锡丝，烙铁与锡丝尖端同时对准欲焊接器件引脚，在锡丝被融化的同时将引脚焊牢，焊前可不必涂助焊剂。

2. 用专用加热头拆焊元器件

仅使用电烙铁拆焊 SMC/SMD 元器件是很困难的。同时用两把电烙铁只能拆焊电阻、

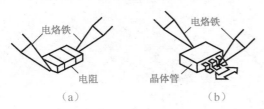

图 6-26   用两把电烙铁拆焊两端元件或晶体管

电容等两端元件或二极管、三极管等引脚数目少的元器件，如图 6-26 所示，想拆焊晶体管和集成电路，要使用专用加热头。

采用长条加热头可以拆焊翼形引脚的 SO、SOL 封装的集成电路,操作方法如图 6-27 所示。

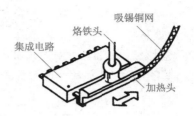

图 6-27　用长条加热头拆焊集成电路的方法

将加热头放在集成电路的一排引脚上,按图中箭头方向来回移动加热头,以便将整排引脚上的焊锡全部熔化。注意当所有引脚上的焊锡都熔化并被吸锡铜网(线)吸走、引脚与电路板之间已经没有焊锡后,用专用螺钉旋具或镊子将集成电路的一侧撬离印制板。然后用同样的方法拆焊芯片的另一侧引脚,集成电路就可以被取下来。但是,用长条加热头拆卸下来的集成电路,即使电气性能没有损坏,一般也不再重复使用,这是因为芯片引脚的变形比较大,把它们恢复到电路板上去的焊接质量不能保证。

S 型、L 型加热头配合相应的固定基座,可以用来拆焊 SOT 晶体管和 SO、SOL 封装的集成电路。头部较窄的 S 型加热片用于拆卸晶体管,头部较宽的 L 型加热片用于拆卸集成电路。使用时,选择两片合适的 S 型或 L 型加热片用螺钉固定在基座上,然后把基座接到电烙铁发热芯的前端。先在加热头的两个内侧面和顶部加上焊锡,再把加热头放在器件的引脚上面,约 3～5 s 后,焊锡熔化,然后用镊子轻轻将器件夹起来,如图 6-28 所示。

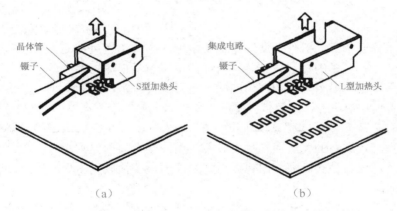

(a)　　　　　　　　　　(b)

图 6-28　使用 S 型、L 型加热头拆焊集成电路的方法

使用专用加热头拆卸 QFP 集成电路,要根据芯片的大小和引脚数目选择不同规格的加热头,将电烙铁头的前端插入加热头的固定孔。在加热头的顶端涂上焊锡,再把加热头靠在集成电路的引脚上,约 3～5 s 后,在镊子的配合下,轻轻转动集成电路并粘起来,如图 6-29 所示。

3. 用热风工作台焊接或拆焊 SMC/SMD 元器件

近年来,国产热风工作台已经在电子产品维修行业普及。用热风工作台拆焊

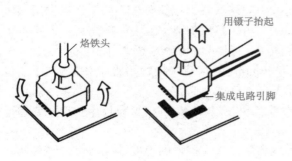

图 6-29　专用加热头的使用方法

SMC/SMD 元器件很容易操作，比使用电烙铁方便得多，能够拆焊的元器件种类也更多。

（1）用热风台拆焊。按下热风工作台的电源开关，就同时接通了吹风电动机和电热丝的电源，调整热风台面板上的旋钮，使热风的温度和送风量适中。这时，热风嘴吹出的热风就能够用来拆焊 SMC/SMD 元器件。

热风工作台的热风筒上可以装配各种专用的热风嘴，用于拆卸不同尺寸、不同封装方式的芯片。

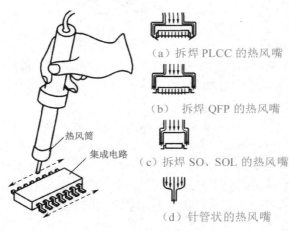

（a）拆焊 PLCC 的热风嘴

（b）拆焊 QFP 的热风嘴

（c）拆焊 SO、SOL 的热风嘴

（d）针管状的热风嘴

图 6-30   用热风工作台拆焊 SMT 元器件

图 6-30 是用热风工作台拆焊集成电路的示意图，其中，图（a）是拆焊 PLCC 封装芯片的热风嘴，图（b）是拆焊 QFP 封装芯片的热风嘴，图（c）是拆焊 SO、SOL 封装芯片的热风嘴，图（d）是一种针管状的热风嘴。针管状的热风嘴使用比较灵活，不仅可以用来拆焊两端元件，有经验的操作者也可以用它来拆焊其他多种集成电路。在图 6-30 中，虚线箭头描述了用针管状的热风嘴拆焊集成电路的时候，热风嘴沿着芯片周边迅速移动、同时加热全部引脚焊点的操作方法。

使用热风工作台拆焊元器件，要注意调整温度的高低和送风量的大小：温度低，熔化焊点的时间过长，让过多的热量传到芯片内部，反而容易损坏器件；温度高，可能烤焦印制板或损坏器件；送风量大，可能把周围的其他元器件吹跑，送风量小，加热的时间则明显变长，初学者使用热风台，应该把"温度"和"送风量"旋钮都置于中间位置（"温度"旋钮刻度"4"左右，"送风量"旋钮刻度"3"左右）；如果担心周围的元器件受热风影响，可以把待拆芯片周边的元器件粘贴上胶带，用胶带把它们保护起来；必须特别注意：全部引脚的焊点都已经被热风充分熔化以后，才能用镊子拈取元器件，以免印制板上的焊盘或线条受力脱落。

（2）用热风台焊接。使用热风工作台也可以焊接集成电路，不过，焊料应该使用焊锡膏，不能使用焊锡丝。可以先用手工点涂的方法往焊盘上涂敷焊锡膏，贴放元器件以后，用热风嘴沿着芯片周边迅速移动，均匀加热全部引脚焊盘，就可以完成焊接。

假如用电烙铁焊接时，发现有引脚"桥接"短路或者焊接的质量不好，也可以用热风工作台进行修整：往焊盘上滴涂免清洗助焊剂，再用热风加热焊点使焊料熔化，短路点在助焊剂的作用下分离，让焊点表面变得光亮圆润。使用热风枪要注意以下几点：

① 热风喷嘴应距欲焊接或拆除的焊点 1～2 mm，不能直接接触元器件引脚，也不要过远，同时要保持稳定。

② 焊接或拆除元器件时，一次不要连续吹热风超过 20 s，同一位置使用热风不要超过 3 次。

③ 针对不同的焊接或拆除对象，可参照设备生产厂家提供的温度曲线，通过反复试验，优选出适宜的温度与风量设置。

6.4　SMT 返修工艺

通常 SMA 在焊接之后，其成品率不可能达到 100%，或多或少地会出现一些缺陷。在这些缺陷之中，有些属于表面缺陷，只影响焊点的表面外观，不影响产品的功能和寿命，但有些缺陷，如错位、桥接等，会严重影响产品的使用功能及寿命，此类缺陷必须要进行返修。注意返修不是返工，返修不能保持原有的工艺，只是一种简单的修理。

6.4.1　返修的工艺要求与技巧

1. 工艺要求

① 操作人员应带防静电腕带。

② 一般要求采用防静电恒温电烙铁，采用普通电烙铁时必须接地良好。

③ 修理片式元件时应采用 15～20 W 的小功率电烙铁，烙铁头的温度控制在 265℃以下。

④ 焊接时不允许直接加热片式元件的焊端和元器件引脚的根部以上部位，焊接时间不超过 3 s，同一个焊点焊接次数不能连续超过两次。

⑤ 烙铁头始终保持无钩、无刺。

⑥ 烙铁头不得重触焊盘，不要反复长时间在同一焊点加热，不得划破焊盘及导线。

⑦ 拆取器件时，应等到全部引脚完全熔化时再取下器件，以防破坏器件的共面性；

⑧ 采用的助焊剂和焊料要与回流焊和波峰焊时一致或匹配。

2. 操作技巧

手工焊接时应遵循先小后大、先低后高的原则分类分批进行焊接，先焊片式电阻、片式电容、晶体管，再焊小型 IC 器件、大型 IC 器件，最后焊接插装件。

焊接片式元件时，选用的烙铁头宽度应与元件宽度一致，若太小，则装焊时不易定位。

焊接 SOP、QFP、PLCC 等两边或四边有引脚的器件时，应先在其两边或四边焊几个定位点，待仔细检查确认每个引脚与对应的焊盘吻合后，才进行拖焊完成剩余引脚的焊接。拖焊时速度不要太快，1 s 左右拖过一个焊点即可。

焊接好后可用 4～6 倍的放大镜检查焊点之间有没有桥接，局部有桥接的地方可用毛笔蘸一点助焊剂再拖焊一次，同一部位的焊接连续不超过两次，如一次未焊好应待其冷却后再焊。

焊接 IC 器件时，在焊盘上均匀涂一层助焊膏，不仅可以对焊点起到润湿与助焊的作用，而且还方便维修人员作业，提高维修速度。

成功返修的两个最关键的工艺是焊接之前的预热与焊接之后的冷却。

6.4.2　Chip 元件的返修

片状电阻、电容、电感在 SMT 中通常被称为 Chip 元件，对于 Chip 元件的返修可以使用普通防静电电烙铁，也可以使用专用的热夹烙铁对两个端头同时加热。Chip 元件在 SMT 中的返修是最为简单的。Chip 元件一般较小，所以在对其加热时，温度要控制得当，否则过高的温度将会使元件受热损坏。具体的返修工艺流程是：清除涂覆层→涂覆助焊剂→加热焊点→拆除元件→焊盘清理→焊接。

在上述工艺流程中，其核心流程有三部分：片式元件的解焊拆卸、焊盘清理以及元件的组装焊接。

1. 片式元件的解焊拆卸

① 元件上如有涂敷层，应先去除涂敷层，再清除工作表面的残留物。
② 在热夹工具（电热镊子）中安装形状尺寸合适的热夹烙铁头。
③ 把烙铁头的温度设定在 300℃ 左右，可以根据需要作适当改变。
④ 在片式元件的两个焊点上涂上助焊剂。
⑤ 用湿海绵清除烙铁头上的氧化物和残留物。
⑥ 把烙铁头放置在片式元件的上方，并夹住元件的两端与焊点相接触。
⑦ 当两端的焊点完全熔化时提起元件。
⑧ 把拆下的元件放置在耐热的容器中。

2. 清理焊盘

① 选用凿形烙铁头，并把烙铁头的温度设定在 300℃ 左右，可以根据需要作适当改变。
② 在电路板的焊盘上涂刷助焊剂。
③ 用湿海绵清除烙铁头上的氧化物和残留物。
④ 把具有良好可焊性的柔软的吸锡编织带放在焊盘上。
⑤ 将烙铁头轻轻压在吸锡编织带上，待焊盘上的焊锡熔化时，同时缓慢移动烙铁头和编织带，除去焊盘上的残留焊锡。

3. 片式元件的组装焊接

① 选用形状尺寸合适的烙铁头。
② 把烙铁头的温度设定在 280℃ 左右，可以根据需要作适当改变。
③ 在电路板的两个焊盘上涂刷助焊剂。
④ 用湿海绵清除烙铁头上的氧化物和残留物。
⑤ 用电烙铁在一个焊盘上施加适量的焊锡。
⑥ 用镊子夹住片式元件，并用电烙铁将元件的一端与已经上锡的焊盘连接，把元件固定。
⑦ 用电烙铁和焊锡丝把元件的另一端与焊盘焊好。
⑧ 确认已分别把元件的两端与焊盘焊好，若有缺陷，可略加修补。

6.4.3　SOP、QFP、PLCC 器件的返修

SOP、QFP、PLCC 的返修，可以采用热夹烙铁头或热风枪拆卸芯片，其操作流程是：电路板、芯片预热→拆除芯片→清洁焊盘→器件的安装焊接。

1．电路板、芯片预热

电路板、芯片预热的主要目的是将潮气去除，如果电路板和芯片内的潮气很小（如芯片刚拆封），这一步可以免除。

2．拆除芯片

拆除芯片的方法有很多，目前主要有热夹烙铁头拆卸法或热风枪拆卸法。

（1）热夹烙铁头拆卸法。

① 元件上如有涂敷层，应先去除涂敷层，再清除工作表面的残留物。

② 在热夹工具中安装形状尺寸合适的热夹烙铁头。

③ 把烙铁头的温度设定在 300℃左右，可以根据需要作适当改变。

④ 在 SOP、QFP、PLCC 器件两侧或四周的焊点上涂刷上助焊剂。

⑤ 将电烙铁和焊锡丝放在器件的引脚上，使焊锡丝熔化并把器件的所有引脚全部短路。

⑥ 在热夹烙铁头的底部和内侧镀上焊锡。

⑦ 用热夹烙铁头轻轻夹住器件的两侧或四周的引脚，并与焊点相接触。

⑧ 当引脚的焊点完全熔化时提起元件。

⑨ 把拆下的器件放置在耐热的容器中。

（2）热风枪拆卸法。

① 去除均匀绝缘涂层（如有），清洁工作面的污物、氧化物、残留物或助焊剂。

② 切除并移离 PLCC 管座上的塑料底壳。

③ 将合适的热风头安装在热风枪上。

④ 设置加热器温度，大约为 315℃（根据实际需要设置）。

⑤ 调节热风枪的风压，以能将大约 0.5 cm 外的薄纸烧枯为宜。

⑥ 将热风枪置于器件上方 0.5 cm 处，热风枪绕焊盘做圆周转动，直到观察到焊锡融化。

⑦ 焊锡融化后，用吸盘或真空吸笔取下器件。

3．清洁焊盘

清洁焊盘主要是将拆除芯片后留在 PCB 表面的助焊剂、焊锡清理掉。清理方法有凿形烙铁头配吸锡绳、刮刀、刮刀配吸锡绳等。

4．器件的组装焊接

（1）SOP、QFP 的组装焊接。

① 选用带凹槽的烙铁头，并把温度设定在 280℃左右，可以根据需要作适当改变。

② 用真空吸笔或镊子把 SOP 或 QFP 安放在印制电路板上，使器件的引脚和印制电路板上的焊盘对齐。

③ 用焊锡把 SOP 或 QFP 对角的引脚与焊盘焊接以固定器件。

④ 在 SOP 或 QFP 的引脚上涂刷助焊剂。

⑤ 用湿海绵清除烙铁头上的氧化物和残留物。

⑥ 用电烙铁在一个焊盘上施加适量的焊锡。

⑦ 在烙铁头的凹槽内施加焊锡。

⑧ 将烙铁头的凹槽面轻轻接触器件的上方并缓慢拖动，把引脚焊好。

（2）PLCC 的组装焊接。

① 选用刀形或铲子形的烙铁头，并把温度设定在 280℃左右，可以根据需要作适当改变。

② 用真空吸笔或镊子把 PLCC 安放在印制电路板上，使器件的引脚和印制电路板上的焊盘对齐。

③ 用焊锡把 PLCC 对角的引脚与焊盘焊接以固定器件。

④ 在 PLCC 的引脚上涂刷助焊剂。

⑤ 用湿海绵清除烙铁头上的氧化物和残留物。

⑥ 用烙铁头和焊锡丝把 PLCC 四边的引脚与焊盘焊接好。

6.4.4　SMT 维修工作站

对采用 SMT 工艺的电路板进行维修，或者对品种变化多而批量不大的产品进行生产的时候，SMT 维修工作站能够发挥很好的作用。维修工作站实际是一个小型化的贴片机和焊接设备的组合装置，但贴片、焊接元器件的速度比较慢。大多维修工作站装备了高分辨率的光学检测系统和图像采集系统，操作者可以从监视器的屏幕上看到放大的电路焊盘和元器件电极的图像，使元器件能够高精度地定位贴片；高档的维修工作站甚至有两个以上摄像镜头，能够把从不同角度摄取的画面叠加在屏幕上，操作者可以看着屏幕仔细调整贴装头，让两幅画面完全重合，实现多引脚的 SOJ、PLCC、QFP、BGA、CSP 等器件在电路板上准确定位。

SMT 维修工作站都备有与各种元器件规格相配的红外线加热炉、电热工具或热风焊枪，不仅可以用来拆焊那些需要更换的元器件，还能熔融焊料，把新贴装的元器件焊接上去。图 6-31 是一种维修工作站的照片。

图 6-31　维修工作站

6.4.5　回流焊质量缺陷及解决办法

1. 立碑现象

回流焊中，片式元器件常出现立起的现象，称之为立碑，又称之为吊桥、曼哈顿现象，如图 6-32 所示。这是在回流焊工艺中经常发生的一种缺陷。

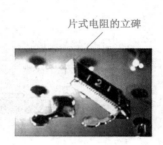

图 6-32　立碑现象

产生原因：立碑现象发生的根本原因是元件两边的浸润力不平衡，因而元件两端的力矩也不平衡，从而导致立碑现象的发生，如图 6-33 所示。若 $M_1 > M_2$，元件将向左侧立起；若 $M_1 < M_2$，元件将向右侧立起。

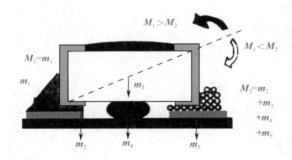

图 6-33　元件两端的力矩不平衡导致立碑现象

下列情形均会导致回流焊时元件两边的浸润力不平衡。

（1）焊盘设计与布局不合理。如果焊盘设计与布局有以下缺陷，将会引起元件两边的浸润力不平衡。

① 元件的两边焊盘之一与地线相连接或有一侧焊盘面积过大，焊盘两端热容量不均匀；

② PCB 表面各处的温差过大以致元件焊盘两边吸热不均匀；

③ 大型器件 QFP、BGA、散热器周围的小型片式元件焊盘两端会出现温度不均匀。

解决办法：改善焊盘设计与布局。

（2）焊锡膏与焊锡膏印刷。焊锡膏的活性不高或元件的可焊性差，焊锡膏熔化后，表面张力不一样，将引起焊盘浸润力不平衡。两焊盘的焊锡膏印刷量不均匀，多的一边会因焊锡膏吸热量增多，熔化时间滞后，以致浸润力不平衡。

解决办法：选用活性较高的焊锡膏，改善焊锡膏印刷参数，特别是模板的窗口尺寸。

（3）贴片。Z 轴方向受力不均匀，会导致元件浸入到焊锡膏中的深度不均匀，熔化时会因时间差而导致两边的浸润力不平衡。如果元件贴片移位会直接导致立碑，如图 6-34 所示。

解决办法：调节贴片机工艺参数。

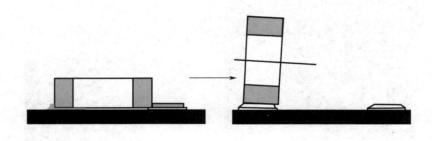

图 6-34　元件偏离焊盘而产生立碑

（4）炉温曲线。对 PCB 加热的工作曲线不正确，以致板面上温差过大，通常回流焊炉炉体过短和温区太少就会出现这些缺陷，有缺陷的炉温工作曲线如图 6-35 所示。

解决办法：根据每种不同产品调节好适当的温度曲线。

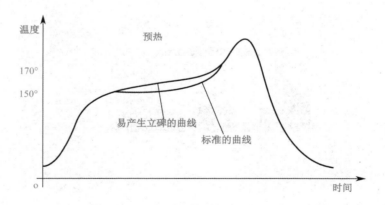

图 6-35　有缺陷的炉温工作曲线

（5）N_2 回流焊中的氧浓度。采用 N_2 保护回流焊会增加焊料的浸润力，但越来越多的报导说明，在氧含量过低的情况下发生立碑的现象反而增多；通常认为氧含量控制在 $(100 \sim 500) \times 10^{-6}$ 左右最为适宜。

2. 芯吸现象

芯吸现象又称抽芯现象，是常见焊接缺陷之一，多见于汽相回流焊中；芯吸现象是焊料脱离焊盘而沿引脚上行到引脚与芯片本体之间，通常会形成严重的虚焊现象，如图 6-36

所示。

产生的原因主要是由于元件引脚的导热率大，故升温迅速，以致焊料优先润湿引脚，焊料与引脚之间的润湿力远大于焊料与焊盘之间的润湿力，此外引脚的上翘更会加剧芯吸现象的发生。

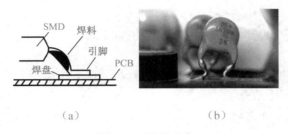

（a）　　　　　　　　　　　（b）

图 6-36　芯吸现象

解决办法：

（1）对于汽相回流焊应将 SMA 首先充分预热后再放入汽相炉中。

（2）应认真检查 PCB 焊盘的可焊性，可焊性不好的 PCB 不应用于生产。

（3）充分重视元件的共面性，对共面性不良的器件也不应用于生产。

在红外回流焊中，PCB 基材与焊料中的有机助焊剂是红外线良好的吸收介质，而引脚却能部分反射红外线，故相比而言焊料优先熔化，焊料与焊盘的润湿力就会大于焊料与引脚之间的润湿力，故焊料不会沿引脚上升，从而发生芯吸现象的概率就小得多。

3．桥连

桥连是 SMT 生产中常见的缺陷之一，它会引起元件之间的短路，遇到桥连必须返修。桥连发生的过程如图 6-37 所示。

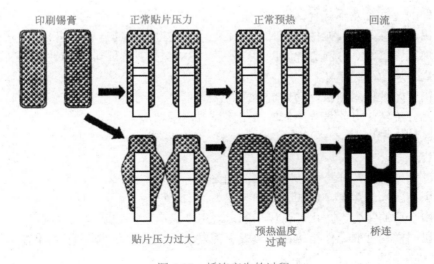

图 6-37　桥连产生的过程

引起桥连的原因很多，以下是主要 4 种：

（1）焊锡膏质量问题。

① 焊锡膏中金属含量偏高，特别是印刷时间过久后，易出现金属含量增高，导致 IC 引脚桥连。

② 焊锡膏黏度低，预热后漫流到焊盘外。

③ 焊锡膏塌落度差，预热后漫流到焊盘外。

解决办法：调整焊锡膏配比或改用质量好的焊锡膏。

（2）印刷系统。

① 印刷机重复精度差，对位不齐（模板对位不好、PCB 对位不好），致使焊锡膏印刷到焊盘外，尤其是细间距 QFP 焊盘。

② 模板窗口尺寸与厚度设计不对以及 PCB 焊盘设计 Sn—Pb 合金镀层不均匀，导致焊锡膏量偏多。

解决方法：调整印刷机，改善 PCB 焊盘涂覆层。

（3）贴放。贴放压力过大，焊锡膏受压后漫流是生产中多见的原因。另外贴片精度不够元件出现移位、IC 引脚变形等。

（4）预热。回流焊炉升温速度过快，焊锡膏中溶剂来不及挥发。

解决办法：调整贴片机 Z 轴高度及回流焊炉升温速度。

桥连也是波峰焊工艺中的缺陷，但以回流焊中为常见。

4．元件偏移

一般说来，元件偏移量大于可焊端宽度的 50％被认为是不可接受的，通常要求偏移量小于 25％。

产生原因：

① 贴片机精度不够。

② 元件的尺寸容差不符合。

③ 焊锡膏粘性不足或元件贴装时压力不足，传输过程中的振动引起 SMD 移动。

④ 助焊剂含量太高，回流焊时助焊剂沸腾，SMD 在液态焊料上移动。

⑤ 焊锡膏塌边引起偏移。

⑥ 锡锡膏超过使用期限，助焊剂变质。

⑦ 如元件旋转，可能是程序的旋转角度设置错误。

⑧ 热风炉风量过大。

防止措施：

① 校准定位坐标，注意元件贴装的准确性。

② 使用黏度大的焊膏，增加元件贴装压力，增大粘接力。

③ 选用合适的锡膏，防止焊膏塌陷的出现以及具有合适的助焊剂含量。

④ 如果同样程度的元件错位在每块板上都发现，则程序需要修改，如果在每块板上的错位不同，则可能是板的加工问题或位置错误。

⑤ 调整热风电动机转速。

6.4.6　波峰焊质量缺陷及解决办法

1. 拉尖

拉尖是指在焊点端部出现多余的针状焊锡，这是波峰焊工艺中特有的缺陷。

产生原因：PCB 传送速度不当，预热温度低，锡锅温度低，PCB 传送倾角小，波峰不良，焊剂失效，元件引线可焊性差。

解决办法：调整传送速度到合适为止，调整预热温度和锡锅温度，调整 PCB 传送角度，优选喷嘴，调整波峰形状，调换新的焊剂并解决引线可焊性问题。

2. 虚焊

产生原因：元器件引线可焊性差，预热温度低，焊料问题，助焊剂活性低，焊盘孔太大，印制板氧化，板面有污染，传送速度过快，锡锅温度低。

解决办法：解决引线可焊性，调整预热温度，化验焊锡的锡和杂质含量，调整焊剂密度，设计时减小焊盘孔，清除 PCB 氧化物，清洗板面，调整传送速度，调整锡锅温度。

3. 锡薄

产生原因：元器件引线可焊性差，焊盘太大（需要大焊盘除外），焊盘孔太大，焊接角度太大，传送速度过快，锡锅温度高，焊剂涂敷不匀，焊料含锡量不足。

解决办法：解决引线可焊性，设计时减小焊盘及焊盘孔，减小焊接角度，调整传送速度，调整锡锅温度，检查预涂焊剂装置，化验焊料含量。

4. 漏焊

产生原因：引线可焊性差，焊料波峰不稳，助焊剂失效，焊剂喷涂不均，PCB 局部可焊性差，传送链抖动，预涂焊剂和助焊剂不相溶，工艺流程不合理。

解决办法：解决引线可焊性，检查波峰装置，更换焊剂，检查预涂焊剂装置，解决 PCB 可焊性（清洗或退货），检查调整传动装置，统一使用焊剂，调整工艺流程。

5. 焊脚提升

英文称之为 Lift off，该缺陷严重时焊脚会出现撕裂，常发生在波峰焊或通孔元件回流焊工艺中，特别是在无铅波峰焊过程中发生的概率明显较大。

（1）PCB Z 方向引起的收缩应力。早期 Lift off 现象发生在厚的多层板上，这与 PCB 的 Z 方向收缩应力有关。通常 FR-4 板材的 Tg 仅有 $125 \sim 130$℃ 左右，在室温下，PCB 热膨胀系数（CTE）仅有 0.002×10^{-6}，而在焊接温度时高达 0.2×10^{-6}，即高了 2 个数量级。当温度下降到室温后，PCB 收缩，与此同时焊点也会造成收缩，两者的收缩应力的作用点正好落在焊脚边缘上。

（2）焊料偏析会影响焊点的强度。当采用含 Bi 焊料时，在正常冷却过程中，焊点内部（包含着金属引线部分），由于热熔量大的原因，往往后冷却，该热量通过过孔孔壁传导给焊盘，因此焊点在冷却过程中会造成内部 Bi 的偏析现象。致使在焊点最后冷却的部位——

焊盘边缘处含 Bi 量偏大，Bi 含量的不均匀性必会造成焊接强度下降，并会在 PCB 收缩应力的联合作用下加剧 Lift off 现象的发生。

（3）含 Pb 杂质的影响。Lift off 现象也易出现在含 Pb 焊盘之中，在波峰焊过程中，PCB 焊盘涂层中含有 Sn-Pb 焊料时，含 Pb 涂层会与波峰接触而浸入到焊料之中，因含 Pb 杂质与 Bi、Sn 构成 Sn-Bi-Pb 三元低温相，从而引起焊点强度下降，造成 Lift off 现象。

解决办法：上述三种原因均是在极端状态下的分析，但实际生产中往往又会多种原因交错在一起，而导致焊接缺陷的发生，克服 Lift off 缺陷的根本方法仍在于降低 PCB 厚度（波峰焊时），以减少收缩应力；焊后快速冷却以防止焊料偏析发生；不使用 Bi 含量高的焊料；尽量避免含 Pb 杂质的涂层。

6.4.7 回流焊与波峰焊均会出现的焊接缺陷

1. 锡珠

锡珠是回流焊常见的缺陷之一，在波峰焊中也时有发生。不仅影响到外观而且会引起桥接。锡珠可分为两类，一类出现在片式元器件一侧，常为一个独立的大球状，如图 6-38（a）所示。另一类出现在 IC 引脚四周，呈分散的小珠状。产生锡珠的原因有以下几方面。

（1）温度曲线不正确。回流焊曲线中预热、保温 2 个区段的目的，是为了使 PCB 表面温度在 60～90 s 内升到 150℃，并保温约 90 s，这不仅可以降低 PCB 及元件的热冲击，更主要是确保焊锡膏的溶剂能部分挥发，避免回流焊时因溶剂太多引起飞溅，造成焊锡膏冲出焊盘而形成锡珠。

解决办法：注意升温速率，并采取适中的预热，使之有一个很好的平台使溶剂大部分挥发。升温速率及保温时间控制曲线如图 6-38（b）所示。

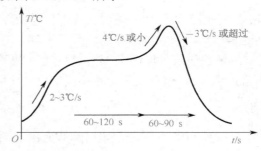

（a）锡珠照片　　　　　　　　　（b）升温速率及保温时间控制曲线

图 6-38　锡珠照片和升温速率及保温时间控制曲线

（2）焊锡膏的质量。

① 焊锡膏中金属含量通常在（90±0.5）%，金属含量过低会导致助焊剂成分过多，因此过多的助焊剂会因预热阶段不易挥发而引起飞珠。

② 焊锡膏中水蒸气和氧含量增加也会引起飞珠。由于焊锡膏通常冷藏，当从冰箱中取出时，如果没有确保恢复时间，将会导致水蒸气进入；此外焊锡膏瓶的盖子每次使用后要盖紧，若没有及时盖严，也会导致水蒸气的进入。

放在模板上印制的焊锡膏在完工后，剩余的部分应另行处理，若再放回原来瓶中，会引起瓶中焊锡膏变质，也会产生锡珠。

解决办法：选择优质的焊锡膏，注意焊锡膏的保管与使用要求。

（3）印刷与贴片。

① 在焊锡膏的印刷工艺中，由于模板与焊盘对中会发生偏移，若偏移过大则会导致焊锡膏浸流到焊盘外，加热后容易出现锡珠。此外印刷工作环境不好也会导致锡珠的生成，理想的印刷环境温度为 25±3℃，相对湿度为 50%～65%。

解决办法：仔细调整模板的装夹，防止松动现象。改善印刷工作环境。

② 贴片过程中 Z 轴的压力也是引起锡珠的一项重要原因，往往不引起人们的注意，部分贴片机 Z 轴头是依据元件的厚度来定位的，如 Z 轴高度调节不当，会引起元件贴到 PCB 上的一瞬间将焊锡膏挤压到焊盘外的现象，这部分焊锡膏会在焊接时形成锡珠。这种情况下产生的锡珠尺寸稍大，如图 6-39 所示。

解决办法：重新调节贴片机的 Z 轴高度。

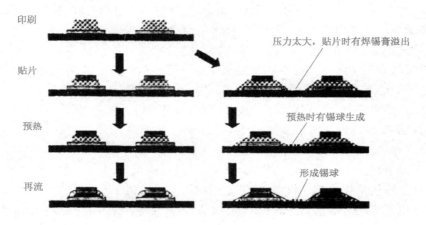

图 6-39　贴片压力过大容易产生锡珠的示意图

③ 模板的厚度与开口尺寸。模板厚度与开口尺寸过大，会导致焊锡膏用量增大，也会引起焊锡膏漫流到焊盘外，特别是用化学腐蚀方法制造的模板。

解决办法：选用适当厚度的模板和开口尺寸、开口形状的设计，一般模板开口面积为焊盘尺寸的 90%，图 6-40 所示为几种可以减少出现锡球几率的模板开口形状。

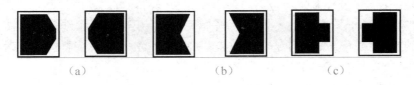

图 6-40　模板开口形状

2. SMA 焊接后 PCB 基板上起泡

SMA 焊接后出现指甲大小的泡状物，主要原因也是 PCB 基材内部夹带了水汽，特别是多层板的加工，它是由多层环氧树脂半固化片预成形再热压后而成，若环氧树脂半固化片存放期过短，树脂含量不够，预烘干去除水汽去除不干净，则热压成型后很容易夹带水汽，或因半固片本身含胶量不够，层与层之间的结合力不够，而留下起泡的内在原因。此外，PCB 购进后，因存放期过长，存放环境潮湿，贴片生产前没有及时预烘，以致受潮的 PCB 贴片后出现起泡现象。

解决办法：PCB 购进后应验收后方能入库；PCB 贴片前应在(125±5)℃温度下预烘 4 h。

图 6-41　片式元件开裂

3．片式元器件开裂

片式元器件开裂常见于多层片式电容器（MLCC），如图 6-41 所示。其原因主要是由于热应力与机械应力的作用。

（1）产生原因：

① 对于 MLCC 类电容，其结构上存在着很大的脆弱性，通常 MLCC 是由多层陶瓷电容叠加而成，故强度低，极易受热与机械力的冲击，特别是在波峰焊中尤为明显。

② 贴片过程中，贴片机 Z 轴吸放高度的影响，特别是一些不具备 Z 轴软着陆功能的贴片机，由于吸放高度是由片式元件的厚度来决定，而不是由压力传感器来决定，因此会因为元件厚度公差而造成开裂。

③ PCB 的曲翘应力，特别焊接后曲翘应力很容易造成元件的开裂。

④ 拼板的 PCB 在分割时，如果操作不当也会损坏元件。

（2）解决办法：

① 认真调节焊接工艺曲线，特别是预热区温度不能过低。

② 贴片中应认真调节贴片机 Z 轴的吸放高度。

③ 注意拼板分割时的割刀形状；检查 PCB 的曲翘度，尤其是焊接后的曲翘度应进行针对性校正。

④ 如是 PCB 板材质量问题，则需考虑更换。

4．焊点不光亮/残留物多

通常焊锡膏中氧含量多时会出现焊点不光亮现象；有时焊接温度不到位（峰值温度不到位）也会出现不光亮现象。

SMA 出炉后，未能强制风冷也会出现不光亮和残留物多的现象。焊点不光亮还与焊锡膏中金属含量低有关，介质不容易挥发，颜色深，也会出现残留物过多的现象。

对焊点的光亮度有不同的理解，多数人欢迎焊点光亮，但现在有些人认为光亮反而不利于目测检查，故有的焊锡膏中会使用消光剂。

5．PCB 扭曲

PCB 扭曲是 SMT 大生产中经常出现的问题，它会对装配以及测试带来相当大的影响，因此在生产中应尽量避免这个问题的出现。

（1）产生原因

① PCB 本身原材料选用不当，如 PCB 的 T_g 低，特别是纸基 PCB，如果加工温度过高，

PCB 就容易变得弯曲。

②　PCB 设计不合理，元件分布不均会造成 PCB 热应力过大，外形较大的连接器和插座也会影响 PCB 的膨胀和收缩，以致出现永久性的扭曲。

③　PCB 设计问题，例如双面 PCB，若一面的铜箔保留过大（如大面积地线），而另一面铜箔过少，也会造成两面收缩不均匀而出现变形。

④　夹具使用不当或夹具距离太小。例如波峰焊中，PCB 因焊接温度的影响而膨胀，由于指爪夹持太紧没有足够的膨胀空间而出现变形。其他如 PCB 太宽，PCB 预加热不均，预热温度过高，波峰焊时锡锅温度过高，传送速度慢等也会引起 PCB 扭曲。

（2）解决办法：

①　在价格和利润空间允许的情况下，选用 T_g 高的 PCB 或增加 PCB 厚度；

②　合理设计 PCB，以取得最佳长宽比；双面的铜箔面积应均衡，在没有电路的地方布满铜层，并以网格形式出现，以增加 PCB 的刚度；

③　在贴片前对 PCB 预烘，其条件是 125℃温度下预烘 4 h；

④　调整夹具或夹持距离，以保证 PCB 受热膨胀的空间；焊接工艺温度尽可能调低。已经出现轻度的扭曲，可以放在定位夹具中升温复位，以释放应力，一般会取得满意的效果。

6．IC 引脚焊接后开路或虚焊

IC 引脚焊接后出现部分引脚虚焊，是常见的焊接缺陷。

（1）产生原因

①　共面性差，特别是 FQFP 器件，由于保管不当而造成引脚变形，如果贴片机没有检查共面性的功能，有时不易被发现。因共面性差而产生开路/虚焊的过程如图 6-42 所示。

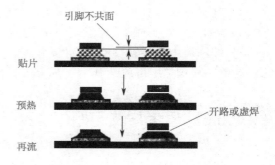

图 6-42　共面性差的器件焊接后出现虚焊

②　引脚可焊性不好，IC 存放时间长，引脚发黄，可焊性不好是引起虚焊的主要原因。

③　焊锡膏质量差，金属含量低，可焊性差，通常用于 FQFP 器件焊接的焊锡膏，金属含量应不低于 90%。

④　预热温度过高，易引起 IC 引脚氧化，使可焊性变差。

⑤　印刷模板窗口尺寸小，以致焊锡膏量不够。

（2）解决办法：

①　注意器件的保管，不要随便拿取元件或打开包装。

②　生产中应检查元器件的可焊性，特别注意 IC 存放期不应过长（自制造日期起一年内），保管时应不受高温、高湿。

③　仔细检查模板窗口尺寸，不应太大也不应太小，并且注意与 PCB 焊盘尺寸相配套。

7．焊接后印制板阻焊膜起泡

SMA 在焊接后会在个别焊点周围出现浅绿色的小泡，严重时还会出现指甲盖大小的泡状物，不仅影响外观质量，严重时还会影响性能。

（1）产生原因：阻焊膜起泡的根本原因在于阻焊膜与 PCB 基材之间存在气体或水蒸气，这些微量的气体或水蒸气会在不同工艺过程中夹带到其中，当遇到焊接高温时，气体膨胀而导致阻焊膜与 PCB 基材的分层，焊接时，焊盘温度相对较高，故气泡首先出现在焊盘周围。

下列原因之一，均会导致 PCB 夹带水气：

① PCB 在加工过程中经常需要清洗、干燥后再做下道工序，一般腐刻完成应干燥后再贴阻焊膜，若此时干燥温度不够，就会夹带水汽进入下道工序，在焊接时遇高温而出现气泡。

② PCB 加工前存放环境不好，湿度过高，焊接时又没有及时干燥处理。

③ 在波峰焊工艺中，现在经常使用含水的助焊剂，若 PCB 预热温度不够，助焊剂中的水汽会沿通孔的孔壁进入到 PCB 基材的内部，其焊盘周围首先进入水汽，遇到焊接高温后就会产生气泡。

（2）解决办法：

① 严格控制各个生产环节，购进的 PCB 应检验后入库，通常 PCB 在 260℃温度下 10 s 内不应出现起泡现象。

② PCB 应存放在通风干燥环境中，存放期不超过 6 个月。

③ PCB 在焊接前应放在烘箱中在 120℃±5℃温度下预烘 4 h。

④ 波峰焊中预热温度应严格控制，进入波峰焊前应达到 100～140℃，如果使用含水的助焊剂，其预热温度应达到 110～145℃，确保水汽能挥发完。

6.5　思考与练习题

1．试总结焊接的分类及应用场合。

2．什么是锡焊？其主要特征是什么？锡焊必须具备哪些条件？

3．与浸焊机相比，波峰焊设备具有哪些优点？

4．什么是回流焊？叙述回流焊的工艺流程和技术要点。

5．根据加热方式的不同，回流焊设备一般分为哪几种类型？

6．红外线热风回流焊具有哪些优点？

7．叙述手工焊接 SMT 元器件与焊接 THT 元器件有哪些不同。

8．如何对 Chip 元件进行返修？

9．说明手工焊接贴片元器件的操作方法。

10．手工焊接 SMT 元器件时，怎样设定电烙铁的温度？

11．焊接片状元器件时，对焊接温度和焊接时间有什么要求？

12．拆卸片状元器件应注意哪些问题？卸下来的片状元器件为什么不能再用？

13．焊接缺陷名词解析：桥连、芯吸、立碑、偏移、锡珠、焊脚提升、虚焊、拉尖、开裂、PCB 扭曲、锡薄、漏焊。

第 7 章

SMT 检测工艺及设备

表面组装检测工艺内容包括组装前来料检测、组装工艺过程检测（工序检测）和组装后的组件检测三大类，检测项目与过程如图 7-1 所示。

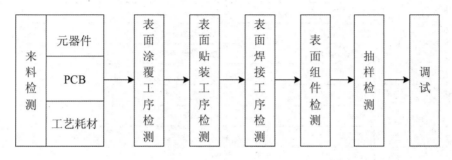

图 7-1　表面组装检测项目与过程

检测方法主要有目视检验、自动光学检测（AOI）、自动 X 射线检测（X-Ray 或 AXI）、超声波检测、在线检测（ICT）和功能检测（FCT）等。

具体采用哪一种方法，应根据 SMT 生产线的具体条件以及表面组装组件的组装密度而定。

7.1　来料检测

来料检测是保障 SMA 可靠性的重要环节，它不仅是保证 SMT 组装工艺质量的基础，也是保证 SMA 产品可靠性的基础，因为有合格的原材料才可能有合格的产品。来料检测包括元器件和 PCB 的检测，以及焊锡膏、助焊剂等所有 SMT 组装工艺材料的检测。

检测的基本内容有元器件的可焊性、引线共面性、使用性能，PCB 的尺寸和外观、阻焊膜质量、翘曲和扭曲、可焊性、阻焊膜完整性，焊锡膏的金属百分比、黏度、粉末氧化均量，焊锡的金属污染量，助焊剂的活性、浓度，黏接剂的粘性等多项。来料检验项目如表 7-1 所示。

表 7-1   来料检测项目

来料类别		检测项目	检测方法
元器件		可焊性	润湿平衡试验、浸渍测试仪
		引线共面性	光学平面检查、贴片机共面性测试装置
		使用性能	抽样——专用仪器检测
PCB		尺寸与外观检查	目测，专业量具
		阻焊膜质量	
		翘曲与扭曲	热应力试验
		可焊性	旋转浸渍测试、波峰焊料浸渍测试、焊料珠测试
		阻焊膜完整性	热应力试验
工艺耗材	焊锡膏	金属百分比	加热分离称重法
		润湿性、焊料球	回流焊
		黏度与触变系数	旋转式黏度计
		粉末氧化均量	俄歇分析法
	焊锡	金属污染量	原子吸附测试
		活性	铜镜试验
	助焊剂	浓度	比重计
		活性	铜镜试验
		变质	目测颜色
	黏接剂	粘接强度	粘接强度试验
		黏度与触变系数	旋转式黏度计
		固化时间	固化试验
	清洗剂	组成成分	气体包谱分析仪

7.2   工艺过程检测

　　表面组装工序检测主要包括焊锡膏印刷工序、元器件贴装工序、焊接工序等工艺过程的检测。

　　目前，生产厂家在批量生产过程中检测 SMT 电路板的焊接质量时，广泛使用人工目视检验、自动光学检测（AOI）、自动 X 射线检测（X-Ray）等方法。

7.2.1   目视检验

　　目检是借助带照明或不带照明、放大倍数 2~5 倍的放大镜（如图 7-2 所示），用肉眼观察检验焊锡膏印刷质量、元器件贴装质量和 SMA 焊点质量的一种工艺过程。目视检验简便直观，是检验评定产品工艺质量的主要方法之一。

以回流焊接为例,目视检查可以对单个焊点缺陷乃至线路异常及元器件劣化等同时进行检查,是采用最广泛的一种非破坏性检查方法。但对空隙等焊接内部缺陷无法发现,因此很难进行定量评价。目视检查的速度和精度与检查人员对相关知识的掌握和识别能力以及操作人员的经验和认真程度有关。该方法优点是简单、成本低;缺点是效率低、漏检率高。

但无论具备什么检测条件,目视检验是基本检测方法,是 SMT 工艺和检验人员必须掌握的内容之一。

图 7-2　放大镜台灯

1.　印刷工艺目视检验标准

印刷工艺目视检验标准见表 7-2。

表 7-2　印刷工艺目视检验标准

序号	印刷状态	检验标准
1		焊锡膏与焊盘对齐且尺寸及形状相符;焊锡膏表面光滑不带有受扰区域或空穴;焊锡膏厚度等于钢模板厚度±0.03 mm,为最佳
2		过量的焊锡膏延伸出焊盘、且未与相邻焊盘接触;焊锡膏覆盖区域小于两倍的焊盘面积,可判定为合格
3		焊锡膏量较少,但焊锡膏覆盖住焊盘 75% 以上的面积,可判定为合格
4		焊锡膏未和焊盘对齐,但焊盘 75% 以上的面积覆盖有焊锡膏,可判定为合格
5		焊锡膏量太少,不合格
6		焊锡膏溢出连接在一起,不合格
7		凹形,焊锡膏量太少,不合格
8		焊锡膏边缘不清、有拉尖,不合格

（续表）

序号	印 刷 状 态	检 验 标 准
9	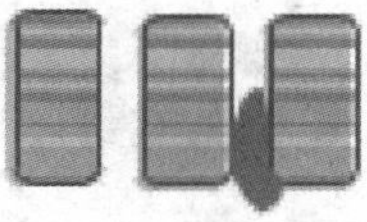	焊锡膏有粘连，不合格
10	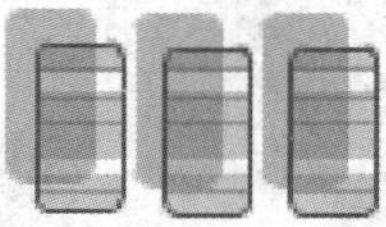	焊锡膏错位，不合格

2．贴装工艺目视检验标准

贴装工艺目视检验标准见表 7-3。

表 7-3　贴装工艺目视检验标准

序号	贴 片 状 态	检 验 标 准
1		元件全部位于焊盘上居中、无偏移，为最佳
2	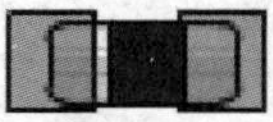	元件焊端与焊盘交叠后，焊盘伸出部分 A 不小于焊端高度的 1/3，可判定为合格
3	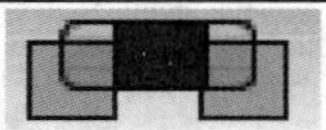	元件焊端宽度一半或以上位于焊盘上（仅在印制导线阻焊情况下适用），可判定为合格
4		有旋转偏差，D≥元件宽度的一半，可判定为合格
5	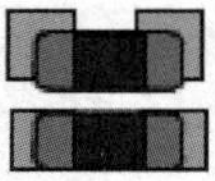	元件焊端宽度一半或以上位于焊盘上，且与相邻焊盘或元件相距 0.5 mm 以上，可判定为合格
6		元件全部位于焊盘上居中无偏移，为最佳
7		有旋转偏移，但引脚全部位于焊盘上，可判定为合格
8	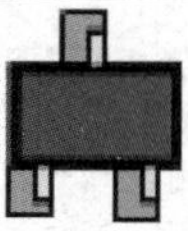	X、Y 方向有偏移，但引脚（含趾部和跟部）全部位于焊盘上，可判定为合格
9	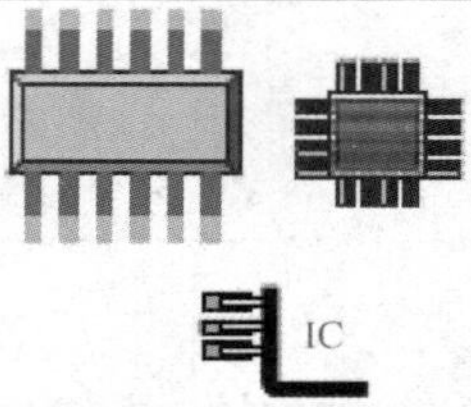	引脚趾部及跟部全部位于焊盘上，所有引脚对称居中，为最佳

（续表）

序号	贴片状态	检验标准
10		印刷时：有 X、Y 方向偏差，但 $A \geq$ 引脚宽度的一半且引脚跟部和趾部位于焊盘上，可判定为合格
11		印刷时：有旋转偏差。但 $A \geq$ 引脚宽度的一半，且引脚跟部和趾部位于焊盘上，可判定为合格

3．回流焊工艺目视检验标准

回流焊工艺目视检验标准见表 7-4。

表 7-4　回流焊工艺目视检验标准

序号	回流焊状态	检验标准
1		焊接面呈弯月状，且当元件高度＞1.2 mm 时，焊接面高度 $H \geq 0.4$ mm；当元件高度≤1.2 mm 时，焊接面高度 $H \geq$ 元件高度的 1/3，为最佳
2		当元件高度＞1.2 mm 时，焊接面高度 $H \geq 0.4$ mm；当元件高度≤1.2 mm 时，焊接面高度 $H \geq$ 元件高度的 1/3，且焊接面有一端为凸圆体状，判为合格
3		SOP/QFP 器件引脚内侧形成的弯月形焊接面高度至少等于引脚的厚度，且整个引脚长度均被焊接，为最佳
4		SOP/QFP 器件引脚内侧形成的弯月形焊接面高度大于或等于引脚厚度的一半，且引脚长度的至少 75% 被焊接，可判定为合格
5		SOJ/PLCC 器件引脚两边所形成的弯月形焊接面高度至少等于引脚两边弯度的厚度，为最佳
6		SOJ/PLCC 器件引脚两边所形成的弯月形焊接面高度至少等于引脚两边弯度厚度的一半，可判定为合格
7		残存于 PCB 上孤立焊球最大直径应小于相邻导体或元件焊盘最小间距的一半，或直径小于 0.15 mm；残留在 PCB 上焊球每平方厘米不超过一个；较小直径多个焊球，则不允许超过上述等体积

7.2.2 自动光学检测（AOI）

SMT 电路的小型化和高密度化，使检验的工作量越来越大，依靠人工目视检验的难度越来越高，判断标准也不能完全一致。因此，生产厂家在大批量生产过程中检测 SMT 电路板的焊接质量时广泛使用自动光学检测（AOI）或自动 X 射线检测（X-Ray）。自动光学检测（AOI）主要用于工序检验；包括焊膏印刷质量、贴装质量以及回流焊炉后质量检验。

1. AOI 分类

AOI 是 Automated Optical Inspection 的英文缩写，中文含义为自动光学检测，可泛指自动光学检测技术或自动光学检查设备。

AOI 设备一般可分为在线式（在生产线中）和桌面式两大类。

（1）根据在生产线上的位置不同，AOI 设备通常可分为三种。

① 放在焊锡膏印刷之后的 AOI。将 AOI 系统放在焊锡膏印刷机后面，可以用来检测焊锡膏印刷的形状、面积以及焊锡膏的厚度。

② 放在贴片机后的 AOI。把 AOI 系统放在高速贴片机之后，可以发现元器件的贴装缺漏、种类错误、外形损伤、极性方向错误，包括引脚（焊端）与焊盘上焊锡膏的相对位置。

③ 放在回流焊后的 AOI。将 AOI 系统放在回流焊之后，可以检查焊接品质，发现有缺陷的焊点。

图 7-3 是 AOI 在生产线中不同位置的检测示意图。显然，在上述每一工位都设置 AOI 是不现实的，AOI 最常见的位置是在回流焊之后。

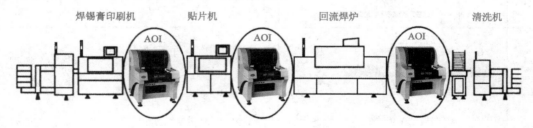

图 7-3   AOI 在生产线中不同位置的检测示意图

（2）根据摄像机位置的不同，AOI 设备可分为纯粹垂直式相机和倾斜式相机的 AOI。

（3）根据 AOI 使用光源情况的不同可分为两种：

① 使用彩色镜头的机器，光源一般使用红、绿、蓝三色，计算机处理的是色比；② 使用黑白镜头的机器，光源一般使用单色，计算机处理的是灰度比。

2. AOI 的工作原理

AOI 的工作原理与贴片机、焊锡膏印刷机所用的光学视觉系统的原理相同，基本有设计规则检测（DRC）和图形识别两种方法。

AOI 通过光源对 PCB 进行照射，用光学镜头将 PCB 的反射光采集进计算机，通过计算机软件对包含 PCB 信息的色彩差异或灰度比进行分析处理，从而判断 PCB 上焊锡膏印刷、元器件放置、焊点焊接质量等情况，可以完成的检查项目一般包括元器件缺漏检查、元器件识别、SMD 方向检查、焊点检查、引线检查、反接检查等。在记录缺陷类型和特征的同时通过显示器把缺陷显示/标示出来，向操作者发出信号，或者触发执行机构自动取下不良部件送回返修系统。AOI 系统还能对缺陷进行分析和统计，为调整制造过程的工艺参数提供依据。

图 7-4 所示为 AOI 的工作原理模型。

现在的 AOI 系统采用了高级的视觉系统、新型的给光方式、高放大倍数和复杂的算法，从而能够以高测试速度获得高缺陷捕捉率。

3．AOI 的基本组成

目前 AOI 设备常见的品牌有 OMRON（欧姆龙）、Agilent（安捷伦）、Teradyne（泰瑞达）、MVP（安维普）、TRI（德律）、JVC、SONY（索尼）、Panasonic（松下）等。

AOI 设备一般由照明单元、伺服驱动单元、图像获取单元、图像分析单元、设备接口单元等组成。图 7-5 所示为国产明富 MF—760VT 型自动光学检测仪。

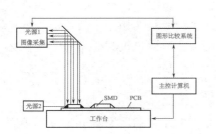

图 7-4　AOI 的工作原理模型　　　　图 7-5　MF—760VT 型自动光学检测仪

MF—760VT 技术特点：

① 照明系统：彩色环形四色 LED 光源。

② 自主研发的图像算法，检出率高。

③ CAD 数据导入自动寻找与元件库匹配的元件数据。

④ 智能高清晰数字 CCD 相机，图像质量稳定可靠。

⑤ 检测速度满足 1.5 条高速贴片线的需求。

⑥ 细小间距 0201 的检测能力，对应 01005 的升级方案。

⑦ 软件系统：操作系统 Windows 2000，中、英文可选界面。

⑧ 基板尺寸：20 mm×20 mm～300 mm×400 mm，基板上下净高：上方≤30 mm；下方≤40 mm。

⑨ X/Y 分辨率 1 μm，定位精度 8 μm，移动速度 700 mm/s（Max）。轨道调整：手动/自动。

⑩ 检测方法：彩色运算、颜色抽取、灰阶运算、图像比对等。检测结果输出：基板 ID、基板名称、元件名称、缺陷名称、缺陷图片等。

MF—760VT 型自动光学检测仪适用 PCB 回流焊制程的检测，检查项目：再流炉后的缺件、错件、坏件、锡球、偏移、侧立、立碑、反贴、极反、桥连、虚焊、无焊锡、少焊锡、多焊锡、元件浮起、IC 引脚浮起、IC 引脚弯曲；再流炉前的缺件、多件、错件、坏件、偏移、侧立、反贴、极反、桥连、异物。

4. AOI 的操作模式

（1）自动模式，提供自动检测，也就是所有检测动作都是由系统本身完成的，不需要任何人为干预。这个模式通常用在高产量的生产线上。它是一种无停止的检测模式，当出现 NG（缺陷）时也不能进行编辑。

（2）排错模式，基本上与自动模式一样，只是它允许用户在检测到 NG 元器件时可以人工地判断及编辑。

（3）监视模式，它允许检测出缺陷时停止检测，提供用户更多地关于 NG 元器件的信息。

（4）人工模式，完全由用户进行每一步操作（如进板、扫描、检测、退板等）。

（5）通过模式，在这种模式下 PCB 不进行检测，只进板，出板。它特别适用于某些不需要作光学检查的 PCB。

每一个操作都是由人工模式开始，人工模式结束。也就是说所有的操作都是在人工模式下从数据库中打开一个文件。然后用户可以根据检测要求（如：重新扫描、重新检测、进板、出板或者编辑 NG 的元器件数据）设置自动模式或通过模式。所有的文件必须在系统中人工地存储。

5. AOI 检测一般操作指导

（1）启动系统。打开系统电源之前确认 AOI 安装完毕。启动系统分为三个步骤：打开电源（注意打开电源之前不可将电路板放入 AOI）；显示 Windows 界面；启动检测应用程序，关闭 AOI 的上盖及前门，然后按重启键来初始化硬件并读取最新的检测数据。

★ 注　意 ★

当硬件初始化时，AOI 的传送带会运转，LED 会闪亮几秒钟。

（2）检查 AOI 轨道是否与 PCB 宽度一致，确认 AOI 检测程序（名称和版本）是否正确。

（3）接住从回流炉流出的 PCB，置于台面冷却后，将板的定位孔靠向 AOI 操作一侧，投入 AOI 进行检测。

（4）AOI 检查结果判定。

① 若屏幕右上角显示 OK，表明 AOI 判定此板为 OK。

② 若屏幕右上角显示 NG，表明 AOI 判定此板为 NG 板或 AOI 误测。AOI 测试员对

AOI 判断为 NG 的板取出对照屏幕显示红色位置逐一目检确认。无法确认交目检工位确认。若是误测则将此板按 OK 处理；若为 NG 则标识不良位置并挂上不良品跟踪卡，传下一工位（AOI 后目检）。

③　测试 OK 的板，在规定的位置用箱头笔打记号。

（5）注意事项。

①　每次上班前 IPQC 用 NG 样板确认检测程序有效性，将检测结果记录在"AOI 样板检测表"，如有异常，及时通知 AOI 技术员调试程序。

②　AOI 测试员必须戴静电腕带作业，每次下班前须清洁机器的外表面，并保持机器周围清洁。

③　AOI 测试员严禁在测试时按"ALL OK"窗口，必须对所有红色窗口认真确认，防止漏检。

④　若发生异常情况或 AOI 漏测时，及时通知 AOI 技术员调试处理，必要时按下"EMERGENCY STOP"（紧急停止）按钮。

⑤　AOI 误测较多时，AOI 测试员及时通知 AOI 技术员调试程序。

（6）退出系统。选择程序中"退出"命令，保存当前数据后退出系统，回到 Windows 界面，然后关闭 Windows，当 Windows 显示关闭信息后，关闭 AOI 主电源和电源开关，PC 及显示器也会自动地关闭。

7.2.3　自动 X 射线检测（X-Ray）

AOI 系统的不足之处是只能进行图形的直观检验，检测的效果依赖光学系统的分辨率，它不能检测不可见的焊点和元器件，也不能从电性能上定量地进行测试。

X-Ray 检测是利用 X 射线可穿透物质并在物质中有衰减的特性来发现缺陷，主要检测焊点内部缺陷，如 BGA、CSP 和 FC 中 Chip 的焊点检测。尤其对 BGA 组件的焊点检查，作用无可替代，但对错件的情况不能判别。

1.　X-Ray 检测工作原理

X 射线透视图可以显示焊点厚度、形状及质量的密度分布；能充分反映出焊点的焊接质量，包括开路、短路、孔、洞、内部气泡以及锡量不足，并能做到定量分析。X-Ray 检测最大特点是能对 BGA 等部件的内部进行检测。X-Ray 的基本工作原理如图 7-6 所示。

当组装好的线路板（SMA）沿导轨进入机器内部后，位于线路板下方有一个 X

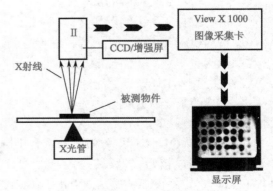

图 7-6　X-Ray 的基本工作原理

射线发射管，其发射的 X 射线穿过线路板后被置于上方的探测器（一般为摄像机）接受，由于焊点中含有可以大量吸收 X 射线的铅，照射在焊点上的 X 射线被大量吸收，因此，与穿过其他材料的 X 射线相比，焊点呈现黑点产生良好图像，使对焊点的分析变得相当直观，故简单的图像分析算法便可自动且可靠地检验焊点缺陷。

近几年 X-Ray 检测设备有了较快的发展，已从过去的 2D 检测发展到 3D 检测，具有 SPC 统计控制功能，能够与组装设备相连，实现对装配质量的实时监控。

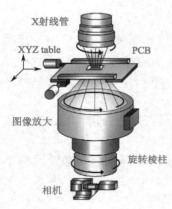

X射线管

XYZ table   PCB

图像放大

旋转棱柱

相机

图 7-7   3D 检验法工作原理

2D 检验法为透射 X 射线检验法，对于单面板上的元件焊点可产生清晰的视像，但对于目前广泛使用的双面贴装线路板，效果就会很差，会使两面焊点的视像重叠而极难分辨。而 3D 检验法采用分层技术，即将光束聚焦到任何一层并将相应图像投射到一高速旋转的接受面上，由于接受面高速旋转使位于焦点处的图像非常清晰，而其他层上的图像则被消除，故 3D 检验法可对线路板两面的焊点独立成像，其工作原理如图 7-7 所示。

3DX-Ray 技术除了可以检验双面贴装线路板外，还可对那些不可见焊点如 BGA 等进行多层图像"切片"检测，即对 BGA 焊接连接处的顶部、中部和底部进行彻底检验。同时利用此方法还可检测通孔焊点，检查通孔中焊料是否充实，从而极大地提高焊点连接质量。

2.   X-Ray 检测作业的一般操作

（1）操作步骤。

① 检查机器并确认其前后门都已完全关闭。

② 打开电源。

③ 等待机器真空度达到使用标准：真空状态指示灯变绿后，开始进行机器预热。

④ 装入样板。

⑤ 扫描并调节图像。

⑥ 将图像移到要检查的部位。

⑦ 保存或打印所需的图像文件。

⑧ 移动检查部位或者更换样板进行检测，只需重复上述③～⑥步即可。

⑨ 检测完毕后，关闭全部电源。

（2）注意事项。

① 每天的第一次开机必须先做一次预热（WARM UP）；两次使用间隔超过 1 h 也必须做一次 WARM UP。

② 开启 X-Ray 后，等 X-Ray 功率上升到设定值并稳定后再开始做 ScanBoard。

③ 机器完成初始化设置后，不要立即关闭 X-Ray 应用软件，不要将开关钥匙打到 POWER ON，也不要连续做两次 INITIALIZATION。

④ 关闭应用程序时，单击"关闭"按钮后请等待程序完全关闭，不要再次单击"关闭"按钮。

⑤ 在紧急情况下应及时按下紧急开关。

⑥ 放入的样品高度不能超过 50 mm。

⑦ 禁止非此设备操作人员操作。

⑧ 开后门时应注意不要将手放在门轴处，防止挤伤。

⑨ 开关门时请注意轻关轻放，避免碰撞以损伤内部机构。

7.3　ICT 在线测试

ICT 是英文 In Circuit Tester 的简称，中文含义是"在线测试仪"。ICT 可分为针床 ICT 和飞针 ICT 两种。飞针 ICT 基本只进行静态的测试，优点是不需制作夹具，程序开发时间短。针床式 ICT 可进行模拟器件功能和数字器件逻辑功能测试，故障覆盖率高；但对每种单板需制作专用的针床夹具，夹具制作和程序开发周期长。

在 SMT 实际生产中，除了焊点质量不合格导致焊接缺陷以外，元器件极性贴错、元器件品种贴错、数值超过标称值允许的范围，也会导致产品缺陷，因此生产中不可避免的要通过 ICT 进行性能测试，检查出影响其性能的相关缺陷，并根据暴露出的问题及时调整生产工艺，这对于新产品生产的初期就显得更为必要。

7.3.1　针床式在线测试仪

1. 针床式在线测试仪的功能与特点

针床式在线测试仪（如图 7-8 所示）是通过对在线元器件的电性能及电气连接进行测试来检查生产制造缺陷及元器件不良的一种标准测试手段。ICT 使用专门的针床与已焊接好的线路板上的元器件焊点接触，并用数百 mV 电压和 10 mA 以内电流进行分立隔离测试，从而精确地测量所装电阻、电感、电容、二极管、晶闸管、场效应管、集成块等通用和特殊元器件的漏装、错装、参数值偏差、焊点连焊、线路板开、短路等故障，并将故障是哪个元件或开路位于哪个点准确告诉用户。

由于 ICT 的测试速度快，并且相比 AOI 和 AXI 能够提供较为可靠的电性能测试，所以在一些大批量生产电子产品的企业中，成为了测试的主流设备。

但随着线路板组装密度的提高，特别是细间距 SMT 组装以及新产品开发生产周期越来越短，线路板品种越来越

图 7-8　针床式在线测试仪

多，针床式在线测试仪存在一些难以克服的问题：测试用针床夹具的制作、调试周期长、价格贵；对于一些高密度 SMT 线路板由于测试精度问题无法进行测试。图 7-9 是针床式在线测试仪的内部结构图。

2. 针床式在线测试仪操作指导

（1）操作步骤。

① 打开 ICT 电源，ICT 自动进入测试画面，打开测试程序。ICT 技术员须用 ICT 标准

样件检测 ICT 的测试功能和测试程序，用 ICT 不良品样件核对 ICT 检测不良的功能，确认无误后，才可通知 ICT 测试员开始测试。测试员开始测试时须再次确认测试程序名及程序版本是否吻合。

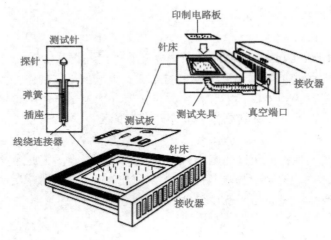

图 7-9　针床式在线测试仪内部结构

② 取目检 OK 的 SMA，双手拿住板边，放置于测试工装内，以定柱为基准，将 PCB 正确安装于治具上，定位针与定位孔定位要准确，定位针不可有松动现象

③ 双手同时按下气动开关 "DOWN" 和 "UP/DOWN"。

④ 气动头下降到底部后，开始自动测试。

⑤ 确认测试结果，若屏幕出现 "PASSED" 或 "GO" 为良品，则用记号笔在规定位置作标识，并转入下一道工序；若屏幕上出现 "FAIL" 字样或整个屏幕成红色，为不良品，打印出不良内容贴于板面上，置于不良品放置架中，供电子工程部分析不良原因后，送修理工位统一修理。同种不良出现三次以上必须通知生产线 PIE、ICT 技术员、品质工程师确认，并要采取相应对策。

⑥ 测试不良板经两次再测之后 OK，则判为良品；若仍为 NG，则判为不良品。

⑦ 按一下 "UP/DOWN" 开关，气动头上升，双手拿住板边取下 SMA，放到工作台面上。

⑧ 重复步骤②～④，测试另一 SMA。

（2）注意事项。

① 操作时必须戴上手指套及静电环作业，拿取板边，不可碰到部品。

② 每天接班时必须先用标准测试 OK 及 NG 板对测试架进行检测，OK 后方可开始测试，如发现问题则通知 ICT 技术员检修，并作好测试架的状况记录。

③ 未经 ICT 技术员允许，不可变更程序。

④ 注意 SMA 的置于方向及定位 Pin 的位置，防止放错方向损坏 SMA 。

⑤ 每测试完 30 PANEL 后，应用钢刷刷一次测试针。

⑥ ICT 测试工装周围 10 cm 内严禁摆放物品。

⑦ ICT 机上不可放状态纸、手套等杂物。

7.3.2　飞针式在线测试仪

现今电子产品的设计和生产承受着上市时间的巨大压力，产品更新的时间周期越来越短，因此在最短时间内开发新产品和实现批量生产对电子产品制作上是至关重要的。飞针测试技术是目前电气测试一些主要问题的最新解决办法，它用探针来取代针床，使用多个由电动机驱动、能够快速移动的电气探针同器件的引脚进行接触并进行电气测量。由于飞针测试不用制作和调试 ICT 针床夹具，以前需要几周时间开发的测试现在仅需几个小时，大大缩短了产品设计周期和投入市场的时间。

1．飞针测试系统的结构与功能

飞针式测试仪是对传统针床在线测试仪的一种改进，它用探针来代替针床，在 $X-Y$ 机构上装有可分别高速移动的 4～8 根测试探针（飞针），最小测试间隙为 0.2 mm。

工作时在测单元（UUT）通过皮带或者其他传送系统输送到测试机内，然后固定，测试仪的探针根据预先编排的坐标位置程序移动并接触测试焊盘（test pad）和通路孔（via），从而测试在测单元的单个元件，测试探针通过多路传输系统连接到驱动器（信号发生器、电源等）和传感器（数字万用表、频率计数器等）来测试 UUT 上的元件。当一个元件正在测试的时候，UUT 上的其他元件通过探针器在电气上屏蔽以防止读数干扰，如图 7-10 所示。

图 7-10　工作中的飞针式在线测试仪

飞针测试仪可以检查电阻器的电阻值、电容器的电容值、电感器的电感值、器件的极性，以及短路（桥接）和开路（断路）等参数。

2．飞针测试仪的特点

（1）较短的测试开发周期，系统接收到 CAD 文件后几小时内就可以开始生产，因此，原型电路板在装配后数小时即可测试。

（2）较低的测试成本，不需要制作专门的测试夹具。

（3）由于设定、编程和测试的简单与快速，一般技术装配人员就可以进行操作测试。

（4）较高的测试精度，飞针在线测试的定位精度（10 μm）和重复性（±10 μm）以及尺寸极小的触点和间距，使测试系统可探测到针床夹具无法达到的 PCB 节点。与针床式在线测试仪相比，飞针式 ICT 在测试精度、最小测试间隙等方面均有较大幅度的提高。以目前使用较多的四测头飞针测试机为例，测头由三台步进电机以同步轮与同步带协同组成三维运动。X 和 Y 轴运动精度达 2 mil，足以测试目前国内最高密度的 PCB，Z 轴探针与板之间的距离从 160～600 mil 可调，可适应 0.6～5.5 mm 厚度的各类 PCB。每测针一秒钟可检测 3～5 个测试点。

（5）和任何事情一样，飞针测试也有其缺点，因为测试探针与通路孔和测试焊盘上的焊锡发生物理接触，可能会在焊锡上留下小凹坑。对于某些客户来说，这些小凹坑可能被认为是外观缺陷，因而拒绝接受；因为有时在没有测试焊盘的地方探针会接触到元件引脚，所以可能会检测不到松脱或焊接不良的元件引脚。

（6）飞针测试时间过长是另一个不足，传统的针床测试探针数目有 500～3000 只，针床与 PCB 一次接触即可完成在线测试的全部要求，测试时间只要几十秒，针床一次接触所完成的测试，飞针需要许多次运动才能完成，时间显然要长的多。

另外针床测试仪可使用顶面夹具同时测试双面 PCB 的顶面与底面元件，而飞针测试仪要求操作员测试完一面，然后翻转再测试另一面，由此看出飞针测试并不能很好适应大批量生产的要求。

3. 飞针式在线测试仪的维护保养

（1）每天检查设备的清洁程度，特别是 Y 轴。应该使用真空吸尘器进行大型部件清洁，并使用酒精浸泡小型部件。不要使用压缩空气进行清洁，以避免将灰尘吹入设备内部而影响使用。

（2）周期性的检查过滤器状态。检查频率应根据设备使用的空气类型而定，空气含有杂质越多检查应越频繁，并偶尔更换过滤器。为评价过滤器工作状态，关闭开关并拧开外壳。过滤器应干燥并颜色一致。如有痕迹表示有油或水。如果污染痕迹比较明显，更换过滤器并检查气源。

（3）通过运行自检程序能够检查系统状态。从 VIVA 主窗口，单击 SELFTEST 图标启动该程序。将显示出左边的对话窗口。在这个窗口中，操作者可以设置不同的选项来检查设备。

（4）定期检查探针及探针座的磨损情况，将其更换后，必须执行校准程序。

（5）Y 轴上出现油或其他液体痕迹，表示空气过滤器出现问题。应停止设备操作并联系设备维护人员。

（6）重要的计算机软件及数据应当有备份；不得在计算机内安装其他应用软件；使用外盘应进行杀毒，防止计算机被病毒感染，确保计算机与主机连线正确可靠。

7.4 功能测试（FCT）

组装阶段的测试包括：生产缺陷分析（MDA）、在线测试（ICT）和功能测试（使产品在应用环境下工作时的测试）及其三者的组合。

ICT 能够有效地查找在组装过程中发生的各种缺陷和故障，但不能够评估整个 SMA 所组成的系统在时钟速度时的性能。功能测试就是测试整个系统是否能够实现设计目标。

功能检测用于表面组装组件的电功能测试和检验。功能检测就是：将表面组装组件或表面组装组件上的被测单元作为一个功能体输入电信号，然后按照功能体的设计要求检测输出信号，大多数功能检测都有诊断程序，可以鉴别和确定故障。最简单的功能检测是将表面组装组件连接到该设备相应的电路上进行加电，看设备能否正常运行，这种方法简单、投资少，但不能自动诊断故障。

功能测试仪（Functional Tester）通常包括三个基本单元：加激励、收集响应并根据标准组件的响应评价被测试组件的响应。通常采用的功能测试技术有以下两种。

1．特征分析（SA）测试技术

SA 测试技术是一种动态数字测试技术，SA 测试必须采用针床夹具，在进行功能测试时，测试仪通常通过边界连接器（Edge Cornector）同被测组件实现电气连接，然后从输入端口输入信号，并监测输出端信号的幅值、频率、波形和时序。功能测试仪通常有一个探针，当某个输出连接口上信号不正常时，就通过这个探针同组件上特定区域的电路进行电气接触来进一步找出缺陷。

2．复合测试仪

复合测试仪是把在线测试和功能测试集成到一个系统的仪器，是近年来广泛采用的测试设备（ATE），它能包括或部分包括边界扫描功能软件和非矢量测试相关软件。特别能适应高密度封装以及含有各种复杂 IC 芯片组件板的测试。对于引脚级的故障检测可达到100%的覆盖率，有的复合测试仪还具有实时的数据收集和分析软件以监视整个组件的生产过程，在出现问题时能及时反馈以改进装配工艺，使生产的质量和效率能在控制范围之内保证生产的正常进行。

7.5　思考与练习

1．简述电子产品的检测内容与检测方法。
2．简述贴装工序检测标准。
3．简述 AOI 的基本操作过程。
4．比较人工目检、AOI、AXI 三种检测方法的优缺点。
5．在线测试和功能测试的测试内容有什么不同？

第 2 部分

PCB 制造

PCB（Printed Circuit Board），中文名称为印制电路板，又称印刷电路板、印刷线路板，简称印制板，是电子工业的重要部件之一。它是电子元器件的支撑体和电子元器件电气连接的提供者。几乎每种电子设备，小到电子手表、计算器，大到计算机、通信电子设备、军用武器系统，只要有集成电路等电子元器件，都要使用 PCB。在较大型的电子产品研究过程中，最基本的成功因素是该产品的 PCB 设计、文件编制和制造。PCB 的设计和制造质量直接影响到整个产品的质量和成本。

电子设备采用印制板后，由于同类印制板的一致性，有效地避免了人工接线的差错，并可实现电子元器件自动插装或贴装、自动焊锡、自动检测，保证了电子设备的质量，提高了劳动生产率、降低了成本，并便于维修。

PCB 从单层发展到双面、多层和挠性，并且仍旧保持着各自的发展趋势。由于不断地向高精度、高密度和高可靠性方向发展，不断缩小体积、减少成本、提高性能，使得 PCB 在未来电子设备地发展工程中，仍然保持着强大的生命力。

国内外对未来 PCB 生产制造技术发展动向基本是一致的，即向高密度、高精度、细孔径、细导线、细间距、高可靠、多层化、高速传输、轻量、薄型方向发展，在生产上同时向提高生产率、降低成本、减少污染、适应多品种、小批量生产方向发展。印制电路的技术发展水平，一般以 PCB 上的线宽、孔径、板厚/孔径比值为代表。

第8章

PCB 的特点与基板材料

印制电路是一种附着于绝缘基材表面，用于连接电子元器件的导电图形，印制电路的成品板称为印制电路板，即 PCB（Printed Circuit Board）。

早期通孔元器件组装的电子产品所用的 PCB 又称为插装印制板或单面板。它是将铜箔粘压在绝缘基板上，按预定设计，用印制、蚀刻、钻孔等手段制造出导体图形和元器件安装孔，构成电气互连。PCB 对电路的电性能、热性能、机械强度和可靠性都起着重要作用。PCB 在电子设备中的主要功能见表 8-1。

表 8-1　PCB 在电子设备中的主要功能

序　号	主 要 功 能
1	提供各种分立电子元器件及集成电路等固定、装配的机械支撑
2	实现集成电路与各种分立电子元器件之间的布线和电气连接或电绝缘
3	提供电子产品电路所要求的电气特性，如特性阻抗等
4	为电子产品大规模生产过程中自动焊接提供阻焊图形，为元件插（贴）装、检查、维修提供识别字符和图形

随着 SMT 技术的出现，元器件在 PCB 上的安装方式已从单一的通孔插装（THT）逐步演变为表面贴装，或插、贴混合安装。目前，绝大多数电子产品都是在 PCB 的双面插、贴装元器件。

由于 SMT 用的 PCB 与 THT 用的 PCB 在设计、材料等方面都有很多差异，为了区别，通常将应用于 SMT 的 PCB 专称为 SMB。

8.1　PCB 的分类与特点

8.1.1　PCB 的分类

印制电路板（PCB）按基材的性质可分为刚性印制板和挠性印制板两大类；按布线层次可分为单面板、双面板和多层板。目前单面板和双面板的应用最为广泛。

1. 刚性印制板

刚性印制板具有一定的机械强度，用它装成的部件具有一定的抗弯能力，在使用时处于平展状态。一般电子设备中使用的都是刚性印制板。

2．挠性印制板

挠性印制板是以软层状塑料或其他软质绝缘材料为基材而制成。它所制成的部件可以弯曲和伸缩，在使用时可根据安装要求将其弯曲。挠性印制板一般用于特殊场合，如：某些数字万用表的显示屏是可以旋转的，其内部往往采用挠性印制板。

3．单面板（单面 PCB）

绝缘基板上仅一面具有导电图形的印制电路板称为单面 PCB。它通常采用层压纸板或玻璃布板加工制成。单面板的导电图形比较简单，大多采用丝网漏印法即湿膜工艺制成。

4．双面板（双面 PCB）

绝缘基板的两面都有导电图形的印制电路板称为双面 PCB。它通常采用环氧纸板或玻璃布板加工制成。由于两面都有导电图形，所以一般采用过孔使两面的导电图形连接起来。

双面板的板厚：1.6 mm，线宽/线距：0.8 mm/0.3 mm，孔径：0.6 mm，铜箔厚度：1OZ（1OZ 意思是重量 1OZ 的铜均匀平铺在 1 平方英尺的面积上所到达的厚度。它是用单元面积的重量来表示铜箔的平均厚度，1OZ 铜箔的厚度约为 35μm 或 1.35 mil）。

5．多层板（多层 PCB）

多层 PCB——有三层或三层以上导电图形的印制电路板。多层板内层导电图形与绝缘粘结片叠合压制而成，外层为覆箔板，经压制成为一个整体。为了将夹在绝缘基板中间的印制导线引出，多层板上安装元件的孔必需经金属化孔处理，使之与夹在绝缘基板中的印制导线连接。多层 PCB 的特点是：

（1）与集成电路配合使用，可使整机小型化，减少整机重量。

（2）提高了布线密度，缩小了元器件的间距，缩短了信号的传输路径。

（3）减少了元器件焊接点，降低了故障率。

（4）由于增设了屏蔽层，电路的信号失真减少。

（5）引入了接地散热层，可减少局部过热现象，提高整机工作的可靠性。

多层 PCB 适用于广泛的高新技术产业，如电信、计算机、工业控制、数码产品、科教仪器、医疗器械、汽车、航空航天防御等。

实际电子设备中所使用的印制电路板有很大的差别，最简单的可以只有几个焊点或几根导线，一般的电子产品中印制板焊点数在数十到数百个，焊点数超过 600 个的印制电路板属于较为复杂的 PCB，如计算机主板等。

8.1.2　PCB 的特点

1．PCB 的一般特点

PCB 之所以能得到越来越广泛地应用，因为它有很多的独特优点，概括如下。

（1）可高密度化。100 多年来，印制板的高密度能够随着集成电路集成度提高和安装技术进步而发展。

（2）高可靠性。通过一系列检查、测试和老化试验等，可保证 PCB 长期而可靠地工作（使用期一般为 20 年）。

（3）可设计性。对 PCB 的各种性能（电气、物理、化学、机械等）的要求，可以通过设计标准化、规范化等来实现，时间短、效率高。

（4）可生产性。采用现代化管理，可进行标准化、规模（量）化、自动化等生产、保证产品质量一致性。

（5）可测试性。建立了比较完整的测试方法、测试标准、各种测试设备与仪器等来检测并鉴定 PCB 产品的合格性和使用寿命。

（6）可组装性。PCB 产品既便于各种元器件进行标准化组装，又可以进行自动化、规模化的批量生产。同时，PCB 和各种元器件组装的部件还可组装形成更大的部件、系统，直至整机。

（7）可维护性。由于 PCB 产品和各种元件组装的部件是以标准化设计与规模化生产的，因而，这些部件也是标准化的。所以，一旦系统发生故障，可以快速、方便、灵活地进行更换，迅速恢复系统工作。

PCB 还具有其他一些特点，如使系统小型化、轻量化，信号传输高速化等。

2. 表面组装 PCB（SMB）的特点

SMT 印制板与传统 PCB 相比，尽管不需要在焊盘上钻插装孔，但由于一些高集成度的 SMD 具有面积大、引脚数量多、引脚间距密、PCB 布线密集的特点；因此，对于 SMB 来说，无论是基材的选用，还是图形的设计及制造，都提出了比通孔插装（THT）所用 PCB 更高的要求。

首先，对用于制造 SMB 的基板来说，其性能要求比插装 PCB 基板性能要求高得多；其次，SMB 的设计、制造工艺也要复杂得多，许多高新技术是制造插装 PCB 根本不用的技术，如多层板、金属化孔、盲孔和埋孔等技术，但在 SMB 制造中却几乎全部使用，故世界上又将 SMB 制造能力作为 PCB 制造水平的标志。SMB 已成为当前先进 PCB 制造厂的主流产品，SMB 与 THT 插装 PCB 相比，其主要特点是：高密度、小孔径、多层数、高板厚/孔径比、优良的传输特性、高平整光洁度和尺寸稳定性。

（1）密度更高。由于有些 SMD 器件引脚数高达 100～500 条之多，引脚中心距已由 1.27 mm 过渡到 0.5 mm，甚至 0.3 mm，因此 SMB 要求细线、窄间距，线宽从 0.2～0.3 mm 缩小到 0.15 mm、0.1 mm 甚至 0.05 mm，2.54 mm 网格之间过双线已发展到过 3 根导线，最新技术已达到过 6 根导线，细线、窄间距极大地提高了 SMB 的安装密度。

（2）孔径更小。单面 PCB 中的过孔主要用来插装元器件，而在 SMB 中大多数金属化孔不再用来插装元器件，而是用来实现层与层导线之间的互连，小孔径为 SMB 提供更多的空间。目前 SMB 上的孔径为 $\Phi0.46～\Phi0.3$ mm，并向 $\Phi0.2～\Phi0.1$ mm 方向发展，与此同时，出现了盲孔和埋孔技术为特征的内层中继孔。

（3）热膨胀系数（CTE）低。由于 SMD 器件引脚多且短，器件本体与 PCB 之间的 CTE 不一致，由于热应力而造成器件损坏的事情经常会发生，因此要求 SMD 基材的 CTE 应尽可能低，以适应与器件的匹配性，如今，CSP、FC 等芯片级的器件已用来直接贴装在 SMB

上，这就对 SMB 的 CTE 提出了更高的要求。

（4）耐高温性能好。SMT 焊接过程中，经常需要双面贴装元器件，因此要求 SMB 能耐两次回流焊温度，并要求 SMB 变形小、不起泡；二次回流前后焊盘仍有优良的可焊性，SMB 表面仍有较高的光洁度。

（5）平整度更高。SMB 要求很高的平整度，以便 SMD 引脚与 SMB 焊盘密切配合，SMB 焊盘表面涂覆层不再使用传统 PCB 制造时的 Sn/Pb 合金热风整平工艺，而是采用镀金工艺或者 OSP 工艺。

SMT 和 THT 所用 PCB 的有关性能比较见表 8-2、表 8-3。表 8-2 是误差值比较表，表8-3 是导线和焊盘之间的关系，表中 DIP 为传统双列直插封装集成电路。

表 8-2　误差值比较表

项　　目	SMT 基板	传 统 基 板
最细导线宽/in	0.005	0.010
导线宽误差/in	0.008 以下±0.001 0.005+0.000 −0.001	±20%
导线间距（最小）/in	0.005	0.010
层与层之间距离（最少）/in	0.003	0.005
孔位准确度 12 in 以内 12 in 以外	±0.004 ±0.006	±0.006 ±0.010
定位孔孔径/in	+0.002 −0.000	
定位孔中心偏移度/in	±0.003	
焊盘至基准点/in	0.003	
焊盘附着强度	500 g/mm²	
板厚与孔径比	1:5～1:15	1:3；1:4

表 8-3　导线和焊盘之间的关系

导线宽度/in	导线间距/in	焊盘之间导线数目			焊盘尺寸/in	
		SMT 0.050 in 间距	SMT 0.1 in 间距	DIP 0.1 in 间距	SMT	DIP
0.008	0.012	1	3	2	0.050	0.062
0.008	0.087	1	4	2	0.042	0.055
0.006	0.0065	1	4	3	0.032	0.0S0
0.005	0.005	2	5	4	0.045	0.060
0.004	0.0043	2	6	5	0.035	0.055

8.2 基板材料

用于 PCB 的基材品种大体上分为两大类，即有机类基板材料和无机类基板材料。

无机类基板主要是陶瓷板和瓷釉包覆钢基板。

有机类基板材料是指用增强材料如玻璃纤维布（纤维纸、玻璃毡等），浸以树脂黏合剂，通过烘干成坯料，然后覆上铜箔，经高温高压而制成。这类基板，称为覆铜箔层压板（CCL），俗称覆铜板，是制造 PCB 的主要材料。

CCL 的品种很多，一般按板的增强材料不同，可划分为：纸基、玻璃纤维布基、复合基（CEM 系列）、积层多层板基和特殊材料基（陶瓷、金属芯基等）五大类。若按板所采用的树脂胶粘剂不同进行分类，常见的纸基 CCL 有：酚醛树脂（XPC、XXXPC、FR—1、FR—2 等）、环氧树脂（FR—3）、聚酯树脂等各种类型。常见的玻璃纤维布基 CCL 有环氧树脂（FR—4、FR—5），它是目前最广泛使用的玻璃纤维布基类型。另外还有其他特殊性树脂（以玻璃纤维布、聚基酰胺纤维、无纺布等为增加材料）：双马来酰亚胺改性三嗪树脂（BT）、聚酰亚胺树脂（PI）、二亚苯基醚树脂（PPO）、马来酸酐亚胺——苯乙烯树脂（MS）、聚氰酸酯树脂、聚烯烃树脂等。

从 CCL 的性能分类，又分为一般性能 CCL、低介电常数 CCL、高耐热性的 CCL（一般板的在 150℃以上）、低热膨胀系数的 CCL（一般用于封装基板上）等类型。

若按基材的刚柔来分，又可分为刚性 CCL 和挠性 CCL。

表 8-4 表示了各种基板材料的性能。其中玻璃转变温度 T_g 和热膨胀系数 CTE 是重要的参数。一般，T_g 必须大于电路工作温度和生产工艺中的最高温度，CTE 则应尽量小和一致。

表 8-4 电路基板材料的性能

性能 基板材料	玻璃转变温度 T_g/℃	X, Y 轴的 CTE/ $(10^{-6}/℃)$	Z 轴的 CTE/ $(10^{-6}/℃)$	热导率/ $(W/m \cdot ℃)$	抗挠强度 kpsi	介电常数（在 1 MHz 下）	表面电阻 /Ω
环氧玻璃纤维	125	13～18	48	0.16	45～50	4.8	10^{13}
聚酰亚胺玻璃纤维	250	12～16	57.9	0.35	97	4.4	10^{12}
聚酰亚胺石英	250	6～8	50	0.3	95	4.0	10^{13}
环氧石墨	125	7	～49	0.16			10^{13}
聚酰亚胺石墨	250	6.5	～50	1.5		6.0	10^{12}
聚四氟乙烯玻璃纤维	75	55				2.2	10^{14}
环氧石英	125	6.5	48	～0.16		3.4	10^{13}
氧化铝陶瓷		6.5	6.5	2.1	44	8	10^{14}
瓷釉覆盖钢板		10	13.3	0.001	+	6.3～6.6	10^{13}
聚酰亚胺 CIC 芯板	250	6.5	+	0.35/57[※]	+		0.35

注：1. 表中数值仅作比较用，不能作精确的工程计算用。

2. 抗挠强度单位为 1 kpsi，指千镑/英寸^2；1 kpsi=70.3 kg/cm^2。

3. 表中的热导率、抗挠强度、介电常数都是指在 25℃下。

4. 表中"+"表示该项参数由芯板和表面层的比例决定。

8.2.1　陶瓷基板

陶瓷电路基板的基板材料是 96% 的氧化铝，在要求基板强度很高的情况下，可采用 99% 的纯氧化铝材料。但高纯氧化铝加工困难，成品率低，所以使用纯氧化铝的价格高。氧化铍也是陶瓷基板的材料，它是金属氧化物，具有良好的电绝缘性能和优异的热导性，可用做高功率密度电路的基板，但在加工过程中生成的粉尘对人体是有害的。

陶瓷电路基板主要用于厚、薄膜混合集成电路，多芯片微组装电路中，它具有有机材料电路基板无法比拟的优点。例如，陶瓷电路基板的 CTE 可以和 LCCC 外壳的 CTE 相匹配，故组装 LCCC 器件时将获得良好的焊点可靠性。另外，陶瓷基板即使在加热的情况下，也不会放出大量吸附的气体造成真空度的下降，故适用于真空蒸发工艺。此外，陶瓷基板还具有耐高温、表面光洁度好、化学稳定性高的特点，是薄、厚膜混合电路和多芯片微组装电路的优选电路基板。但它难加工成大而平的基板，且无法制作成多块组合在一起的邮票板结构来适应自动化生产的需要。另外，对陶瓷材料来说，由于其介电常数高，故也不适合作高速电路基板，而且价格也是一般 PCB 所不能承受的。

8.2.2　环氧玻璃纤维电路基板

这种电路基板由环氧树脂和玻璃纤维组成，它结合了玻璃纤维强度好和环氧树脂韧性好的优点，故具有良好的强度和延展性。用它即可以制作单面 PCB，也可以制作双面和多层 PCB。

环氧玻璃纤维电路基板在制作时，先将环氧树脂渗透到玻璃纤维布中制成层板。同时，还加入其他化学物品，如固化剂、稳定剂、防燃剂、粘合剂等。在层板的单面或双面粘压铜箔制成覆铜的环氧玻璃纤维层板作为印制电路板的原材料。

目前常用的层板类型如下：

1．G-10 和 G-11 层板

它们是环氧玻璃纤维层板，不含有阻燃剂，可以用钻床钻孔，但不允许用冲床冲孔。G-10 的性能和 FR-4 层板极其相似，而 G-11 则可耐更高的工作温度。

2．FR 系列层板

它们都含有阻燃剂，因而被命名为"FR"。

（1）　FR-1 层板。酚醛纸基层板，这种基材通称电木板。

（2）FR-2 层板。它的性能类似于 XXXPC，是纸基酚醛树脂层板，只能用冲床冲孔，而不可以用钻床钻孔。

（3）FR-3 层板。纸基环氧树脂层板，可在室温下冲孔。

（4）FR-4 层板。环氧玻璃纤维层板，它和 G-10 层板的性能极其相似，具有良好的电性能和加工特性，可制作多层板。它被广泛地应用于工业产品中。

（5）FR-5 层板。它和 FR-4 的性能相似，但可在更高的温度下保持良好的强度和电性能。

（6）FR-6 层板。聚酯树脂玻璃纤维层板。

上述层板中，常用的 G-10 和 FR-4 适用于多层印制电路板，价格相对地便宜，并可采用钻床钻孔工艺，容易实现自动化生产。

3. 非环氧树脂的层板

这类层板主要有聚酰亚胺树脂玻璃纤维层板、聚四氟乙烯玻璃纤维层板、酚醛树脂纸基层板等。

（1）聚酰亚胺树脂玻璃纤维层板。它可作为刚性或柔性电路基板材料，在高温下它的强度和稳定性都优于 FR-4 层板，常用于高可靠的军用产品中。

（2）GX 和 GT 层板。它们是聚四氟乙烯玻璃纤维层板，这些材料的介电性能是可以控制的，用于介电常数要求严格的产品中，而 GX 的介电性能优于 GT，可用于高频电路中。

（3）XXXP 和 XXXPC 层板。它们是酚醛树脂纸基层板，只能冲孔不能钻孔，这些层板仅用于单面和双面印制电路板，而不能作为多层印制电路板的原材料。因为它的价格便宜，所以在民用电子产品中广泛将它们作为电路基板材料。

对每种层板来说，它们都具有各自的最高连续工作温度，如果工作温度超过这个温度值，层板的电、机械性能都要大幅度恶化，甚至影响组装件的功能。表 8-5 列出了常用电路基板材料的最高连续温度。从表中可以看出聚酰亚胺的最高连续工作温度最高，它属于高温层板类。

表 8-5　常用电路基板材料的最高连续温度

层 板 类 型	最高连续温度/℃	层 板 类 型	最高连续温度/℃
XXXP	125	FR—4	130
XXXPC	125	FR—5	170
C—10	130	FR—6	105
G—11	170	聚酸亚胺	260
FR—2	105	CT	220
FR—3	105	CX	220

3. CCL 常用的字符代号

在国标 GB/T 4721—92 中，规定了 CCL 产品型号用几个英文字母和两位阿拉伯数字表示。

第一个字母 C 表示铜箔；

第二、三两个字母表示基材所用的树脂；

PE：酚醛

EP：环氧

UP：聚酯

SI：有机硅

TF：聚四氟乙烯

PI：聚酰亚胺

第四、五个字母表示增强材料；

CP：纤维素/纤维纸

GC：无碱玻璃布

GM：列碱玻璃纤维毡

AC：芳香族聚酰胺纤维布

AM：芳香族聚酰胺纤维毡

若以纤维素纸为增强材料，两表面贴附无碱玻璃布则在 CP 后加"G"表示。在字母末尾用一短横线连着两位数字，表示同类不同性能的产品编号。

具有阻燃性 CCL 在编号后加字母"F"表示。

例：CEPCP（G）-23F　表示环氧纸基两表面贴附玻璃布的覆铜板，具有阻燃性。

4．铜箔种类与厚度

铜箔对产品的电器性能有一定的影响，铜箔一般按制造方法分为压延铜箔和电解铜箔两大类。压延法制造的铜箔要求铜纯度高（一般≥99.9%），铜箔弹性好，适用于挠性板、高频信号板等高性能 PCB 的制造，在产品说明书中用字母"W"表示。电解铜箔则用于普通 PCB 的制造，铜的纯度稍低于压延法所用的铜纯度（一般为 99.8%），并用字母"E"表示，常用的铜箔厚度见表 8-6。

表 8-6　铜箔的公称厚度、质量厚度及允许公差

公称厚度/mm	质 量 厚 度		允 许 公 差	
	g/m²	OZ/ft²	e/m²	参考厚度公差/mm
0.018	152	0.5	±15	+ 0.008 − 0.004
0.035	305	1	±30	+ 0.010 − 0.005
0.070	610	2	±61	+ 0.018 −0.008

注：1 OZ=28.35g，1 ft²=0.09290304 m²

8.2.3　组合结构的电路基板

1．瓷釉覆盖的钢基板

瓷釉覆盖的钢基板可以克服陶瓷基板存在的外形尺寸受限制和介电常数高的缺点，已开始用于某些数码相机的批量生产中。瓷釉覆盖的钢基板的热膨胀系数 CET 仍然较高，约为 $13×10^{-6}/℃$，它和 LCCC 的 CTE 不匹配，不适合作为 LCCC 的组装基板。因而最近又开发出瓷釉覆盖铜一般钢的电路基板，它的 CTE 可以调整得和 LCCC 的 CTE 相匹配，而且介电常数也低，可作为高速电路的基板。

2．金属板支撑的薄电路基板

这种基板采用一般电路板的制造工艺，把双面覆铜的极薄的电路板粘贴在金属支撑板

上，也可在金属支撑板的两面都贴上双面覆铜电路板。两个面上的电路板可以分别制作两个独立的电路，或同一个电路制作在两个面上。支撑板可作为接地和散热用，实际上相当于多层电路板的作用，如图 8-1 所示。薄电路板可用环氧玻璃纤维双面覆铜板、聚酰亚胺玻璃纤维双面覆铜板或其他有机基板。基板厚度约为 0.13 mm，但因为它贴在支撑板上，所以增强了机械支撑作用，这样可以保持尺寸的稳定性，故采用常规印制电路板工艺就可得到细小直径互连通孔的高密度布线图形。

3．柔性层结构的电路基板

柔性层是指将多片未加固（不加玻璃纤维或其他纤维）的树脂片层压而成的树脂层。它可以吸收焊点的部分应力，提高焊点的可靠性。树脂片的厚度约为 0.05 mm。柔性层越厚则焊点应力越小。其结构如图 8-2 所示。

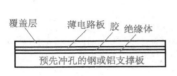

图 8-1　金属板支撑的薄电路基板

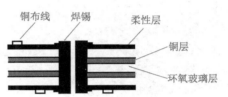

图 8-2　柔性层结构的电路基板

4．约束芯板结构的电路基板

这种结构的电路基板主要用于高可靠的军事产品中，作为表面组装电路板组装全密封的 LCCC 器件用。约束芯板有金属的和非金属的，有导电的和绝缘的。

金属约束芯板，又称金属芯基板，典型的基板有铜·铟瓦·铜（Cu-Invar-Cu）多层印制板，如图 8-3 所示。

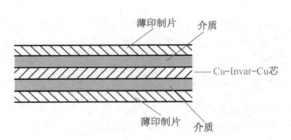

图 8-3　铜·铟瓦·铜多层印制板

Cu-Invar-Cu 多层印制板是以热膨胀系数 CTE（Coefficient Of Thermal Expansion）较小的金属殷钢（铁镍合金）作为金属芯的基本金属，殷钢的 CTE 小，但其导热性能较差。为得到膨胀系数小、导热性能好的金属材料，必须采用复合金属，即用殷钢作为金属芯的基体金属，用导热性好的铜覆于殷钢的两面，形成一种"三明治"结构的 Cu-Invar-Cu 复合金属，以此作为多层印制板的金属夹芯。

这种结构的多层印制板的 CTE 小，尺寸稳定性好（主要是 X、Y 方向的 CTE 明显下降），翘曲度小，散热性能好，特别适用 SMT 产品的需要。

8.3　PCB 基材质量的相关参数

由于 PCB 是电子组件的结构支撑件，对电气、耐热等多种性能都有严格的要求，大型的电子企业专设检测中心对其性能进行综合测试，现将有关主要参数及这些参数变化对

PCB 性能的影响介绍如下。

8.3.1 玻璃化转变温度（T_g）

除了陶瓷基板外，几乎所有的层压板都含有聚合物。聚合物是由有机材料合成而来的，它的特点是在一定温度条件下，基材形态会发生变化，在这个温度之下基材是硬而脆的，即类似玻璃的形态，通常被称为玻璃态；若在这个温度之上，材料会变软，呈橡胶样形态，又称之为橡胶态或皮革态，此时它的机械强度明显变低，因此把这种决定材料性能的临界温度称为玻璃化转变温度（Glass Transtion Temperture，简称 T_g）。显然，作为结构材料来说，人们都希望它的玻璃化转变温度越高越好，玻璃化转变温度是聚合物特有的性能，它是选择基板的一个关键参数，这是因为在 SMT 焊接过程中，焊接温度通常在 220℃ 左右，远远高于 PCB 基板的 T_g，故 PCB 受高温后会出现明显的热变形，而片式元器件却是直接焊在 PCB 表面的，当焊接温度降低后，焊点通常在 180℃ 就首先冷却凝固，而此时 PCB 温度仍高于 T_g，PCB 仍处于热变形状态，过一段时间后才能完全冷却，此时 PCB 必然会产生很大的热应力，该应力作用在已焊接完成的元器件引脚上，严重时会使元件损坏，如图 8-4 所示。

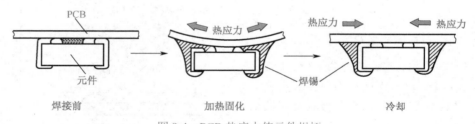

图 8-4 PCB 热应力使元件损坏

通过测试可知，当电路基板处于基板聚合物的玻璃转变温度以上的温度时，其膨胀量会大于在 T_g 温度以下同样温升的膨胀量，在玻璃转变温度以下，基板材料的热膨胀量和温度近似成线性关系，即基板材料的 CTE 近似常数，而一旦温度超过材料的玻璃转变温度，基板材料的热膨胀量则将随温度成指数关系，即随温度升高，CTE 按指数增大。

因此，在选择电路基板材料时，玻璃转变温度 T_g 不但要比电路工作温度高，同时还要尽可能接近工艺中出现的最高温度。

T_g 高的 PCB 具有下列优点：钻孔加工过程中，有利于钻制微小孔，低 T_g 的板材钻孔时会因高速钻孔产生大量的热能，而引起板材中树脂软化以致加工困难。T_g 高的 PCB 在较高温度环境中仍具有相对较小的 CTE，与片式元器件的 CTE 相接近，故能保证产品可靠地工作。特别是随着 FQFP、BGA、CSP 等多引脚器件的问世，对 PCB 要求越来越高。元器件经高温焊接后，PCB 的热变形会对元器件产生较高的热应力，因此，在选择电子产品的 PCB 基材时应适当选择 T_g 较高的基材。

8.3.2 热膨胀系数（CTE）

任何材料受热后都会膨胀，热膨胀系数（Coefficient of Thermal Expansion，CTE）是指

每单位温度变化所引发的材料尺寸的线性变化量。

高分子材料的 CTE 通常高于无机材料，当膨胀应力超过材料承受限度时，会对材料产生损坏。对于多层板结构的 PCB 来说，其 X、Y 方向（即长、宽方向）的 CTE 与 Z 方向（厚度）的 CTE 存在差异性。因此当多层板受热时，Z 方向中的金属化孔就会因膨胀应力的差异而受到损坏，严重时会造成金属化孔发生断裂。因为多层板是由几片单层"半固化树脂片"热压制成的，半固化树脂片则是由玻璃纤维布浸渍环氧树脂后，加热烘烤使环氧玻璃纤维布处于半固化状态，然后将半固化片逐层叠加起来，如需要做内层电路，还应按要求放置内电路铜箔，最后将叠加好的几层半固化片热压成型，冷却后再在需要的位置上钻孔并进行电镀处理，最后生成电镀过孔，也称金属化孔。金属化孔制成后，也就实现了 PCB 层与层之间的互连。

由于基板上钻孔后的孔壁几乎就是环氧树脂，它与镀铜层的结合力不会很高。一般金属化孔的孔壁仅在 25 μm 厚左右，且铜层致密性较低，早期多层板的结构对金属化孔留下一定的隐患，即半固化片中因受玻璃纤维布的增强作用以及多层铜布线的约束，通常 CTE 明显减小，以环氧半固化板为例，每层的 CTE 为 $(13\sim15)\times10^{-6}/℃$。而多层板层与层之间主要依靠环氧树脂本身的粘结力实现粘合，因此环氧树脂在没有其他材料的增强和约束下，其 CTE 在受热后会明显变大，通常为 $(50\sim100)\times10^{-6}/℃$。半固化片层为 X—Y 方向，而半固化片之间则为 Z 方向，因此 X—Y 方向与 Z 方向的 CTE 存在明显的差异性。再由于金属化孔的孔壁薄，镀铜层结构又不太致密，因此 PCB 受热后，Z 方向的热应力就会作用在金属化孔的孔壁上，对它的脆弱部分施加应力后，会导致孔壁断裂或部分断裂。

这种缺陷事先是无法预知的，有时在电子产品使用一段时间后，由于疲劳等多种原因而产生隐性缺陷，如图 8-5（a）和图 8-5（b）所示。

（a）多层板室温下无应力，金属化孔完好　　（b）高温下热应力作用在金属化孔上

图 8-5　热应力对金属化孔壁的作用

在 SMT 产品中，PCB 布线密度在不断增高，金属化孔数量增多且孔径变小，多层板的层数也在增加。为了克服或消除上述隐患，通常采取以下一些措施：

（1）凹蚀工艺，以增强金属化孔壁与多层板的结合力；

（2）适当控制多层板的层数，目前主张使用 8～10 层，使金属孔的径深比控制在 1:3 左右，这是最保险的径深比，目前最常见的径深比是 1:6 左右；

（3）使用 CTE 相对小的材料或者用 CTE 性能相反的材料叠加使用，使 PCB 整体的 CTE 减小；

（4）在 PCB 制造工艺上，采用盲孔和埋孔技术，如图 8-6 所示，以达到减小径深比的目的，这是一种最理想的办法。盲孔是指表层和内部某些分层互连，无须贯

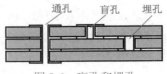

图 8-6　盲孔和埋孔

穿整个基板，减小了孔的深度；埋孔则仅是内部分层之间的互连，可使孔的深度进一步减小。尽管盲孔和埋孔在制作时难度大，但却大大提高了 PCB 的可靠性，通过 PCB 光板测试就可判别线路网络是否连通。

采取以上措施后，有效地防止了产品在使用过程中金属化孔断裂的现象发生。

8.3.3　平整度与耐热性

1. 平整度

由于 SMT 的工艺特点，目前对 PCB 要求很高的平整度，以使表面贴装元器件引脚与 PCB 焊盘密切配合。因此，PCB 焊盘表面涂覆层不仅使用 Sn/Pb 合金热风整平工艺，而且大量采用镀金工艺或者预热助焊剂涂覆工艺，以提高其平整度。

2. 耐热性

通常 SMT 工艺有时需经两次回流焊接，因而经过一次高温后，仍然要求保持板间的平整度，方能保证二次贴片的可靠性；而表面贴装元器件焊盘越来越小，焊盘的粘结强度相对较小，若 PCB 使用的基材耐热性高，则焊盘的抗剥强度也较高，一般要求用于 SMT 工艺的 PCB 能具有 250℃/50 s 的耐热性。

8.3.4　电气性能与特性阻抗

1. 电器性能

由于无线通信技术向高频化方向发展，对 PCB 的高频特性要求更加提高，特别是移动通信系统的扩增，所用的频率也由短波带（300 M～1 GHz）进入微波带（1～3 GHz）。频率的增高会导致基材的介电常数（ε）增大。通常电路信号的传输速度 V（m/s）与 ε 有关：

$$V = K \times \frac{C}{\sqrt{\varepsilon}}$$

其中，K 为常数，C 为光速，ε 为 PCB 的介电常数。

当 PCB 的 ε 增大时，电路信号的传输速度 V 降低。例如，聚四氯乙烯基板的 ε 为 2.6～3，环氧基板的 ε 为 4.5～4.9，前者比后者低 35%～47%，若采用前者制作 PCB，则其信号速度比后者要快 40%。

此外，若从信号损失角度来分析，电介质材料在交变电场的作用下会因发热而消耗能量，通常用介质损耗角正切（tgδ）表示，一般情况下 tgδ 与 ε 成正比关系。

若 tgδ 增大，介质吸收能量增大，信号损失大；在高频下这种关系就更加明显，它直接影响高频传输信号的效率。

总之，ε 和 tgδ 是评估 PCB 基材电气性能的重要参数，当电路的工作频率大于 1 GHz 时通常要求基材的 ε<3.5，tgδ<0.02。此外，评估基材电气性能指标的还有抗电强度、绝缘电阻、抗电弧性能等。

2. 特性阻抗

当脉动电通过导体时，除了受到电阻外，还受到感抗（X_L）和容抗（X_C）的阻力，电路或元件对通过其中的交流电流所产生的阻碍作用称为阻抗，而在计算机等数字通信产品中，印制线路传输的是方波信号，通常又称为脉冲信号，属于脉动交流电性质，因此传输中遭遇的阻力称为特性阻抗，简称 Z_0。

早期 PCB 的印制线，仅起到 PCB 层次之间的元件和部件之间的互连功能，但随着数字电子产品的高速化，例如 CPU，当前主流产品均在 3.0 GHz 左右，而今后 5 年的发展规划要达到 10 GHz。作为电子元件支撑的 PCB 已不再是一个简单的电气互连装置，PCB 需求方也不仅满足于印制线的导通功能，而是应作为一种传输线路，需要有理想的传输特性。

影响 Z_0 值有多方面的因素，如绝缘层的介电常数 ε、绝缘层的厚度 H、印制导线宽度 W、导电层的厚度 T（包括镀金层的厚度），其 ε、H、T 与 PCB 基材本身特性有关。

在多层板的制造中绝缘厚度的精度高低对 Z_0 精度控制是最重要的因素，其次是导线的宽度。在实际生产中，首先通过工艺的改进提高半固化片厚度的精度，以控制成型板的厚度 H，采用复合金属层（Cu/Al）以控制铜箔的厚度；改进蚀刻液的配方，以及曝光加工的位置，以控制导线的宽度；采用新型的基材以控制 PCB 的 ε。经过上述工艺的改进使 PCB 的 Z_0 精度得到明显的提高，并取得受控状态。

8.4　思考与练习题

1. PCB 是指什么？SMB 与 PCB 有什么区别？
2. SMT 与 THT 所用印制板有什么不同？
3. 用于 PCB 基板的材料主要有哪些类型？各有什么特点？
4. 叙述与 PCB 基材质量相关的参数。
5. 什么叫金属芯印制板？它有几种类型？

第9章

PCB 设计

9.1 PCB 设计的原则与方法

目前电子产品组装技术已经成熟，就 SMT 设备而言，无论是印刷机还是贴片机都已达到相当高的精度，然而在一些使用高精度设备的工厂，其产品并没有达到预想的质量，其中困扰产品质量的原因之一是 PCB 设计问题。

9.1.1 PCB 设计的基本原则

1. 元器件布局

布局是按照电原理图的要求和元器件的外形尺寸，将元器件均匀整齐地布置在 PCB 上，并能满足整机的机械和电气性能要求。布局合理与否不仅影响 PCB 组装件和整机的性能和可靠性，而且也影响 PCB 及其组装件加工和维修的难易度，所以布局时尽量做到以下几点：

（1）元器件分布均匀、排在同一电路单元的元器件应相对集中排列，以便于调试和维修；

（2）有相互连线的元器件应相对靠近排列，以利于提高布线密度和保证走线距离最短；

（3）对热敏感的元器件，布置时应远离发热量大的元器件；

（4）相互可能有电磁干扰的元器件，应采取屏蔽或隔离措施。

2. 布线规则

布线是按照电原理图和导线表以及需要的导线宽度与间距布设印制导线，布线一般应遵守如下规则：

（1）在满足使用要求的前提下，选择布线的顺序为单层、双层和多层布线。

（2）两个连接盘之间的导线布设尽量短，敏感的信号、小信号先走，以减少小信号的延迟与干扰。模拟电路的输入线旁应布设接地线屏蔽；同一层导线的布设应分布均匀；各导线上的导电面积要相对均衡，以防板子翘曲。

（3）信号线改变方向应走斜线或圆滑过渡，而且曲率半径大一些好，避免电场集中、信号反射和产生额外的阻抗。

（4）数字电路与模拟电路在布线上应分隔开，以免互相干扰，如在同一层则应将两种电路的地线系统和电源系统的导线分开布设，不同频率的信号线中间应布设接地线隔开，避免发生串扰。

（5）电路元件接地、接电源时走线要尽量短、尽量近，以减少内阻。

（6）X、Y 层走线应互相垂直，以减少耦合，切忌上下层走线对齐或平行。

（7）高速电路的多根 I/O 线以及差分放大器、平衡放大器等电路的 I/O 线长度应相等，以避免产生不必要的延迟或相移。

（8）焊盘与较大面积导电区相连接时，应采用长度不小于 0.5 mm 的细导线进行热隔离，细导线宽度不小于 0.13 mm，如图 9-1 所示。但对于需过 5 A 以上大电流的焊盘不能采用隔热焊盘。

图 9-1　隔热焊盘

（9）最靠近印制板边缘的导线，距离印制板边缘的尺寸应大于 5 mm，需要时接地线可以靠近板的边缘。如果印制板加工过程中要插入导轨，则导线距板的边缘至少要大于导轨槽深的距离。

（10）双面板上的公共电源线和接地线，尽量布设在靠近板的边缘，并且分布在板的两面，其图形配置要使电源线和地线之间为低的阻抗。多层板可在内层设置电源层和地线层，通过金属化孔与各层的电源线和接地线连接，内层大面积的导线和电源线、地线应设计成网状，可提高多层板层间结合力。

（11）为了测试的方便，设计上应设定必要的断点和测试点。

3．导线宽度

印制导线的宽度由导线的负载电流、允许的温升和铜箔的附着力决定。一般印制板的导线宽度不小于 0.2 mm，厚度为 18 μm 以上，对于 SMT 印制板和高密度板的导线宽度可小于 0.2 mm，导线越细其加工难度越大，所以在布线空间允许的条件下，应适当选择宽一些的导线，通常的设计原则如下：

（1）信号线应粗细一致，这样有利于阻抗匹配，一般推荐线宽为 0.2～0.3 mm（8～12 mil），而对于电源、地线则走线面积越大越好，可以减少干扰。对高频信号最好用地线屏蔽，可以提高传输效果。

（2）在高速电路与微波电路中，规定了传输线的特性阻抗，此时导线的宽度和厚度应满足特性阻抗要求。

（3）在大功率电路设计中，还应考虑到电源密度，此时应考虑到线宽与厚度以及线间的绝缘性能。若是内层导体，允许的电流密度约为外层导体的一半。

（4）印制导线间距。印制板表层导线间的绝缘电阻是由导线间距、相邻导线平行段的长度、绝缘介质（包括基材和空气）所决定的，在布线空间允许的条件下，应适当加大导线间距。

4．元器件的选择

元器件的选择应充分考虑到 PCB 实际面积的需要，尽可能选用常规元器件。不可盲目地追求小尺寸的元器件，以免增加成本，IC 器件应注意引脚形状与脚间距，对小于 0.5 mm 脚间距的 QFP 应慎重考虑，不如直接选用 BGA 封装的器件，此外对元器件的包装形式、端电极尺寸、可焊性、器件的可靠性、温度的承受能力（如能否适应无铅焊接的需要）都应考虑到。

在选择好元器件后，必须建立好元器件数据库，包括安装尺寸、引脚尺寸和生产厂家等有关资料。

5. PCB 基材的选用

选择基材应根据 PCB 的使用条件和机械、电气性能要求来选择；根据印制板结构确定基材的覆铜箔面数（单面、双面或多层板）；根据印制板的尺寸、单位面积承载元器件质量，确定基材板的厚度。不同类型材料的成本相差很大，在选择 PCB 基材时应考虑到下列因素：

（1）电气性能的要求；

（2）T_g、CTE、平整度等因素以及孔金属化的能力；

（3）价格因素。

6. 抗电磁干扰设计

对于外部的电磁干扰，可通过整机的屏蔽措施和改进电路的抗干扰设计来解决。对 PCB 组装件本身的电磁干扰，在进行 PCB 布局、布线设计时，应考虑抑制设计，常用以下方法：

（1）可能相互产生影响或干扰的元器件，在布局时应尽量远离或采取屏蔽措施。

（2）不同频率的信号线，不要相互靠近平行布线；对高频信号线，应在其一侧或两侧布设接地线进行屏蔽。

（3）对于高频、高速电路，应尽量设计成双面和多层印制板。双面板的一面布设信号线，另一面可以设计成接地面；多层板中可把易受干扰的信号线布置在地线层或电源层之间；对于微波电路用的带状线，传输信号线必须布设在两接地层之间，并对其间的介质层厚度按需要进行计算。

（4）晶体管的基极印制线和高频信号线应尽量设计得短，减少信号传输时的电磁干扰或辐射。

（5）不同频率的元器件不共用同一条接地线，不同频率的地线和电源线应分开布设。

（6）数字电路与模拟电路不共用同一条地线，在与印制板对外地线连接处可以有一个公共接点。

（7）工作时电位差比较大的元器件或印制线，应加大相互之间的距离。

7. PCB 的散热设计

随着印制板上元器件组装密度的提高，若不能及时有效地散热，将会影响电路的工作参数，甚至热量过大会使元器件失效，所以对印制板的散热问题，设计时必须认真考虑，一般采取以下措施：

（1）加大印制板上与大功率元件接地面的铜箔面积；

（2）发热量大的元器件不贴板安装，或外加散热器；

（3）对多层板的内层地线应设计成网状并靠近板的边缘；

（4）选择阻燃或耐热型的板材。

9.1.2　常见的 PCB 设计错误及原因

（1）PCB 没有工艺边、工艺孔，不能满足 SMT 设备的装夹要求，也就意味着不能满足大生产的要求。

（2）PCB 外形异形或尺寸过大、过小，同样不能满足设备的装夹要求。

（3）PCB、FQFP 焊盘四周没有光学定位标志（Mark）或者 Mark 点不标准，如 Mark 点周围有阻焊膜，或过大、过小，造成 Mark 点图像反差过小，机器频繁报警不能正常工作。

（4）焊盘结构尺寸不正确，如片式元件的焊盘间距过大、过小，焊盘不对称，以致造成片式元器件焊接后，出现歪斜、立碑等多种缺陷。

（5）焊盘上有过孔，焊接时造成焊料熔化后通过焊盘上的过孔漏到底层，引起焊点焊料过少。

（6）片式元件焊盘大小不对称，特别是用地线、过线的一部分作为焊盘使用，以致回流焊时片式元件两端焊盘受热不均匀，焊锡膏先后熔化而造成立碑缺陷。

（7）IC 焊盘设计不正确，FQFP 中焊盘太宽，引起焊接后桥连，或焊盘后沿过短引起焊后强度不足。

（8）IC 焊盘之间的互连导线放在中央，不利于 SMA 焊后的检查。

（9）波峰焊时 IC 没有设计辅助焊盘，引起焊接后桥连。

（10）PCB 中 IC 分布不合理，出现焊后 PCB 变形。

（11）测试点设计不规范，以致 ICT（在线测试仪）不能工作。

（12）SMD 之间间隙不正确，后期修理出现困难。

（13）阻焊层和字符图不规范以及阻焊层和字符图落在焊盘上，造成虚焊或电气断路。

（14）拼板设计不合理，如"V"型槽加工不好，造成 PCB 回流焊后变形。

上述错误会在不良设计的产品出现一个或多个，导致不同程度地影响焊接质量。

设计人员对 PCBA 工艺不够了解，尤其是对元器件在回流焊时有一个"动态"的过程不了解是产生不良设计的原因之一。另外，设计早期忽视工艺人员参加，缺乏本企业的可制造性设计规范，也都是造成不良设计的原因。

9.2　PCB 设计的具体要求

9.2.1　PCB 整体设计

1．PCB 幅面

PCB 的外形一般为长宽比不太大的长方形。长宽比例较大或面积较大的板，容易产生翘曲变形，当幅面过小时还应考虑到拼板，PCB 的厚度应根据对板的机械强度要求以及 PCB 上单位面积承受的元器件质量，选取合适厚度的基材。

考虑焊接工艺过程中的热变形以及结构强度，如抗张、抗弯、机械脆性、热膨胀等因素，PCB 厚度、最大宽度与最大长宽比之间的关系见表 9-1。

表 9-1   印制板厚度、最大宽度及最大长宽比

厚度/mm	最大印制板宽度/mm	最大长宽比
0.8	50	2.0
1.0	100	2.4
1.6	150	3.0
2.4	300	4.0

2. 电路块的划分

较复杂的电路常常需要划分为多块电路板，或在单块电路板上划分为不同的区域。划分可按如下原则进行：

（1）按照电路各部分的功能划分。把电路的 I/O 端子尽量集中靠近电路板的边缘，以便和连接器相连接，并设置相应的测试点供功能调校用。

（2）模拟和数字两部分电路分开。

（3）高频和中、低频电路分开，高频部分单独屏蔽起来，防止外界电磁场的干扰。

（4）大功率电路和其他电路隔开，以便采用散热措施等。

（5）减小电路中噪声干扰和串扰现象。易产生噪声的电路需和某些电路隔开。例如，为降低 ECL 器件的高速开关噪声干扰，必须把低电平、高增益的放大电路和它们隔开。

3. 电路板的尺寸与拼板工艺

当单个 PCB 尺寸较小，PCB 上元器件较少，且为刚性板时，为了适应 SMT 生产设备的要求，经常将若干个相同或者不同单元的 PCB 进行有规则地拼合，把它们拼合成长方形或正方形，这就是拼板（Panel）。这种设计可以采用同一块模板，节省编程、生产准备时间，提高生产效率和设备利用率。拼板要求既有一定的机械强度，又便于组装后的分离。

拼板之间可以采用 V 形槽、邮票孔、冲槽等工艺手段进行组合，对于不相同印制板的拼合也可按此原则进行，但应注意元件位号的编写方法。图 9-2 所示为用邮票孔拼合的电路板，俗称"邮票"板。

（1）邮票板可由多块同样的电路板组成或由多块不同的电路板组成。

（2）根据表面组装设备的情况决定邮票板的最大外形尺寸，如贴片机的贴片面积、印刷机的最大印刷面积和回流焊炉传送带的工作宽度等。

（3）邮票板的工艺孔可设计成一个圆形和一个槽形孔，槽形孔的宽方向尺寸和圆形孔的直径相等，而长方向的尺寸则比宽方向的尺寸至少大 0.5 mm。

（4）邮票板上各电路板间的连接筋起机械支撑作用。因此它既要有一定的强度，又要便于折断把电路板分开。连接筋的参考尺寸如图 9-2(a)所示，图示尺寸约为 1.8 mm×2.4 mm（0.093 in×0.070 in）。

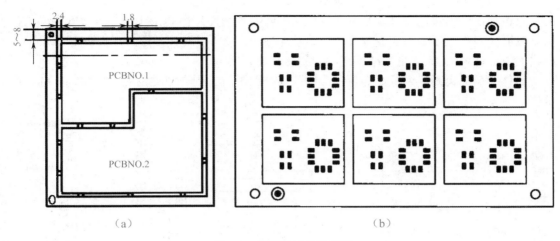

图 9-2　邮票板结构示意图

4．定位孔、工艺边与基准标记

一般 SMT 生产设备在装夹 PCB 时主要采用针定位或者边定位，因此在 PCB 上需要有适应 SMT 生产的定位孔或者工艺边。基准标记则是为了纠正 PCB 制作过程中产生误差而设计的提供机器光学定位的标记。

（1）定位孔。定位孔位于印制电路板的四角，以圆形为主，也可以是椭圆，定位孔内壁要求光滑，不允许有电镀层，定位孔周围 2 mm 范围内不允许有铜箔，且不得贴装元器件。定位孔尺寸及其在 PCB 上的位置如图 9-3 所示。

（2）辅助工艺边。简称工艺边，主要是用于设备的夹持与定位，以及异形边框补偿。若印制板两侧 5 mm 以上不贴装元件或不插元件，则可以不设专用工艺边，即可借用印制板两边以保证正常生产需要，定位孔尺寸及粗糙度要求同前，定位孔中心离印制板两边距离为 5 mm。

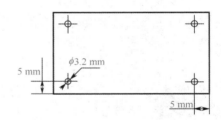

图 9-3　定位孔尺寸及其在 PCB 上的位置

若印制板因结构尺寸的限制无法满足上述的要求，则可在印制板上沿贴装印制板流动的长度方向增设工艺边，工艺边宽度根据 PCB 的大小来确定，一般为 5～8 mm，此时定位孔与图像识别标志应设于工艺边上，待加工工序结束并经检测合格后可以去掉工艺边。

当 PCB 外形为异形时，必须设计工艺边，使 PCB 外形成直线，生产结束后再把此工艺边去除。

（3）基准标记。基准标记有 PCB 基准标记（PCB Mark）和器件基准标记（IC Mark）两大类。其中 PCB 基准标记是 SMT 生产时 PCB 的定位标记，器件基准标记则是贴装大型 IC 器件，如 QFP、BGA、PLCC 等时，进一步保证贴装精度的标记。

基准标记的形状可以是圆形、方形、十字形、三角形、菱形、椭圆形等，以圆形为主，尺寸一般为 φ（1～2）mm，其外围有等于其直径 1～2 倍的无阻焊区，如图 9-4 所示。

PCB 基准标记一般在印制电路板对角两侧成对设置，距离越大越好，但两圆点的坐标值不应相等，以确保贴片时印制电路板进板方向的唯一性。当 PCB 较大（≥200 mm）时，则一般需在印制电路板的 4 个角分别设置基准标记，但不可对称分布，并在 PCB 长度的中心线上或附近增设 1～2 个基准标记，如图 9-5（a）所示。

器件基准标记则应设置在焊盘图形内或其外的附近，同样成对设置，如图 2-9（b）所示。

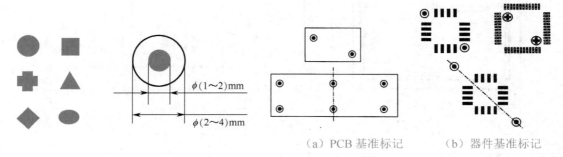

　　　　　　　　　　　　　　　　　　　　（a）PCB 基准标记　　（b）器件基准标记

图 9-4　基准标记形状　　　　　　　　图 9-5　PCB 基准标记和器件基准标记

5. 测试点的设计

在电子产品的大生产中为了保证品质和降低成本，都离不开在线测试，为了保证测试工作的顺利进行，PCB 设计时应考虑到测试点，与测试有关的设计要求如下。

（1）接触可靠性测试。应设计两个定位孔，原则上可用工艺孔代替，但对拼板的单板测试时仍应在子板上设计定位孔。测试点的焊盘直径为 0.9～1.0 mm，并与相关测试针相配套，此外也可取通孔为测试点。测试点的中心应落在网格之上，测试点不应设计在

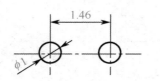

图 9-6　相邻的测试点之间的中心距

板子的边缘 5 mm 内，面板的测试点原则上应设在同一面上，并注意分散均匀。相邻的测试点之间的中心距不小于 1.46 mm，测试点之间不设计其他元件，以防止元件或测试点之间短路，如图 9-6 所示。测试点与元件焊盘之间的距离应≥1 mm，测试点不能涂覆任何绝缘层，如图 9-7 所示。

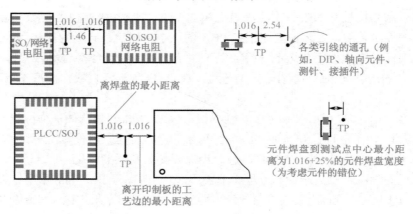

图 9-7　测试点与元件焊盘之间的距离

（2）电器可靠性设计。所有的电气节点都应提供测试点，即测试点应能覆盖所有的 I/O、电源地和返回信号。每一块 IC 都应有电源和地的测试点，如果器件的电源和地引脚不止一个，则应分别加上测试点，一个集成块的电源和地应放在 2.54 mm 之内。不能将 IC 控制线直接连接到电源、地或公用电阻上。对带有边界扫描器件的 VLSI 和 ASIC 器件，应增设为实现边界扫描功能的辅助测试点，如时钟、模式、数据串行 I/O 端、复位端，以达到能测试器件本身的内部逻辑功能的要求。

9.2.2　SMC/SMD 焊盘设计

目前，电子产品组装已大部或全部采用 SNT 工艺，焊盘图形设计不仅确定了元器件在 PCB 上的位置，还决定了焊接强度和可靠性以及焊接时的工艺性。同时对贴装缺陷，可测试性及维修返工都有着重要影响。设计优良的焊盘，其焊接过程几乎不会出现虚焊、桥连等缺陷，相反，不良的焊盘设计将导致 SMT 生产无法进行。焊盘图形设计对 SMT 组件的可制造性起着决定性的作用；因此，片式元器件 SMC/SMD 焊盘设计是当今 PCB 设计的重点内容。

1. SMC 片式元件的焊盘设计

片式元件两端有电极，其电极为三层结构，虽然很薄但仍有一定的厚度，片式元件焊接后理想的焊接形态如图 9-8 所示。

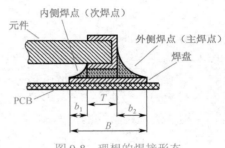

图 9-8　理想的焊接形态

从图 9-8 中可以看出它有两个焊点，分别在电极的外侧和内侧，外侧焊点又称主焊点，主焊点呈弯月面状，维持焊接强度；内焊点起到补强和焊接时自对中作用，不可轻视。由图 9-8 可知理想的焊盘长度为 $B=b_1+T+b_2$，式中 b_1 取值范围为 0.05～0.3 mm，b_2 取值范围为 0.25～1.3 mm。

通常焊盘长度 B 的设计有下列三种情况：用于高可靠性场合时，焊盘尺寸偏大，焊接强度高；用于工业级产品，焊盘尺寸适中，焊接强度高；用于消费类产品，焊盘尺寸偏小，焊盘长度仅等于元件的长度，但在良好的工艺条件下乃有足够的焊接强度，此设计有利于整机外形小型化。

对于焊盘宽度 A 的设计也相应有下列三种情况：用于高可靠性场合时，焊盘宽度 $A=1.1×$ 元件宽度，用于工业级产品时，焊盘宽度 $A=1.0×$ 元件宽度；用于消费类产品时，焊盘宽度 $A=（0.9～1.0）×$ 元件宽。焊盘间距 G 应适当小于元件两端焊头之间的距离，焊盘外侧距离 $D=L+2b_2$，如图 9-9 所示。

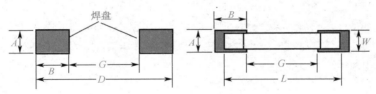

图 9-9　焊盘的内外侧距离

对于 0603 的片式元件，为了防止焊接过程产生"立碑"等焊接缺陷，经常推荐下列形态的焊盘：矩形焊盘（又称为 H 形焊盘），如图 9-10（a）所示。半圆形焊盘（又称为 U 形焊盘），如图 9-10（b）所示。

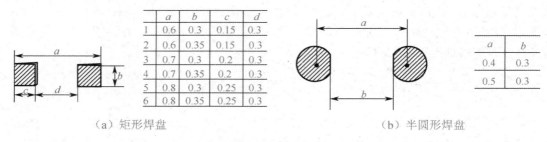

	a	b	c	d
1	0.6	0.3	0.15	0.3
2	0.6	0.35	0.15	0.3
3	0.7	0.3	0.2	0.3
4	0.7	0.35	0.2	0.3
5	0.8	0.3	0.25	0.3
6	0.8	0.35	0.25	0.3

a	b
0.4	0.3
0.5	0.3

（a）矩形焊盘   （b）半圆形焊盘

图 9-10   矩形焊盘与半圆形焊盘

在部分电子产品中，经常出现钽电容焊后出现歪斜的现象，这是因为钽电容的端电极不是直接包裹本体的端头，而是由金属片引出本体，再折弯而成，其金属片的宽度小于本体的宽度，如果焊盘尺寸过大则会造成焊后歪斜。

在 SMT 中，柱状无源元器件（MELF）的焊盘图形设计与焊接工艺密切相关，MELF 焊盘图形如图 9-11 所示。当采用贴片—波峰焊时，其焊盘图形可参照片状元件的焊盘设计原则来设计；当采用回流焊时，为了防止柱状元器件的滚动，焊盘上必须开一个缺口，以利于元器件的定位。

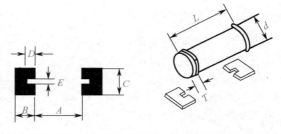

图 9-11   柱状无源元器件（MELF）的焊盘

计算公式： $A = L_{max} - 2T_{max} - 0.254$

$B = d_{max} + T_{min} + 0.254$

$C = d_{max} - 0.254$

$D = B - (2B + A - L_{max})/2$

$E = 0.2\ mm$

2. 小外形封装晶体管焊盘的设计

在 SMT 中，小外形封装晶体管（SOT）的焊盘图形设计较为简单，一般来说，只要遵循下述规则即可。

（1）焊盘间的中心距与器件引线间的中心距相等；

（2）焊盘的图形与器件引线的焊接面相似，但在长度方向上应扩展 0.3 mm，在宽度方向上应减少 0.2 mm；若是用于波峰焊，则长度方向及宽度方向均应扩展 0.3 mm。

使用中应注意 SOT 的品种，如 SOT-23、SOT-89、SOT-l43 和 DPAK（带散热片）等，SOT 焊盘图形如图 9-12 所示。

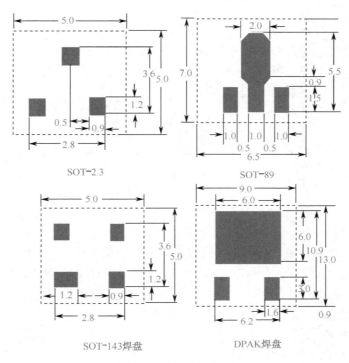

图 9-12 SOT 焊盘图形

3. PLCC 焊盘设计

PLCC 封装的器件至今仍大量使用，但焊盘设计中经常出现错误，并导致焊接后焊料不能完全包裹"L"引脚的下沿，通常 PLCC 引脚在焊接后也有两个焊接点，PLCC 和 LCCC 焊盘图形如图 9-13 所示。

外侧焊点为主焊点，内侧焊点为次焊点，PLCC 器件的引脚间距通常为 1.27 mm（50 mil），故焊盘的宽度为 0.63 mm（25 mil），长度为 2.03 mm（80 mil），PLCC 引脚在焊盘上的位置有两种类型：

（1）引脚居中型。这种设计在计算时较为方便和简单，焊盘的宽度为 0.63 mm（25 mil），长度为 2.03 mm（80 mil），只要计算出器件引脚落地中央尺寸，就可以方便地设计出焊盘内外侧的尺寸，如图 9-14（a）所示。

（2）引脚不居中型。这种设计有利于形成主焊接点，外侧有足够的锡量供给主焊缝，PLCC 引脚与焊盘的相切点在焊盘的内 1/3 处。焊盘的宽度仍为 0.63 mm（25 mil），如图 9-14（b）所示。

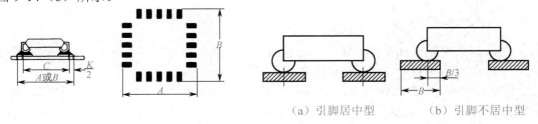

（a）引脚居中型 （b）引脚不居中型

图 9-13 PLCC 和 LCCC 焊盘图形 　　图 9-14 PLCC 引脚在焊盘上的位置

4．QFP 焊盘设计

这种焊盘其焊盘长度和引脚长度的最佳比为 $L_2:L_1=（2.5\sim3）:1$，或者 $L_2=F+L_1+A$（F 为端部长 0.4 mm；A 为趾部长 0.6 mm；L_1 为器件引脚长度；L_2 为焊盘长度）。

QFP 焊盘的设计尺寸如图 9-15 所示。

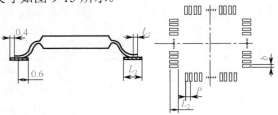

图 9-15　QFP 焊盘的设计

焊盘宽度通常取：$0.49\ P\leqslant b_2\leqslant 0.54\ P$（$P$ 为引脚公称尺寸；b_2 为焊盘宽度）。

对于引脚中心距 0.5 mm 间距的 QFP 焊盘设计，以 FQFP48 器件为例，它的外形尺寸如图 9-16 所示。

考虑以上各种因素，则 $L_1=0.5$（mm）（器件规定）；

$L_2:L_1=3:1$；

$L_2=F+L_1+A=0.4+0.5+0.6=1.5$（mm）；

$b=0.5\ P=0.5\times0.5=0.25$（mm）。

设计完成后的焊盘尺寸如图 9-17 所示。

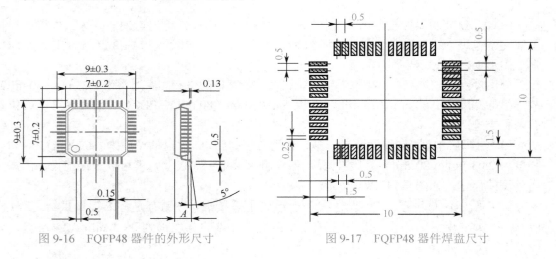

图 9-16　FQFP48 器件的外形尺寸　　　　图 9-17　FQFP48 器件焊盘尺寸

5．BGA 焊盘设计

BGA 焊点的形态如图 9-18 所示，图中 D_c、D_o 是器件基板的焊盘尺寸，D_b 是焊球的尺寸，D_p 是 PCB 焊盘尺寸，H 是焊球的高度。

通常焊盘直径按照焊球直径的 75%～85% 设计，焊盘引出线不超过焊盘的 50%，相对于焊接质量来说，越细越好。为了防止焊盘变形，阻焊开窗（solder mask）不大于 0.05 mm。

通常 BGA 焊盘结构有三种形式，分别是过孔分布在 BGA 外部式焊盘、哑铃式焊盘、混合式焊盘。

（1）哑铃式焊盘。哑铃式焊盘结构如图 9-19 所示。BGA 焊盘通过镀复导电层的过孔（通孔或盲孔），提供与内层布线连接构成通路，实现同外围电路的沟通，过孔通常应用阻焊层全面覆盖。

这种图形的连线方法使信号直接由焊盘与内层相连接，简单实用较为常见，并且占用 PCB 面较少，但由于过孔位于焊盘之间，万一过孔处的阻焊层脱落，就可能造成焊接时出现桥接故障。同时，这种方式也直接受到加工能力，制造成本与组装工艺等因素的制约。

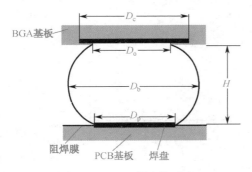

图 9-18　BGA 焊点的形态

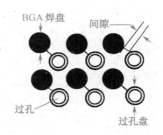

图 9-19　BGA 的哑铃式焊盘

（2）过孔分布在 BGA 外部式焊盘。过孔分布在 BGA 外部形式的焊盘特别适用于 I/O 数量较少的 BGA 焊盘设计，焊接时可以减少一些不确定性因素的影响，对保证焊接质量有利。但采用这样的设计形式对于多 I/O 端子的 BGA 是有困难的，因为阵列最外边行列中，焊球引脚间的空间很快被走线塞满。由于导线的最小线宽与间距是由电性能要求与加工能力决定，所以这种布线设计的导线数量是有限制的。此外该结构焊盘占用 PCB 的面积相对较大。过孔分布在 BGA 外部形式的焊盘如图 9-20（a）所示。

（3）混合式焊盘。对于 I/O 端子较多的 BGA，可以将上述两种焊盘结构设计混合在一起使用，即内部采用过孔结构，外围则采用过孔分布在 BGA 外部形式的焊盘，如图 9-20（b）所示。

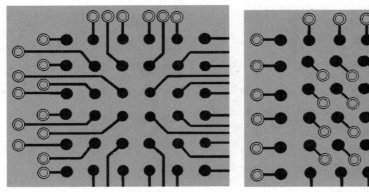

（a）过孔分布在 BGA 外部形式的焊盘　　　（b）混合式焊盘

图 9-20　过孔分布在 BGA 外部形式的焊盘和混合式焊盘

随着 PCB 制造技术的提高，特别是积层式 PCB 制造技术的出现，其过孔可以直接做在焊盘上，这一设计方式使 PCB 的结构变得简单，焊接缺陷也大大减少。

为了方便贴片后检查，在 PCB 上还应设有检查标记，如图 9-21 所示。

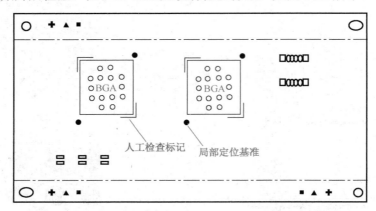

图 9-21　检查标记

9.2.3　元器件方向、间距、辅助焊盘的设计

1. 同类元器件的排列方向应一致

同类元器件尽可能按相同的方向排列，特征方向应一致，以便于元器件的贴装、焊接和检测，如电解电容极性、二极管的正极、集成电路的第一引脚的排列方向应尽量一致。

回流焊时，为了使 SMC 的两个焊端以及 SMD 两侧引脚同步受热，减少由于元器件两侧焊端不能同步受热而产生立碑、移位、焊端脱离焊盘等焊接缺陷，要求 PCB 上 SMC 的长轴应垂直于回流炉的传送带方向，SMD 的长轴应平行于回流炉的传送带方向。

波峰焊时，为了使 SMC 的两个焊端以及 SMD 的两侧焊端同时与焊料波峰相接触，SMD 的长轴应平行于波峰焊炉的传送带方向（焊盘与 PCB 运行方向垂直），QFP 器件（引脚中心距大于 0.8 mm 以上）则应转 45°角，如图 9-22 所示。而且元器件布局和排布方向应遵循较小元件在前和尽量避免互相遮挡的原则。

2. 元器件的间距设计

为了保证焊接时焊盘间不会发生桥接，以及在大型元器件的四周留下一定的维修空间，在分布元器件时，要注意元器件间的最小间距，波峰焊接工艺要略宽于回流焊接工艺。一般组装密度的表面贴装元器件之间的最小间距如下。

（1）片式元件之间，SOT 之间，SOP 与片式元件之间为 1.25 mm。

（2）SOP 之间，SOP 与 QFP 之间为 2 mm。

（3）PLCC 与片式元件、SOP、QFP 之间为 2.5 mm。

（4）PLCC 之间为 4 mm。

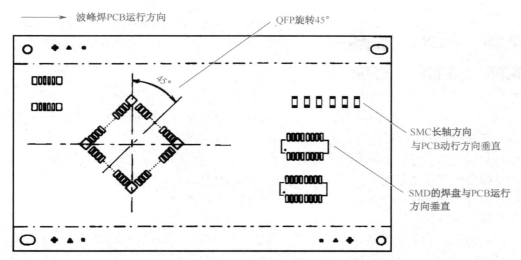

图 9-22　波峰焊工艺中元器件的排列方向

3. 供热均匀原则

对于吸热大的器件和 FQFP 器件，在整板布局时要考虑到焊接时的热均衡，不要把吸热多的器件集中放在一处，造成局部供热不足而另一处过热的现象，良好的布局方式和不良方式如图 9-23 所示。

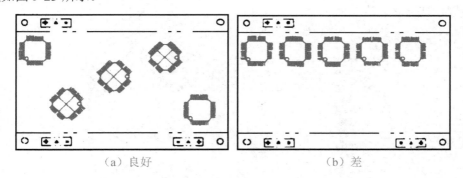

（a）良好　　　　　　　　　　　　（b）差

图 9-23　元器件布局的设计

4. 辅助焊盘

在采用贴片—波峰焊工艺时，SOIC 和 QFP 除注意方向外，还应在焊盘间放一个辅助焊盘，辅助焊盘也称工艺焊盘，是 PCB 涂胶位置上有阻焊膜的空焊盘。在焊盘过高或 SMD 组件下面的间隙过大时，将贴片胶点在辅助焊盘上面，其作用是为了减小表面组装元器件贴装后的架空高度。

9.2.4　焊盘与导线连接的设计

1. SMC 的焊盘与线路连接

SMT 元件（SMC）的焊盘与线路连接可以有多种方式，原则上连线可在焊盘任意点引

不采用　　可用　　最佳

图 9-24　线路与焊盘的连接

出。线路与 SMC 焊盘连接时，最好从焊盘长边的中心引出，一般不得在两焊盘相对的间隙之间进行，如图 9-24 所示。

2．SMD 的焊盘与线路连接

SMD 焊盘与线路的连接图形，将影响回流焊中元器件泳动的发生、焊接热量的控制以及焊锡沿布线的迁移。

（1）回流焊接时若元器件出现泳动现象，则元器件泳动的方向与元器件两端焊盘和连线的浸润面积有关。原则上集成电路焊盘的连线可以从焊盘任一端引出，但不应使焊锡的表面张力过分聚集在一根轴上。只要使器件各轴上保持所受的焊锡张力均衡，器件就不相对焊盘发生偏转。

（2）由于 SMD 的排列方位不合理、焊盘上焊膏量不等以及焊盘的导热路径不同，在回流焊时很可能使焊盘回流开始时间不同，因而产生"立碑"现象或元件在焊盘上偏转的现象。

为了使每个焊盘回流的时间一致，必须控制焊盘和连线间的热耦合，以确保每个焊盘保持相同的热量。SMD 器件的引脚与大面积铜箔连接时，要进行热隔离；一般规定不允许把宽度大于 0.25 mm 的布线和回流焊焊盘连接。如果电源线或接地线要和焊盘连接，则在连接前需要将宽布线变窄至 0.25 mm 宽，且不短于 0.635 mm 的长度，再和焊盘相连，如图 9-25 所示。

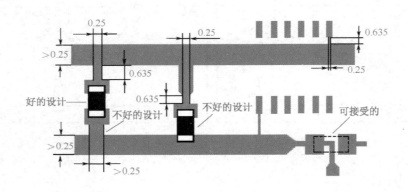

图 9-25　宽布线变窄后再和焊盘相连

3．导通孔与焊盘的连接

表面组装电路板的导通孔可以采用两种形式：一种是裸露的镀铜孔，两端覆盖阻焊膜；一种是有锡、铝镀层的镀铜孔。一般焊盘与导通孔之间使用线路连接，用具有阻焊膜的窄走线与焊盘相连；如果导通孔采用阻焊膜，则可以将导通孔放置在与焊盘相邻的地方，通常不将导通孔放在焊盘上，如图 9-26 所示。

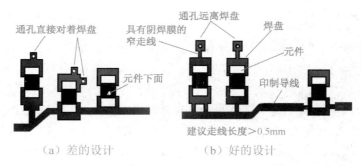

图 9-26　焊盘与通孔连接之间的设计

9.2.5　PCB 可焊性设计

PCB 蚀刻及清洁后必须在表面进行涂覆保护，包括在非焊接区内涂覆阻焊膜和在焊盘表面加涂覆层以防止焊盘氧化两道工序。

1.　阻焊膜

常见的印制电路板，如计算机板卡基本上是环氧树脂玻璃布基双面印制线路板，其中有一面是 SMC/SMD 以及插装元件，另一面为元件引脚焊接面，可以看出除了需要锡焊的焊盘等部分外，其余部分的表面有一层耐波峰焊的阻焊膜。阻焊膜多数为绿色，有少数采用黄色、黑色、蓝色等，所以在 PCB 行业常把阻焊油叫成绿油。其作用是防止波峰焊时产生桥接现象，提高焊接质量和节约焊料。同时还可以防止在回流焊时焊盘上的焊锡迁移至金属布线上，造成焊接缺陷。如果以阻焊膜盖住通孔，在波峰焊时焊剂不会由通孔冲到电路板的元件面上。它也是印制板的永久性保护层，能起到防潮、防腐蚀、防霉和机械擦伤等作用。表面光滑明亮的绿色阻焊膜，不但外观比较好看，更重要的是提高了焊点的可靠性。

通常焊盘的阻焊膜是由计算机 CAD 设计中自动形成的，它要覆盖除焊盘以外的其他图形。作阻焊膜的树脂通常为热固化和光固化两种高分子材料，材料代号 AR 为丙烯酸树脂，ER 为环氧树脂，SR 为硅树脂。此外，在阻焊膜元件区还印有字符号，以利于安装和维修。

常用的阻焊膜有丝网漏印的阻焊膜、干膜和光图形转移的湿膜等。对具体的电路板可选用不同类型的阻焊膜，具体选用情况简述如下。

（1）丝网漏印的阻焊膜用于布线密度低的电路板，即无细间距引脚器件、在焊盘间不通过布线导体等。因为在焊盘间距较小时，丝网漏印阻焊膜很可能玷污焊盘造成焊接缺陷，或者在元器件的引线和焊盘之间造成开路。

（2）光图形转移的湿膜是用光刻工艺在电路板上形成阻焊膜图形。采用这种工艺图形的对准精度高，因此适用于高密度电路板。另外，湿膜与环氧玻璃纤维板、锡铅层以及裸铜层有很好的粘合力，分辨率高而且价格适中。

（3）干膜阻焊膜图形的对准精度好、分辨率高、无流动性，不会污染焊盘，而且能覆盖住通孔。但干膜也存在着不足之处，例如在贴压过程中容易在电路板面与膜之间留存气隙，高温下容易使膜层破裂，所以耐热冲击能力差。另外干膜厚度较大，不宜涂覆在无源元件下方，否则在回流焊时元件容易产生直立现象，而且干膜的价格要比其他阻焊膜贵。

2. 焊盘涂覆层

为保护焊盘并使之有良好的可焊性和较长的有效期（6 个月），需要在焊盘表面加涂覆层，焊盘涂覆层通常采用以下几种工艺。

（1）Sn/Pb 合金热风整平工艺。Sn/Pb 合金热风整平工艺是传统的焊盘保护方法，其做法是：PCB 铜板制作好后，浸入熔融的 Sn/Pb 合金中，再慢慢提起并在热风作用下使焊盘孔壁涂覆 Sn/Pb 合金层，力求光滑、平整。此工艺具有可焊性好、PCB 有效期长的优点。

（2）镀金工艺。镀金工艺具有表面平整、耐磨、耐氧化、接触电阻小的优点，适用于 FQFP 的焊盘保护，但焊盘可焊性不及 Sn/Pb 合金热风整平工艺的好。镀层厚度≤1 μm(0.1～0.3 μm)，薄的镀金层能在焊接时迅速溶于焊料中，并与镍层形成锡镍共价化合物，使焊点更牢固。少量的金溶于锡中不会引起焊点变脆，金层只起保护镍层不被氧化的作用。用于印制插头或印制接触点，金层厚度≥1.3 μm，镍层厚度为 5～7 μm，金能与焊料中的锡形成金锡间共价化合物（$AuSn_4$），在焊点的焊料中金的含量超过 3% 会使焊点变脆，所以应严格控制金层的厚度。

（3）有机耐热预焊剂（OSP）。有机耐热预焊剂又称有机保焊膜，是 20 世纪 90 年代中期出现的代替镀金工艺的一种 PCB 涂敷层。它具有良好的耐热保护，使 PCB 能承受二次焊接的要求，此外制造中具有三废少、成本低、工艺流程简单的优点。缺点是焊点不够饱满，焊接效果在外观上不及上述两种工艺，该工艺适用于消费类电子产品如视听设备的生产。

9.3　思考与练习题

1. PCB 设计的基本原则有哪些？
2. 分别叙述 SMC 片式元件及各种 SMD 的焊盘图形设计方法与规则。
3. 简述元器件方向、间距的设计要求。
4. 简述焊盘与导线连接的设计要求。
5. 简述 PCB 可焊性设计的内容与要求。

第 10 章

PCB 制造工艺

PCB 生产过程复杂，它涉及的工艺范围较广，从 CAD/CAM 到简单及复杂的机械加工，生产过程中有普通的化学反应还有光化学、电化学、热化学等工艺；而且在生产过程中发生的工艺问题常常具有很大的随机性；由于其生产过程是一种非连续的流水线形式，任何一个环节出现问题都会造成全线停产或大量报废的后果。PCB 如果报废是无法再回收利用的，其制造质量直接影响到整个电子产品的质量和成本。

我国 20 世纪 60 年代已能大批量地生产单面板；90 年代，中国香港和台湾地区以及国外印制板生产厂商纷纷来到我国合资或独资设厂，使我国印制板产量猛增。在生产技术上，由于大量引进了国外先进生产设备和技术以及先进的管理模式，已大大缩短了和国外先进水平的差距。

10.1　PCB 制造工艺流程

PCB 生产工艺流程随着工艺技术的进步而不断发生变化。同时也随着 PCB 制造商采用不同工艺技术及 PCB 类型的不同而有所不同，即可以采用不同的生产工艺流程与工艺技术来生产出相同或相近的 PCB 产品。但是，传统的单、双、多层板的生产工艺流程仍然是 PCB 生产工艺流程的基础。

10.1.1　单面 PCB 制造工艺流程

单面 PCB 是指仅一面有导电图形的印制板，零件集中在其中一面，导线与焊盘则集中在另一面上。因为导线只出现在其中一面，所以这种 PCB 叫做单面板（Single-sided）。因为单面板在线路设计上有许多严格的限制（由于只有一面，布线间不能交叉而必须绕独自的路径），所以只有简单的或早期的电路才使用这类的板子。

单面板一般用酚醛树脂纸基覆铜板制作。其典型制造工艺流程如下：

单面覆铜板→下料（刷洗、干燥）→钻孔或冲孔→网印线路抗蚀刻图形或使用干膜→固化、检查修板→蚀刻铜→去抗蚀印料、干燥→刷洗、干燥→网印阻焊图形（常用绿油）、UV 固化→网印字符标记图形、UV 固化→外形加工→电气开、短路测试→刷洗、干燥→预涂助焊防氧化剂（干燥）或喷锡热风整平→分板、检验包装→成品出厂。

单面PCB制造的关键工艺简述如下。

1. 制备照相底版

制备照相底版是印制板生产中的关键步骤，其质量直接影响到最终产品的质量；现在一般都用计算机辅助设计直接在光绘仪上绘制出照相底版。一块单面 PCB 一般要有三种照相底图：

(1) 导电图形底图；

(2) 阻焊图形底图；

(3) 标记字符底图。

制备照相底版首先由光绘仪完成对银盐底片的曝光，随后在暗室中冲洗加工，最终得到照相底版。制备照相底版的另一种工艺技术是使用金属膜胶片直接成像制得照相底版，由于这种胶片对日光不敏感，不需暗室冲洗，因而尺寸稳定性很高，最小线宽可做到 0.05 mm，精度误差<2 μm。

2. 丝网印刷

丝网印刷是制作单面印制板的关键工艺。它使用专门的印料，在覆铜箔板上分别网印出线路图形、阻焊图形及字符标记图形，所使用的丝网印刷设备从最简单的手工操作的网印框架到高精度、上下料全自动化的网印生产线，有不同的档次、不同的规格，一般是根据工厂的自动化程度和生产量进行选择。

3. 蚀刻

蚀刻是用化学或电化学方法去除基材上无用导电材料，形成印制图形的工艺。用作单面板蚀刻的蚀刻液必须能蚀刻铜箔而不损伤和破坏网印油墨。由于网印油墨通常能溶于碱性溶液，因此蚀刻时不能使用碱性蚀刻液。早期的蚀刻液大多使用三氯化铁，因为它价格便宜、蚀刻速率快、工艺稳定、操作简单。但由于再生和回收困难，冲洗稀释后易产生黄褐色沉淀，污染严重，因此已被酸性氯化铜蚀刻液所替代。

在自动化大生产条件下，蚀刻操作广泛使用传送带式自动喷淋蚀刻机。它可上下两面同时蚀刻，并有自动分析补加装置，使蚀刻液自动连续再生，保持蚀刻速率的恒定。

4. 机械加工

单面印制板的机械加工包括覆铜板的下料，孔加工和外形加工。其加工方式有剪（裁板）、冲、钻（钻孔）和铣（铣边）。

5. 预涂助焊剂

单面板制造的最后一道主要工序是预涂助焊剂。在存放中，单面板的铜导线表面受空气和湿气的影响，很容易氧化变色，使可焊性变差。为了保护洁净的铜表面不受大气的氧化腐蚀，使成品板在规定的储存期内保持优良的可焊性，故必须对单面板的铜表面涂覆保护性的助焊剂。它除了有助焊性，还具有防护性，但要求锡焊后易清洗去除。

10.1.2　双面 PCB 制造工艺流程

双面 PCB 是指两面都有导电图形的印制板，由于双面板（Double-Sided Boards）的两面都有布线，要用上两面的导线，必须要在两面间有适当的电路连接才行；这种电路间的"桥梁"叫做过孔（via）。过孔是在 PCB 上设置镀覆金属的小孔，它可以与两面的导线相连接。因为双面板的面积比单面板大了一倍，而且布线可以互相交错（可以绕到另一面），适合用在比单面板更复杂的电路上，如性能要求较高的通信电子设备、高级仪器仪表及电子计算机等设备中。

双面板通常采用环氧玻璃布覆铜板制造。制造双面镀覆孔印制板的典型工艺是 SMOBC，其工艺过程如下：

双面覆铜板→下料→叠板→数控钻导通孔→检验、去毛刺刷洗→化学镀（导通孔金属化）→（全板电镀薄铜）→检验、刷洗→网印负性电路图形、固化（干膜或湿膜、曝光、显影）→检验、修板→线路图形电镀→电镀锡（抗蚀镍/金）→去印料（感光膜）→蚀刻铜→（退锡）→清洁刷洗→网印阻焊图形（贴感光干膜或湿膜、曝光、显影、热固化，常用感光热固化绿油）→清洗、干燥→网印标记字符图形、固化→（喷锡或有机保焊膜）→外形加工→清洗、干燥→电气通断检测→检验包装→成品出厂。

双面 PCB 制造的关键工艺简述如下。

1．数控钻孔

由于表面组装技术的发展，PCB 上的镀覆孔不再插装电子元器件，仅作导通用。而为了提高组装密度，孔变得越来越小，故加工时常采用新一代的可以钻微小孔径的数控钻床。这种数控钻床的钻速为（11～15）万 r/min。可钻 $\phi0.1\sim\phi0.5$ mm 的孔。钻头断了会自动停机并报警，自动更换钻头和测量钻头直径，自动控制钻头与盖板间恒定的距离和钻孔深度，因而不但可以钻通孔，也可钻盲孔。盲孔（或埋孔）工艺复杂，不良率较高，所以单价也较高；盲（埋）孔孔径小于等于 0.15 mm 时，PCB 业界统称为 HDI 板，工艺更加复杂。

2．镀覆孔工艺

镀覆孔（PTH），习惯上也称为金属化孔。它是将整个孔壁镀覆金属，使双面印制板的两面或多层印制板的内外层间的导电图形实现电气连通。镀覆孔工艺传统上采用化学镀铜使孔壁沉积一薄层铜，再电镀铜加厚到规定的厚度。现在已研究出一些新的镀覆孔工艺，如不用化学镀铜的直接电镀工艺等。

3．成像

丝网印刷法成像也可用于制作双面板，它成本低，适合于大批量生产，但难于制作 0.2 mm 以下的精细导线和细间距的双面板。除了使用网印法外，在 20 世纪 50～60 年代广泛使用的是聚乙烯醇/重铬酸盐型液体光致抗蚀剂。1968 年美国杜邦公司推出干膜光致抗蚀剂（简称干膜）后，在 70～80 年代，干膜成像工艺就成为双面板成像的主导工艺。近年来，由于新型液态光致抗蚀剂的发展，它比干膜的分辨率高，且液态光致抗蚀剂的涂覆设备已能实现连续大规模生产，成本又较干膜便宜，因此液态光致抗蚀剂又有重新大量使用的趋势。

干膜成像的工艺流程如下：贴膜前处理→贴膜→曝光→显影→修板→蚀刻或电镀→去膜。

前处理用磨料尼龙辊刷板机或浮石粉刷板机进行刷板，经前处理的板材用贴膜机进行双面连续贴膜。贴膜的主要工艺参数为：温度、压力和速度。

经电镀或蚀刻后，干膜需除去。去膜一般使用 4%～5%氢氧化钠溶液，在 40～60℃温度下在喷淋式去膜机中进行。去膜后用水彻底清洗后，进入下道工序。

4. 电镀锡铅合金

目前，PCB 加工的典型工艺是"图形电镀法"。即先在板子外层需保留铜箔的部分，也就是电路的图形上预镀一层铅锡抗蚀层，然后用化学方式将其余的铜箔腐蚀掉，称为蚀刻。锡或铅锡是最常用的抗蚀层，与碱性蚀刻剂不发生任何化学反应。

用图形电镀蚀刻法生产双面板时，电镀锡铅合金有两个作用：一是作为蚀刻时的抗蚀保护层；二是作为成品板的可焊性镀层；电镀锡铅合金必须严格控制镀液和工艺条件，锡铅合金镀层厚度在板面上应在 8 μm 以上，孔壁不小于 2.5 μm。

5. 蚀刻

在用锡铅合金作抗蚀层的图形电镀蚀刻法制造双面板时，不能使用酸性氯化铜蚀刻液，也不能使用三氯化铁蚀刻液，因为它们也腐蚀锡铅合金。可以使用的蚀刻液有：碱性氯化铜蚀刻液、硫酸双氧水蚀刻液、过硫酸铵蚀刻液等。其中使用最多的是碱性氯化铜蚀刻液。以硫酸盐为基的蚀刻药液，使用后其中的铜可以用电解的方法分离出来，因此能够重复使用。由于它的腐蚀速率较低，一般在实际生产中不多见，但有望用在无氯蚀刻中。

在蚀刻工艺中，影响蚀刻质量的是"侧蚀"和镀层增宽现象。

（1）侧蚀。侧蚀是因蚀刻而产生的导线边缘凹进或挖空现象，侧蚀程度和蚀刻液、设备和工艺条件有关，侧蚀越小越好。采用薄铜箔可减小侧蚀值，有利于制造精细导线图形。

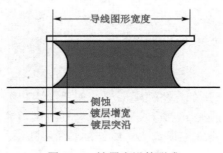

图 10-1 镀层突沿的形成

（2）镀层增宽。镀层增宽是由于电镀加厚使导线一侧宽度超过生产底版宽度的值。由于侧蚀和镀层增宽，使导线图形产生镀层突沿，如图 10-1 所示。镀层突沿量是镀层增宽和侧蚀之和，它不仅影响图形精度，而且极易断裂和掉落，造成电路短路。镀层突沿可以经热熔后消除。

蚀刻系数是蚀刻深度（导线厚度）与侧蚀量的比值。在制造细导线时，采用垂直喷射蚀刻方式，或添加侧向保护剂可提高蚀刻系数。

6. 热熔和热风整平

（1）热熔。把镀覆锡铅合金的印制板，加热到锡铅合金的熔点温度以上，使锡铅和基体金属铜形成金属化合物，同时使锡铅镀层变得致密、光亮、无针孔，以提高镀层的抗腐蚀性和可焊性。这就是印制板的热熔过程，常用的是甘油热熔和红外热熔。

（2）热风整平。热风整平焊料涂覆（俗称喷锡）是近几年线路板厂使用较为广泛的一种后处理工艺，它实际上是把浸焊和热风整平二者结合起来在印制板金属化孔内和印制导线上涂覆共晶焊料的工艺。其过程是先把印制板上浸上助焊剂，随后在熔融焊料里浸涂，然后从两片风刀之间通过，用风刀中的热压缩空气把印制板上的多余焊料吹掉，同时排除金属孔内的多余焊料，从而得到一个光亮、均匀、平滑的焊料涂层。

Sn/Pb 合金热风整平工艺是传统的焊盘保护方法，其典型工艺流程为：

裸铜板→镀金插头贴保护胶带→前处理→涂覆助熔剂→热风整平→清洗→去胶带→检验。

前处理包括去油、清洗、弱蚀、水洗和干燥等步骤，以得到一个无油污，无氧化层，洁净而微粗化的表面。

热风整平的主要工艺参数有：预热时间和温度，焊料温度和浸焊时间，风刀和印制板的夹角，风刀的间隙、热空气的温度、压力和流速，印制板提升速度等。

预热的目的是提高助焊剂的活性、减少热冲击。一般预热温度为 343℃。当预热 15s 时，印制板表面温度可达 80℃左右，有些热风整平没有预热工序；焊料槽温度一般控制在 230～250℃；风刀温度控制在 176℃以上，通常为了取得良好的锡面平整度，风刀温度可控制在 300～400℃之间；风刀压力为 0.3～0.5 MPa，浸焊时间控制在 5～8 s；涂覆层厚度控制在 6～10 μm。

7. 镀金

金镀层有优良的导电性，接触电阻小且稳定，耐磨性优良，是印制板插头的最佳镀层材料。它还有优良的化学稳定性和可焊性，在表面组装印制板上，也用作抗蚀、可焊和保护镀层。由于金价格很贵，一般为节约成本，尽量镀得较薄，特别全板镀金 PCB，一般都采用闪镀金或化学镀金，俗称镀"水金"，其厚度不到 0.1 μm，只有 0.05 μm 左右。但插头部分的金镀层需较厚，按照不同的要求，厚度规定为 0.5～2.5 μm。如果铜上直接镀金，则由于金镀层薄，镀层有较多的针孔，在长期使用或存放过程中，通过针孔铜会被锈蚀；此外铜和金之间扩散生成金属化合物后容易使焊点变脆，造成焊接不可靠。因此镀金前均需用镀镍层打底。镀镍层厚度一般控制在 5～7 μm。插头镀镍镀金的工艺过程为：

贴保护胶带→退锡铅→水洗→微蚀或刷洗→水洗→活化→水洗→镀镍→水洗→活化→水洗→镀金→水洗→干燥→去胶带→检验。

贴压敏性保护胶带是为了保护印制板不需镀镍、镀金部分的导体不被退除锡铅和镀上镍和金。

镀金溶液有碱性氰化物镀液、无氰亚硫酸盐镀液、柠檬酸盐镀液等。PCB 插头镀金普遍使用的是柠檬酸盐微氰镀金液。

化学镀金是焊盘、通孔等局部镀金，即在 PCB 制造好后涂覆阻焊层，仅裸露需要镀金的部位，通过化学还原反应在焊盘孔壁上沉积一层镍，然后再沉积一层金，因此用金量低，价格相对较低，但有时出现阻焊层的性能不能适应化学镀金过程中所使用的溶剂及药品的问题，故习惯上仍使用全板镀金工艺。

10.1.3　多层 PCB 制造工艺流程

多层 PCB 是由交替的导电图形层及绝缘材料层压粘合而成的一种印制板。导电图形的层数在三层以上，层间电气互连是通过金属化孔实现的。如果用一块双面板作内层、两块单面板作外层或两块双面板作内层、两块单面板作外层，通过定位系统及绝缘粘结材料叠压在一起，并将导电图形按设计要求进行互连，就成为四层、六层印制电路板，即多层 PCB。目前已有超过 100 层的实用多层印制电路板。

多层 PCB 一般用环氧玻璃布覆铜箔层压板制造，是印制板中的高科技产品，其生产技术是印制板工业中最有影响和最具生命力的技术。

多层板的制造工艺是在镀覆孔双面板的工艺基础上发展起来的。目前普遍使用的是铜箔层压工艺，铜箔层压是指将铜箔作为外层，再通过层压制作成多层印制板的制造工艺。该工艺的特点是能大量节约常规多层板工艺制造时的基材耗量，降低生产成本。它的一般工艺流程都是先将内层板的图形蚀刻好，经黑化处理后，按预定的设计加入半固化片进行叠层，再在上下表面各放一张铜箔（也可用薄覆铜板，但成本较高），送进压机经加热加压后，得到已制备好内层图形的一块"双面覆铜板"，然后按预先设计的定位系统，进行数控钻孔。钻孔后要对孔壁进行去钻污和凹蚀处理，然后就可按双面镀覆孔印制板的工艺进行下去。

多层 PCB 的制造工艺有多种方法，其中最主要的有两种：一种是把阻焊膜直接覆盖在有锡铅合金层的电路图形上，其工艺流程如图 10-2 所示。另一种是将阻焊膜覆盖在裸铜电路图形上（SMOBC），工艺流程如图 10-3 所示，其中前面部分工序与图 10-2 相同。

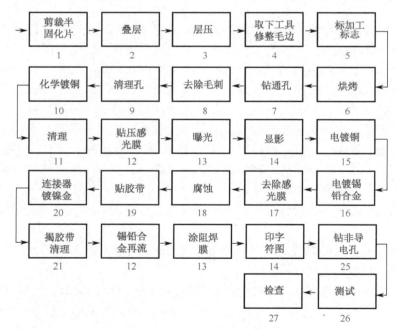

图 10-2   在锡铅合金层上涂阻焊膜的多层板工艺流程

对比一般多层板和双面板的生产工艺，它们有很大部分是相同的。主要的不同是多层板增加了几个特有的工艺步骤：内层成像和黑化、层压、凹蚀和去钻污。在大部分相同的工艺中，某些工艺参数、设备精度和复杂程度方面也有所不同。如多层板的内层金属化连接是多层板可靠性的决定性因素，对孔壁的质量要求比双层板要严，因此对钻孔的要求就更高。一般，一只钻头在双面板上可钻 3000 个孔后再更换，而多层板只钻 80～1000 个孔就要更换。另外每次钻孔的叠板数、钻孔时钻头的转速和进给量都和双面板有所不同。多层板成品和半成品的检验也比双面板要严格和复杂得多。多层板由于结构复杂，采用温度均匀的甘油热熔工艺，而不采用可能导致局部温升过高的红外热熔工艺等等。

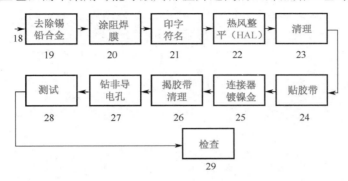

图 10-3　SMOBC 多层印制板工艺流程

1. 薄覆铜箔板和半固化片

薄覆铜箔板和半固化片是制造多层板的专用材料。

（1）薄覆铜箔板：一般把厚度小于 0.8 mm 的覆铜箔板称为薄覆铜箔板，其标称厚度不包括铜箔厚度。而大于 0.8 mm 的覆铜箔板的厚度则包括铜箔厚度在内。薄覆铜箔板和一般覆铜箔板的性能要求大都相同，只是在厚度、尺寸稳定性、树脂含量等几个指标上更严。

（2）半固化片：半固化片是具有一定粘结性能的预浸材料或其他胶膜材料，用纤维增强材料浸渍热固性树脂后固化至 B 阶段的片状材料称作预浸材料，刚性多层板广泛使用的玻璃布预浸材料也称作粘结片或半固化片，用做多层印制板层间的粘结。多层印制板制造工艺的原材料制备分三个阶段，如图 10-4 所示。

图 10-4　原材料制备三阶段

2. 内层成像和黑化处理

由于集成电路的互连布线密度非常高，用单面、双面电路板都难以实现，而用多层电路板则可以把电源线、接地线以及部分互连线放置在内层板上，由电镀通孔完成各层间的相互连接。内层板的工艺流程如图 10-5 所示。

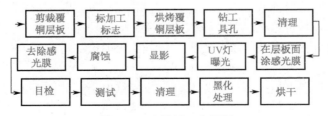

图 10-5　内层板工艺流程

内层板成像用干膜成像。近年来液体感光胶成像因成本低、效率高而逐渐替代干膜成像。

为了使内层板上的铜和半固化片有足够的结合强度，必须对铜进行氧化处理。由于处理后大多生成黑色的氧化铜，所以也称黑化处理。如果氧化后主要生成红棕色的氧化亚铜，则称作棕化处理，它常用作耐高温的聚酰亚胺多层板内层板的氧化处理。常用的氧化处理液为碱性亚氯酸钠溶液。其主要成分为：亚氯酸钠、氢氧化钠和磷酸三钠。

3. 定位层压

由于多层板的布线密度高，而且有内层电路，故层压时必须保证各层钻孔位置全部精确对准。

多层板层压定位时通常采用两种定位方法，即铆钉法和定位销法。

采用铆钉法进行层压定位比较简单，通常在 8 层以下很多都采用这种方法，但是铆钉法有其缺陷，因为压铆钉许多都采用手工压，同时一些中小线路板厂采用的 X 光定位钻孔机都是单轴的，由于线路板的胀缩问题，另外由于压铆钉的手法和力量、材料原因及铆钉受压膨胀后的不可知因素，容易造成偏差，造成定位不是很准。所以铆钉法做的多层板一般层数及厚度都不是很高。

定位销法做的线路板层数及厚度可以比较高，同时如果采用双轴有补偿功能的 X 光定位钻孔机可以减小由于材料胀缩造成的误差，显然，使用这种方法可以提高制作精度。

层压前需根据设计和工艺要求将内层板、半固化片、外层铜箔等进行叠层，然后在加温加压下固化成型。图 10-6 为多层板的叠层示意图。

层压时，层压周期是影响层压质量的关键。一般，层压全过程包括预压、全压和保压冷却三个阶段。层压过程每个阶段的温度和压力在

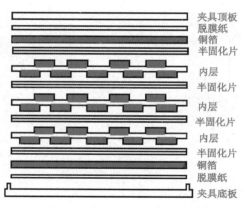

夹具顶板
脱膜纸
铜箔
半固化片
内层
半固化片
内层
半固化片
内层
半固化片
铜箔
脱膜纸
夹具底板

图 10-6　多层板叠层示意图

材料相同的情况下，不同的机型也有不同的要求，初次使用必须仔细阅读相应压机的技术文件。图 10-7 是多层板层压机的照片。

（1）入模预压。入模预压之前压机应先升温，以保证入模后立即开始层压。入模后施加的预压压力，大小一般由半固化片情况决定。当半固化片流动度降低时可适当加大预压压力。预压时间受半固化片的特性、层压温度、缓冲纸厚度、印制板层数和印制板的大小影响。当半固化片流动指标低于 30%时，应缩短预压时间，甚至直接进行全压操作。由于预压周期与半固化片的特性关系甚密，预压周期并非是一成不变的，必须通过试压后，在对层压好的多层板进行全面质检的基础上，对预压周期进行适当的调整，方可正式投入生产。

（2）施全压及保温保压。预压结束后，在保持温度不变的前提下，转为全压操作。并按工艺参数要求进行保温保压。当半固化片流动度降低时，可适当加大全压压力。彻底完

成排泡、填隙，保证厚度和最佳树脂含量。

图 10-7　多层板层压机

（3）降温保全压（冷压）。全压及保温保压操作结束后，可采用以下方式进行冷压操作：停止压机加热，在保持压力不变的条件下，使层压板冷却至室温；将层压板转至冷压机，进行冷压操作。

4. 去钻污与凹蚀

凹蚀与去毡污是两个互为关联，但又相互独立的概念和工艺过程。所谓去毡污，是指去除孔壁上的熔融树脂和钻屑的工艺。所谓凹蚀，是指为了充分暴露多层板的内层导电表面，而有控制地去除孔壁非金属材料至规定深度的工艺。显然，凹蚀的过程也是去毡污的过程。但是，去毡污工艺却不一定有凹蚀效应。

选择优质基材、优化多层板层压及钻孔工艺参数可以减少孔壁环氧钻污，但仍不可完全避免。因此，多层板在实施孔金属化处理之前，必须进行去钻污处理。为进一步提高金属化孔与内层导体的连接可靠性，最好在去钻污的同时，进行一次凹蚀处理，如图 10-8 所示。经过凹蚀处理的多层板孔，不但去除了孔壁上的环氧树脂钻污层，而且使内层导线在孔内凸出，这样的孔，在实现了孔

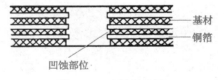

基材
铜箔

凹蚀部位

图 10-8　凹蚀示意图

金属化之后，内层导体与孔壁层可以得到三维空间的可靠连接，大幅度提高多层板的可靠性。凹蚀深度一般要求为 5～10 微米。

孔壁去树脂钻污的方法大致有四种，即分别浓硫酸、铬酸、高锰酸钾及等离子去钻污。

前三种均为湿法处理工艺，其中使用比较普遍的是碱性高锰酸钾法，高锰酸钾去树脂沾污有较多优点：产生微小不平的树脂表面，不像浓硫酸腐蚀树脂产生光滑表面；也不像铬酸易产生树脂过腐蚀而使玻璃纤维凸出于孔壁，且不易产生粉红圈（由于内层铜的黑氧化层被化学处理掉，而导致在环绕电镀孔的内层出现粉红色的环状区域），故目前被广泛采用。

等离子体去钻污是干法工艺。设备投资费用大，而且由于是分批间歇操作，故效率低，生产成本高；它不仅能腐蚀环氧树脂、聚酰亚胺，还能腐蚀玻璃布。因此只在非用不可的场合，如在高档的刚性、挠性和刚挠性的聚酰亚胺多层板中应用。

10.2 PCB 线路形成

PCB 线路形成在中小规模 PCB 制造企业中主要涵盖了 PCB 生产的前 10 个工艺流程，即：制片、裁板、抛光、钻孔、金属过孔、线路感光层制作、图形曝光、图形显影、图形电镀、图形蚀刻。

10.2.1 激光光绘

制片主要有两个步骤：光绘和冲片。光绘是直接将在计算机中用 CAD 软件设计的 PCB 图形数据文件送入激光光绘机的计算机系统，控制光绘机利用光线直接在底片上绘制图形；然后经过显影、定影得到胶片底版。激光光绘机采用 He—Ne 激光器作为光源，声光调制器作为扫描激光的控制开关，由计算机发送的图像信息经 RIP 处理后进入驱动电路控制声光调制器工作，被调制的衍射激光，经物镜聚焦在滚筒吸附的胶片上，滚筒高速旋转作纵向主扫描，光学记录系统横移作副扫描，两个扫描运动合成，实现将计算机内部图形信息以点阵形式还原在胶片上。其原理与电视机显像管中电子枪扫描屏幕上的荧光物质相似。

1. 激光光绘机

激光光绘机，简称光绘机，是集激光光学技术、微电子技术和超精密机械于一体的照排设备，用于在感光照相胶片上绘制各种图形、图像、文字或符号。首先，将印制电路板的图面映像到一个大存储阵列中，然后使激光束按照存储阵列中相应单元的值被打开或关闭（调制），从而得到所需的工艺照片。激光光绘机采用激光做光源，有容易聚焦、能量集中等优点，对瞬间快速的底片曝光非常有利，绘制的底片边缘整齐、反差大、不虚光。曝光采用扫描式，无论密度多大，均能在最短时间内完成曝光，绘制一张底片只需几分钟。因此成为当今光绘行业的主流。激光光绘机的光源多采用气体激光器，如氩、氦和氖等。气体激光器的光源强度大，但寿命却有限，约 6 000～10 000 h，因此使用一年多就需要更换光源，现在一些光绘机生产厂家采用了半导体激光器作为光源。

图 10-9 为 Create-LGP3200 光绘机的实物照片。该机光绘幅面：508 mm×660 mm；扫描方式：外滚筒式 16 路激光并行扫描；扫描精度：4000 dpi～16 000 dpi；成像时间：约 2 分钟；装片方式：真空吸附、单页上片；记录介质：红光氦氖激光片。

2. 光绘机的一般操作

（1）操作面板。位于机壳正面右上部。

① 指示灯。

图 10-9 光绘机的实物照片

　　a．电源灯（power）：该灯为绿色指示灯，用于显示 220 V 电源是否接通，电源开关打开，该灯即点亮；

　　b．故障灯（error）：该灯为黄色指示灯，当机器出现故障时，该灯即点亮；

　　c．运行灯（run）：该灯为绿色指示灯，用于指示工作状态；该灯常亮表示平台处于起始位；该灯闪烁，表示正在绘图；该灯不亮表示平台停止或正在返回起始位。

　　d．自检灯（test）：该灯为蓝色指示灯，用于指示"联机/自检"状态；该灯点亮表示为"自检"状态；该灯不亮表示为"联机"状态。

　　② 按键。

　　a．运行键（run）：该键为绿色带灯按键，控制滚筒转动，该键为乒乓按键，按一下滚筒转动，再按一下滚筒停止。

　　b．自检键（test）：该键为蓝色带灯按键，控制"联机/自检"状态。该键按下时为"自检"状态，指示灯亮；该键弹起时为"联机"状态，指示灯灭。

　　c．复位键（reset）：该键用于将平台复位，使其快速回到起始位，正常情况下为自动复位，不需按键。

　　（2）光绘机工作状态。光绘机有三种工作状态：自检状态、联机状态、调机状态。

　　① 自检状态：当自检键按下，"自检灯"亮，此时光绘机处于自检状态，不接受计算的控制信号。

　　② 联机状态：当自检键弹起，"自检灯"不亮，此时光绘机处于联机状态，接受计算机的控制信号和扫描信号。

　　③ 调机状态：当调机开关处于 ON 时，平台只受调机板控制，专门用于检测维修。

　　（3）光绘操作。

　　① 开、关机流程。开机流程：开真空泵→开光绘机电源。关机流程：关光绘机电源→关真空泵。

　　② 自检操作：本操作在"自检"键（test）按下，"自检"灯点亮的状态下进行。

　　③ 开机。检查平台是否在起始位。如不在等平台回到起始位。

　　④ 装片。从底片盒中取出胶片，打开光绘机上盖，将胶片浅色药面朝上，平置于滚筒上方，注意不要将胶片的药膜面划伤，也不要将安全绿灯近距离直射胶片。用手转动滚筒使胶片的一端对准滚筒上的起始槽，轻轻将胶片压下（此时手应该感觉到气槽吸力），检查片头是否与滚筒边缘平齐（不可超出，以免滚筒高速旋转过程中将胶片挂掉），胶片位置是否适中；而后缓缓将滚筒转动同时用手背轻压胶片直到胶片另一端被后气槽完全紧密吸合为止，检查是否漏气或胶片装斜，否则易发生打片现象。

　　关上光绘机上盖，按一下"运行键"（run），启动滚筒，滚筒启动，转速稳定后约 20 s，平台自动开始移动，自动绘制自检片，待平台走到右霍尔位置，滚筒、平台自动停止，并自动开始复位。

　　⑤ 下片。待滚筒停稳后，取下胶片。

　　⑥ 暗房冲洗胶片。正常自检片为黑白相间的条纹，边缘清晰；自检片用于检测机器是否正常，在故障发生时用以判定是光绘机故障，还是接卡或计算机主机故障。

　　⑦ 联机操作：本操作在联机状态下操作，"自检键"（test）弹起，"自检灯"不亮，操

作步骤同"自检操作"。

（4）调机操作。本操作在调机开关为 ON 时进行 （本操作由专业调机人员进行）。

10.2.2 冲片

1．冲片机

胶片（菲林）冲片机又称显影机，与光绘机连接，属印前处理设备。冲片机用药水显影，定影，经水洗、烘干，把胶片冲洗出来。

设备部件及功能：

（1）入板口：激光照排（光绘）后的胶片进入口。

（2）液晶显示面板：各工艺参数设置及工艺流程显示。

（3）显影槽：完成感光胶片图像显影（配显影泵）。

（4）定影槽：完成感光胶片图像定影（配定影泵）。

（5）烘干槽：采用热风循环吹干胶片（配热风烘干机）。

（6）出板口：成像后的干胶片输出口。

工业生产均采用自动工艺，全自动高温水平传动冲洗，胶片底片从前端输入，从后端输出，中间过程不需要任何人工操作。图 10-10 是 Create-AWM3200 自动冲片机的实物照片。该机采用全自动恒温水平传动冲洗工艺；最大冲洗宽度：550 mm；冲洗速度：300～1000 mm/min；可冲洗底片厚度：0.08～0.3 mm；全过程时间：80～240 s；药槽装药量：显影 11L，定影 11L；显影时间调节范围：20～40 s。

图 10-10　Create-AWM3200 自动冲片机的实物照片

2．冲片机的调试

新机器开机，可用清水代替药液进行调校和试验。机器通电以后，应利用键操作，仔细检查机器执行冲洗工艺是否为自己所需要的程序，各工艺参数是否满足需要，如不符合要求，可进行修正，否则有可能影响正常冲洗。同时也要检查一下机器各部件的运行情况是否正常，是否有渗漏。

一切正常后，等待机器加温，待药液加到预置温度后，机器便会发出送片信号，这时便可以正式冲片或做走片试验。选用正常规定的干净胶片，药膜面朝下，比较平整地送入暗箱入口。

软片送入暗箱口后，检测传感器将感受信号，面板上软片指示器上相应位置的指示灯亮，烘干系统、电磁水阀、传动系统都将工作。

3．冲洗

在测试全部结束，并一切正常以后，就可准备正式冲洗。

（1）关闭所有电源，将机器液槽、滚轴组件区分别清洗一遍。最好用干净毛巾擦干液槽。同时也仔细检查滚轴组件，是否因为运输不当造成定位杆螺钉松动，机器的其他部分也应同样检查一遍。

（2）严格按制药商规定，仔细配好冲洗套药，并按先定影、后显影的加液方法，先将定影液加到定影槽中至一定液位，再将定影轴架放入槽中，再加药液至溢出口。加药液时一定要小心，防止溅入其他槽内，如有药液溅入，应立即擦干净。

（3）同样的方法，将显影液加入显影槽。

（4）将水洗槽加满清水，并打开水龙头，水流小一些，待走片后，水洗电磁阀打开，水洗水自由流动，再注意进水量和溢出量是否平衡，要防止水压不稳定地区水压突然变大，水流溢出，溢向药槽，浪费药水。虽然机器上安有水位控制装置，但该装置频繁工作不利于机器正常运行，所以还是应严格控制水洗流量。

（5）正式冲片时，将软片轻轻地送入机器暗箱内，让滚轴夹住后再放手。

（6）待一张软片全部进入液槽，为保险起见，不要急于在该位置送入第二张软片，防止发生追片、叠片现象，等待时间应视冲洗速度而定。

★ 注　意 ★

在软片入片后不要再更改冲洗时间，以免影响冲洗质量。

（7）每天工作结束后，应在待机状态下关机，先关电源开关再关空气开关，最后再关闭总电源闸，不要一下拉掉总闸，否则会影响机器寿命。

4．冲片机操作

现以 AWM3000 冲片机为例，说明冲片机的一般操作方法。图 10-11 所示为该设备的操作面板。操作面板上设有 192 像素×64 像素的 LCD 显示屏及 5 个操作按钮。

（1）操作按键。

①"↑"、"↓"键：在普通状态下，可以通过该按键选择 1～4 主菜单。顺序为 1-4-3-2-1，以此循环；在子选项中选择并按下"确定"键后，该按键可增加和减少相应数值或者在开启和关闭之间切换。

②"←"、"→"键：在第 2 和第 3 主菜单中，按此按键可以进入该主菜单的子选项，并实现递加、递减切换。被选中的子选项呈反显。在反显状态下可按"确认"键进行子选项的设置，在设置时子选项闪烁显示。

③"确定"按键：反显状态下，可按"确认"按键进行子选项的设置，在设置时子选

图 10-11　设备的操作面板

项闪烁显示。此时按"↑"、"↓"键可对相应子选项进行更改，更改合适的数字或状态后再次按"确定"按键可返回反显状态。

（2）参数设置。LCD 显示屏中有四个主菜单，各个主菜单下设有各子选项，各个菜单显示如图 10-12 所示。

① 第 1 主菜单"状态"及其子选项如图 10-12（a）所示。第 1 菜单界面，显示显影槽、定影槽、烤箱三个温度值，以及冲洗时间和本次开机共入片值。本菜单没有子选项可选择。

② 第 2 主菜单"设置"及其子选项如图 10-12（b）所示。第 2 主菜单界面，显示各个要设置的参数值。

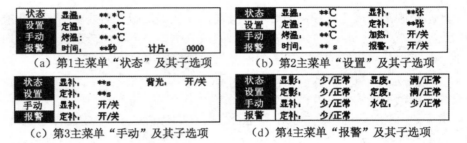

（a）第1主菜单"状态"及其子选项　　　（b）第2主菜单"设置"及其子选项

（c）第3主菜单"手动"及其子选项　　　（d）第4主菜单"报警"及其子选项

图 10-12　LCD 显示屏中的四个主菜单

"显温"、"定温"为显影液和定影液的温度，设定范围为 20～50℃。"烤温"即烘干温度，一般设定范围为 20～60℃。

"时间"为胶片冲洗时间值。设定范围为 20～60 s。

"显补"、"定补"两项为自动补液的胶片张数。即每自动补充一次显影液需要冲洗的胶片数量。如选择数值为"5"，则每冲洗 5 张胶片补充液体一次，每次补充液体数量为 80～90 mL。设定范围为 1～99 张。

"加热"选项设置为是否需要对显影液、定影液预加热，如设置"开"则按照设置温度进行预加热后才能入片，如设置"关"则不对液体进行加热，直接入片。

"报警"选项的开启与否决定在液位报警时是否也能入片。如该项开启，则在液位报警时无法入片，此时需进入第 4 主菜单界面检查各个液位是否正常；如该项关闭，则不论是否液位报警都能入片，但不保证胶片显影质量。

在该主菜单下，按"←"、"→"键能进入子选项选择。相应子选项字体反显，此时按"确定"键子选项闪烁，按"↑"、"↓"键能对相应子选项数值进行更改或者对子选项实行开启或关闭操作。

③ 第 3 主菜单"手动"及其子选项如图 10-12（c）所示。第 3 主菜单界面，显示手动补液参数和手动开关，以及 LCD 背光开关。"显补"、"定补"为手动补液的时间设置值，单位为 s。

后两项"显补"、"定补"设置为"开"后手动对液体进行补充，补充时间即为上述设置值。"背光"可设置 LCD 的背光开关与否。

在该主菜单下，按"←"、"→"键能进入子选项选择。相应子选项字体反显，此时按

"确定"键子选项闪烁，按"↑"、"↓"键能对相应子选项数值进行更改或者对子选项实行开启或关闭操作。

④ 第 4 主菜单"报警"及其子选项如图 10-12（d）所示。第 4 主菜单界面，显示各液体液位是否正常，如正常则显示"正常"；如不正常，则显示各相应状态，此时需要检查相应液体的量是否充足或者废液是否满溢。

（3）蜂鸣报警。当检测到补充液液位不足或者各个液体槽液位不足或者废液桶满时，出片机会发出蜂鸣报警提示，声音为持续 1 s 的"嘟"声后停止 1 s，如此反复。在该状态下如显影槽（第一子选项）、定影槽（第二子选项）及水槽（第七子选项）液体液位低，本机将自动补液，直至液位正常。其他状态如无人为动作不会改变，会持续报警。用户可根据提示做相应动作。

10.2.3　裁板

裁板又称下料，在 PCB 制作前，应根据设计好的 PCB 图的大小来确定所需 PCB 覆铜板的尺寸规格。

1. 裁板机

一般裁板机可分为：脚踏式（人力）、机械式、液压摆式、液压闸式。一般的中小企业常用的裁板设备有两种，一种是手动裁板机，另一种是脚踏裁板机。

裁板的基本原理是借助于运动的上刀片和固定的下刀片，采用合理的刀片间隙，对各种厚度的板材施加剪切力，使板材按所需要的尺寸断裂分离。剪切工艺应能保证被剪覆铜板剪切表面的直线性和平行度要求，并尽量减少板材扭曲，以获得高质量的工件。图 10-13 所示为手动裁板机外形图。

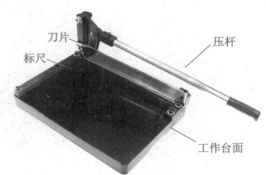

图 10-13　手动裁板机

2. 手动裁板机操作方法

（1）板材固定。根据用户所需裁剪尺寸大小，首先移动定位尺来确定裁剪尺寸，并提起压杆，再将待裁剪的板材置于裁板机底板上，并且将板材移至刀头部分，（靠近压杆根部位置）对齐对位标尺和定位尺，使其裁剪尺寸更加精确。

（2）裁板。板材固定完毕后，在裁板过程中，为避免板材的移动导致裁剪倾斜，应先左手压住板材，右手再将压杆压下，压下压杆即完成一条边的裁板；重复上述步骤就可以完成多边或多块板的裁剪。由于弯刀型裁板机弯刀受力支点靠首端，在确定好覆铜板尺寸并固定好定位尺后，将覆铜板往前端移动再裁剪可更省力。刀片在使用中，可以使用刀距调节旋钮使其距离编紧，使得裁板更加精确。

（3）在使用时，严禁将手或身体的任何一个部位放入刀片下，手握压杆时，尽量靠后，以免造成不必要的伤害。

10.2.4　抛光

抛光是除去 PCB 铜面的油污和氧化层，增加铜面的粗糙度，以利于后续的压膜制程。

1．抛光机

线路板抛光磨刷清洗处理机（抛光机），是 PCB 生产工艺中不可缺少的专业设备，可对 PCB 进行刷磨、清洗、吸干等表面处理，集进料、磨刷、水洗、吸干、出料诸多功能于一体。图 10-14 是 Create-BFM3200 抛光机的实物照片，该机可进行 PCB 表面全自动抛光处理；刷板方式：独立单面抛光、双面同时抛光；配有双丝杆调节轮；具有电气自动控制进水功能和排水功能以及传动导轨拆卸、双面吸水辊吸干、自动传送自动烘干、不锈钢链式传送等功能；控制系统：高性能嵌入式处理器+嵌入式操作系统，人机界面：大屏幕彩色液晶显示屏+触摸屏；能在触摸显示屏内阅读电子版抛光制作工艺说明书；能在触摸显示屏内播放抛光工艺制作后的线路板效果图；刷板尺寸：宽≤400 mm，长≥100 mm；刷板厚度：0.5～6 mm 可通过手轮调节；各部件的作用见表 10-1。

图 10-14　Create-BFM3200 抛光机的实物照片

表 10-1　抛光机各部件的作用

序　号	部 件 名 称	功　　　　能
1	电源开关	控制总机电源
2	控制面板	人机界面为触式操作，液晶显示，设置机器工作参数，控制机器运行
3	速度调节旋钮	调节传动速度
4	急停	紧急停止按钮
5	入板口	待抛光板材的入口
6	上刷调节旋钮	调节上刷的抛光力度
7	下刷调节旋钮	调节下刷的抛光力度
8	顶部钢化玻璃盖	防止水溢出
9	出板口	抛光后板材的出口
10	脚轮	便于移动机器，带刹车可固定位置

2. 工艺流程

（1）入板，将 PCB 平放在送料台上，转动组件自动完成传送。

（2）抛光。带自来水洗双面抛光。

（3）吸干，三级吸水辊吸干。

（4）烘干，风机烘干，参考温度设置在 50～70℃。

（5）出板。

3. 抛光机的具体操作

（1）开机过程。

- 合上电源开关。
- 接通水源，开启刷辊喷淋管。
- 开启刷辊传动开关。
- 开启刷辊摆动开关。
- 开启自来水洗球阀。
- 开启传送电动机开关。
- 摆放工件，进行作业。

注：每次上电，喷淋管会自动喷淋一次，时间约为 20 s。时间到后自动断开。

（2）待机界面。显示"上刷"、"下刷"、"烘干"、"传送"，均为关闭状态时显示"OFF"，并显示烘干箱内的实测温度及设定温度，按上下箭头可修改设定温度，调节范围为 20～80℃。人机界面采用触摸式操作与按钮操作相结合的方式，用户可以根据液晶屏显示的图标内容进行预备操作，如设定合适的烘干温度，也可以通过调节旋钮设置传送速度。

（3）设备操作。

① 单面板抛光操作流程。根据板材入板情况选择上刷或者下刷操作，如抛光面朝上，则选择上刷抛光；抛光面朝下，则选择下刷抛光；当刷辊电动机启动后，传动和烘干系统立即启动，待烘干系统进入恒温状态后，即可按工艺流程进行操作。

② 双面板抛光操作流程。选择上刷和下刷同时抛光；当刷辊电动机启动后，传动和烘干系统立即启动，待烘干系统进入恒温状态后，即可按工艺流程进行操作。

（4）关机顺序。

- 关闭刷辊传动电动机开关。
- 关闭刷辊摆动电动机开关。
- 关闭自来水洗开关。
- 关闭传送电动机开关。
- 关闭总电源开关，全部按钮复零位。

4. 操作注意事项

（1）如果材料表面出现有胶质材料、机油、严重氧化等，须先人工对材料进行预处理，以免损坏机器；表面含铅锡的板子，不可进入机器抛光。

（2）自来水洗时，注意喷出的水流是否畅通，水压是否足够，水流不畅不能进行工作，否则易损坏刷辊。

（3）检查入板口有无异物，防止异物进入损坏机器。

（4）多个板子同时抛光时，板子之间应留有适当距离，以防止板子重叠。

（5）考虑到热惯性和 PVC 的耐热性，建议将温度设定为 50～80℃。

（6）遇紧急情况，立即按"急停"按钮停止机器运转，紧急情况解除后，向右旋转"急停"按钮，解除"急停"。

（7）应保持触摸屏干燥，避免水滴到屏上，否则可能导致触摸操作失效。

10.2.5 钻孔

1. 工艺描述

钻孔是在镀铜板上钻通孔或盲孔，建立 PCB 层与层之间以及元件与线路之间的连通。图 10-15 所示为钻孔示意图。主要物料及其作用：钻头——碳化钨，钴及有机粘接剂组合而成，钻孔工具；盖板——主要为铝片，在制程中起钻头定位、散热、减少毛头、防压力脚压伤 PCB 作用；垫板——主要为复合板，在制程中起保护钻机台面，降低钻头温度及清洁钻头沟槽胶渣作用。

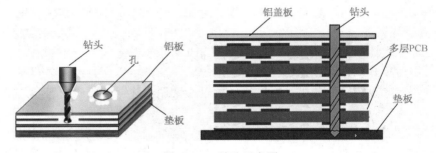

图 10-15 钻孔示意图

工厂用于 PCB 生产的大型自动钻孔设备，钻孔速度快，精度高，使用可靠，适用于 PCB 高精度双面板、多层板的钻孔加工。具有超大幅面，配备先进精确的接触式断刀检测系统和刀具直径检测系统，还可根据板厚智能、合理设定下钻参数，提高工作效率，并精确的制作盲孔。

机床选用气浮轴承主轴，配备变频电源，最高转速可达每分钟 16 万转，特别适合于小孔径加工。闭路恒温冷却水循环系统及空气干燥冷却系统为电主轴使用提供了可靠保障。主轴由独特电机套带动垂直移动，并配以新型压力脚及抽尘吸尘装置。

X、Y、Z 轴运动采用交流伺服系统驱动、高精密滚珠丝杆和精密直线导轨，并辅以 X、Y 轴光栅尺全闭环反馈，因而机床运行平稳而且精度高。钻机具有完备的软、硬限位，采取了过热，过载等多种保护措施。

图 10-16 所示为 Create-DCD3200 小型自动数控钻床的实物图。

图 10-16　Create-DCD3200 小型自动数控钻床

2．小型自动数控钻床的安装

自动数控钻床以其快速、高精度的性能不仅缩短了制板周期，同时大大降低了快速制板的难度，有效提高了制板的成功率。用户只需在计算机上完成 PCB 文件设计并将 PCB 文件或 NC Drill 文件通过 RS-232 串行通信口（或 USB 接口）传送给数控钻床，数控钻床就能快速地完成自动定位、分批钻孔等动作。现以 Create-DCD6050 小型自动数控钻床为例，说明数控钻床的安装及使用方法。

数控钻床的安装包括硬件和软件的安装，其中，硬件的安装需要完成数控钻床电源以及与 PC 机之间数据线路的连接；而软件安装主要完成在 PC 里安装与操作系统版本相应的控制软件即可。

（1）硬件的安装。确定好数控钻床与计算机的位置，将附带的串口线一头连接到数控钻床的串口，另一头连接到 PC 的串口（串口 1 或串口 2 任意）。再将数控钻床的电源线连接好。

（2）软件的安装。PC 配置需求：CPU586DX-500M 以上，256 M 以上内存；带可用的串口（COM1/COM2）1 个以上；操作系统 Windows XP，14VGA 彩显或以上显示器，附带 CD-ROM 驱动器。

打开 PC 箱盖子，将厂家配套的 PCI 数据卡插到对应的主板 PCI 槽位，拧紧螺钉并盖上机箱盖子。打开计算机电源，启动 Windows XP。将随机附带的安装光盘放入光驱，自动运行后可根据提示逐步进行，便可完成控制软件的安装。

单击"完成"按钮返回操作系统，将软件狗（USBKEY）插入计算机的 USB 接口即完成软件狗的安装（注：如果软件狗已经插在 USB 口，拔出再插入即可，不需要关闭计算机）。

3．钻孔工艺流程

钻孔流程：联机上电→固定板件→导入文件→定位设置→分批钻孔。

（1）钻孔前的准备。连接好数控钻床的串口线与电源线，将数控钻床回复到原点位置（指主轴电机靠最右端，底面平台靠最后端），将 PCB 底层朝上，PCB 边框线右下角应与显示器显示的电路图左上角对应，同时确保 PCB 下边框线与底板边框处于同一水平线，如图 10-17 所示。装好某种规格的钻头，（电路板上的孔一般分为三种规格。过孔：大小为 0.3～0.6 mm。接插件孔：大小为 0.7～1.0 mm。板座孔：1.2 mm/2.0 mm/3.0 mm。）

用胶带将待钻孔的 PCB 粘贴在底板适当位置，手动调整底板和主轴电机的位置，使钻头对准线路板边框线右下角，启动钻孔机主电源和主轴电源。

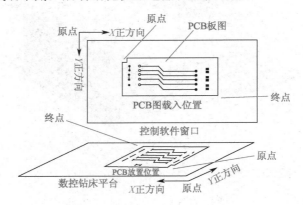

图 10-17　线路板的放置

（2）钻孔。将待钻孔的 PCB 图调入控制程序，并单击"输出"按钮。选择数控钻床与计算机相连的串口，设置线路板厚度为 2.5，（一般为板厚+0.5 mm，确保能将 PCB 足够打穿）并单击"输出"按钮，出现如图 10-18 所示的窗口，根据钻头与线路板的距离，调整钻头上升或下降，使钻头接近线路板约 1 mm 的距离（钻头上升或下降移动的距离单位为 mm），然后根据钻头与线路板边框线右下角的偏移位置选择主轴左、右移动，底板前、后移动适当距离（主轴左、右移动和底板前、后移动的数值），使钻头与线路板边框线（Keep Out Layer）右下角对准。

对准好起点位置后，单击"设置原点"按钮，然后单击"设置终点"按钮，此时主轴电机会自动移到终点位置并停留在终点位置（即 PCB 边框线左角）。选择右边列表框中某种规格的孔径，单击"钻孔"按钮，钻头抬升 1 mm，之后不再抬头。即钻孔时钻头与 PCB 之间的距离高度是 2 mm，如图 10-19 所示，钻孔机开始钻孔。

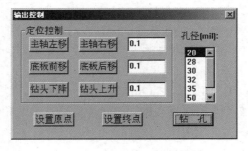

图 10-18　输出控制界面

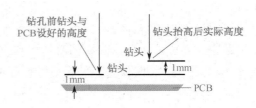

图 10-19　钻孔时钻头距 PCB 高度

钻好一批规格的孔后，如需更换钻头，则在钻头上升、下降输入框中输入适当的值，使钻头抬高适当的距离，以方便更换钻头，更换钻头前，一定要先关闭主轴电源，但不要关闭总电源开关，否则需要重新定位），更换好钻头后，将钻头下降适当距离，使钻头与线路板的距离为 2 mm 左右，选择对应规格的孔，单击"钻孔"按钮，数控钻床即开始打下一批孔。以此类推，即可完成所有规格的打孔工作。

10.2.6　金属过孔

金属过孔是双面板和多层板的孔与孔间、孔与导线间通过孔壁金属化建立可靠的电路连接，采用将铜沉积在贯通两面、多面导线或焊盘的孔壁上，使原来非金属的孔壁金属化。

1．工艺描述

金属过孔工艺包括孔内沉铜（PTH）及板面电镀两道工艺过程。孔内沉铜被广泛应用于有通孔的双面板或多层板的生产加工中，其主要目的是通过一系列化学处理方法在非导电基材上沉积一层导电体。金属化孔要求金属层均匀、完整，与铜箔连接可靠，电性能和机械性能符合标准。图 10-20 所示为沉铜及板面电镀剖面示意图。

2．智能金属过孔机

图 10-21 所示为 Create-MHM4500 智能金属过孔机，可以用来实现金属过孔工艺。表 10-2 是该机的部件功能说明。

智能金属过孔机具有物理沉铜和镀铜双工艺，采用国外流行的黑孔工艺，先进的开关式恒流技术，电镀电流稳定，不受其他外部因素的影响；智能金属过孔机使用高精度高稳定的数字控制芯片来调节输出电流，配合液晶触摸屏显示使输出电流的分辨率高于 50 mA。

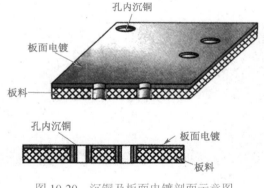

图 10-20　沉铜及板面电镀剖面示意图

图 10-21　Create-MHM4500 智能金属过孔机

表 10-2　部件功能说明

序　号	部 件 名 称	功　　能
1	滑盖	采用高精度直线导轨限位和防腐型导轮，主要用于总机的液体保护。使用时，将滑盖向后轻轻平推即可
2	总电源开关	采用大电流断路器，具有短路保护作用，主要用于控制总机的主电源
3	主机触摸屏	采用友好的人机界面，操作简单便捷，主要用于设备工艺流程控制、工艺参数的设置及设备状态的显示

（续表）

序　号	部件名称	功　能
4	负压气泵	高强真空吸力，强气流设计，主要用于黑孔工艺的通孔环节
5	零件存放柜	用于存放一些主机设备使用的器件、防腐挂具和电镀夹具
6	工作槽	"预浸"、"水洗"、"活化"、"通孔"，"微蚀"、"水洗"、"镀铜"为设备主要工作槽，用于完成工艺流程

3. 金属过孔工艺的操作过程

（1）主机触摸屏操作界面如图 10-22（a）所示。

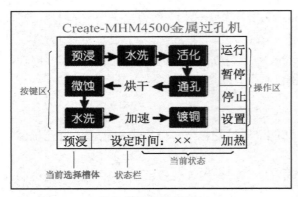
（a）触摸屏操作界面

（b）参数设置界面

图 10-22　主机触摸屏及参数设置界面

（2）主机启动。

① 将主机插上电源。同时将负压气泵电源插头插入主机电源座（主机后下方插座），并将负压气泵电源开关打开。

② 启动主机：向上拉起主机右侧面总电源开关。

③ 启动加热槽体：打开电源后，液晶触摸屏点亮，显示操作界面。轻触"预浸"按钮，蜂鸣器鸣叫，表示点触成功。状态显示栏显示"预浸"，表示当前工作状态。单击"运行"，槽体开始加热。当槽体温度达到设定温度后，状态栏显示"恒温"，预浸槽就可以正常工作了。

④ 参数设置：在操作区单击设置键，进入参数设置界面，如图 10-22（b）所示。轻触流程图标，通过↑、↓键设置相应的数值（预浸——5 min、活化——2 min、通孔——2 min、微蚀——2 min）。轻触"确定"保存，轻触"退出"回到主界面。

⑤ 当开始相应的工序时，应轻触相应的工序图标。状态栏显示所选择工序槽体的状态。轻触"运行"图标，剩余时间开始倒计时，相应工序图标开始闪动。当工序完成，蜂鸣器报警，状态栏显示设定时间，相应的工序图标将以反色显示。所以，在同时进行多个工序作业时，以反色显示的图标就表示相应的工序槽已经完成预定任务。

10.2.7　线路感光层制作

线路感光层制作是将光绘制片底片上的电路图像转移到电路板上，在线路板制作工艺上，具体方法有干膜工艺、湿膜工艺两种。不管干膜和湿膜，都是感紫外光的材质。

1. 干膜工艺

干膜工艺就是将经过处理的基板铜面通过热压方式贴上抗蚀干膜，压膜采用自动覆膜机，自动覆膜机可以在覆铜板的双面上均匀压贴感光干膜，其压辊的温度、压力、速度可调，压辊选用特种合金铝辊芯，加热快且均匀，压辊表面使用特殊硅胶，压膜均匀平实无气泡，其示意图如图 10-23 所示，图 10-24 是一种覆膜机的实物照片。

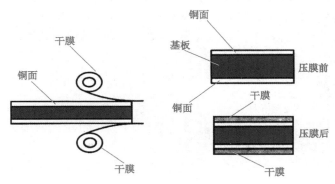

图 10-23　干膜工艺示意图

2. 湿膜工艺

湿膜本身是由感光性树脂合成，添加了感光剂、色料、填料及溶剂的一种蓝色粘稠状液体。湿膜与基材上的凹坑、划伤部分的接触良好，且湿膜主要是通过化学键的作用与基材来粘合的，从而湿膜与基材铜箔间有优良的附着力，使用丝网印刷能得到很好的覆盖性，这为高密度的精细线条 PCB 的加工提供条件。由于湿膜与基材的接触性、覆盖性好，又采用底片接触式曝光，缩短了光程，减少了光能的损失及光散射引起的误差。

图 10-24　干膜覆膜机

湿膜的分辨率一般在 25 μm 以下，提高了图形制作的精密度，而实际生产中干膜的分辨率很难达到 50 μm。湿膜工艺操作要点如下：

（1）刷板。对前工序提供的材料（即生产板）要求板面无严重的氧化、油污、折皱。一般采用酸洗（5%硫酸）喷淋，除去有机杂质和无机污物，然后使用 500 目的尼龙刷辊磨刷。刷板后要达到：铜表面无氧化、无水迹，铜表面被均匀粗化并具有严格的平整性，以增强湿膜与铜箔表面的结合力，满足后续工序工艺的要求。刷板后的铜箔表面状态直接影响 PCB 的成品率。

（2）丝网印刷。使用的设备为线路板绘印机，为达到需要厚度的湿膜，丝印前要选丝网，要注意丝网的厚度、目数（即单位长度上的线数）。膜厚同丝网的透墨量有关，实际透墨量还与湿膜黏度、刮胶压力、刮胶移动速度有关。印后板面湿膜厚度要控制在 15～25 μm 之间，膜过厚容易产生曝光不足、显影不好，预烘难以控制；膜过薄易产生曝光过度，电镀时的绝缘性差，去膜也困难。

湿膜在用前要调好黏度，并充分搅拌均匀，静止 15 min，丝印场地的环境要保持洁净，以免外来杂物落在膜表面上影响板子的合格率。

（3）预烘（油墨固化）。使用油墨固化机，第一面在 80～100℃温度下烘 7～10 min，第二面也在相同温度下烘 10～20 min。预烘主要是蒸发油墨中的溶剂，预烘关系到湿膜应用的成败。预烘不足，在存储、搬运过程中易粘板，曝光时易粘底片，最终造成断线或短路；预烘过度，易显影不净，线条边缘有锯齿状。烘干后的板子要尽快曝光，最好不要超过 12 h。

10.2.8　图形曝光

图形曝光是通过光化学反应，将线路感光层制作底片上的图像精确地印制到感光板上，从而实现图像的再次转移。

1. 工艺描述

图形曝光的目的是经光线照射作用将原始底片上的图像转移到感光底板上，其工艺原理是：底片上白色透光部分发生光聚合反应，黑色部分则因不透光，不发生反应，显影时发生反应的部分不能被溶解掉而保留在板面上。

曝光工艺是通过带 UV 光源的曝光机来实现图像转移的，有闪光和平行光两种，后者较好。曝光机有很多不同的型号与规格，但其结构与工作原理基本相同。工作时高压真空泵将玻璃平面与橡胶皮之间抽成真空，使感光材料紧贴玻璃平面，保证曝光精度，广泛应用于线路制作、阻焊制作及丝网制作等的曝光工艺。图 10-25 所示为一款曝光机的实物照片和曝光示意图。

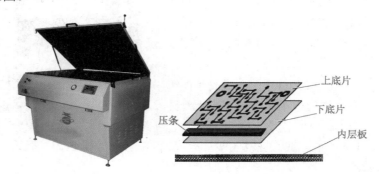

图 10-25　曝光机的实物照片和曝光示意图

2. 操作流程

以 Create-EXP3300 曝光机为例，Create-EXP3300 曝光机适用于丝印网版的曝光。

（1）清洁玻璃平面。打开曝光机翻盖，检查玻璃平面是否干净，若有污点，应用毛巾蘸酒精擦洗干净。

（2）通电。接好电源插头，并开启电源开关，设备进入待机界面。

（3）参数设置。在待机界面，按"设置"按钮，进入参数设置界面。在参数设置界面，通过"↑"、"↓"按钮对当前参数值进行修改，修改完毕后，按"确定"，可以保存参数并进入下一参数项的设置。

全部设置完成后按"退出"，即可返回待机界面。

若需恢复出厂设置，或者进行曝光灯寿命清零，可在参数设置界面，通过"确定"按钮，选中对应项，长按"↑"或"↓"即可。

曝光参考参数：曝光灯恢复时间：100 s；预真空：10 s；线路干膜曝光，45 s；阻焊及字符油墨曝光时间：180 s。

（4）曝光操作。将待曝光的板件或丝网框贴好光绘底片，平放在玻璃平面上，等待曝光使能灯点亮。

① 手动曝光。依次单击触摸屏"曝光灯"、"真空"按钮，待电流状态指示显示为"恒流"时，再按"曝光"按钮，即进行曝光操作。

曝光完成后，若需继续曝光，则再按"曝光"按钮即可。若暂时不需曝光，则按"曝光灯"按钮，熄灭曝光灯。

② 自动曝光。除手动曝光外，本设备也提供了一键操作、自动曝光的便捷方式。设置好参数后，待曝光使能灯点亮，按"自动"按钮，设备自动完成"抽真空→点亮曝光灯→曝光→曝光完成"全过程。

10.2.9　图形显影

显影是将 PCB 上没有曝光的感光层部分除去得到所需电路图形的过程。进行图形转移后的感光层中，未曝光部分的活性基团与显影液（稀碱溶液）反应生成亲水性的基团（可溶性物质）而溶解下来，而曝光部分经由光聚合反应不被溶解，成为抗蚀层保护线路。

显影操作一般在显影机中进行，控制好显影液的温度，传送速度，喷淋压力等显影参数，能够得到好的显影效果。图 10-26 所示为一款自动显影设备的实物照片。

图 10-26　自动显影设备

1. 工艺描述

显影的目的是利用碱液的作用，将未发生化学反应的干膜部分冲掉，主要生产物料是弱碱性显影液（K_2CO_3）。其工作原理是：将未发生聚合反应的干膜冲掉，而发生聚合反应的干膜则保留在板面上作为蚀刻时的抗蚀保护层。

显影机是对 PCB 进行图形转移的设备，适用于水溶性干膜为光致抗蚀剂的印制板显影，也适用于液态感光胶的显影。以 Create-DPM6200 全自动喷淋显影机为例，该机可通过高压喷淋与自动传送，实现 PCB 制程中的自动显影工艺过程；具有自动显影、液体隔离、自动水洗、板件表面液体吸干等功能；工作方式：PCB 自动进出板，上、下双面自动高压喷淋；具备上、下喷淋压力检测及调节功能，能根据工艺要求对上、下喷淋压力进行相应调整；工作时间：10～240 s 之间调节。各部分的功能见表 10-3。

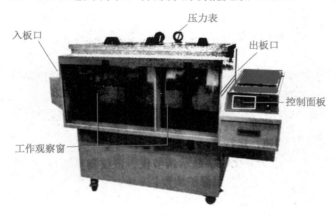

图 10-27　Create-DPM6200 全自动喷淋显影机

使用显影机由于溶液不断地喷淋搅动，会出现大量泡沫，因此必须加入适量的消泡剂。如正丁醇、食品及医药用的消泡剂、印制板专用消泡剂 AF-3 等。消泡剂起始的加入量为 0.1％左右，随着显影液溶进干膜，泡沫又会增加，可继续分次补加。显影后要确保板面上无余胶，以保证基体金属与电镀金属之间有良好的结合力。

表 10-3　显影机部件名称及功能

序　号	部件名称	功　能
1	工作观察窗	便于实时观察设备工作情况，密封性好，拆卸方便，便于设备的监测和维护
2	入板口	用于待显影板件进料，显影时只要将板材平放于此，启动设备，机器将自动带入
3	压力表	当显影槽喷淋时，两表分别用于指示上下喷淋的压力，通过调节阀门，可以使上下喷淋压力平衡，确保上下显影效果
4	出板口	用于工艺完成后板件的出料
5	控制面板	彩色触摸液晶屏，作为人机交互界面，用于设备工艺流程控制，工艺参数设置及设备状态显示

2．操作流程

以 Create-DPM6200 全自动喷淋显影机为例。

（1）显影液配置。首次使用设备时，需先进行显影液配制。

打开玻璃盖及内盖，加入 50 L 水，然后倒入 500 g 显影粉，并盖好玻璃盖及内盖（溶液浓度控制在 0.8%～1.2%）。

（2）设备上电。打开电源开关，系统自检，自检完毕系统进入待机界面，如图 10-28（a）所示。

（3）参数设置。

① 在待机界面，轻触"设置"按钮，进入参数设置界面，如图 10-28（b）所示。

② 参数设置方法：直接轻触选中需设置的参数项，通过"加、减"键调整参数值。同样方法依次完成所有参数设置后，轻触"退出"键可保存本次设定的参数，并退出设置状态，返回到待机界面。（显影参考参数：温度 45℃，时间 50 s。）

（4）运行。待机界面下，当槽内温度达到设定温度后，轻触"运行"按钮即可开始运行，如图 10-28（c）所示。

（5）查看帮助。初次使用设备或者出现异常情况时，请查看设备的帮助功能。在待机界面轻触屏幕右上角图标，即可进入帮助界面，如图 10-28（d）所示。

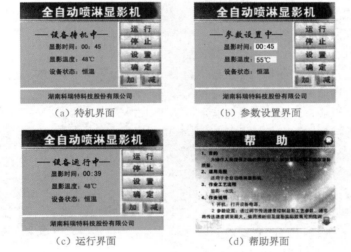

（a）待机界面　　　　　　　　　（b）参数设置界面

（c）运行界面　　　　　　　　　（d）帮助界面

图 10-28　控制面板

10.2.10　图形电镀

图形电镀（镀锡）是在 PCB 线路部分（包括器件孔和过孔）镀上一层锡，用来保护线路部分不被蚀刻液腐蚀，防止在后续蚀刻流程时将线路部分蚀刻掉。

在工业生产中，尤其是双面板制作中，一般要进行沉铜和加厚电镀，其工艺过程为：首先在干膜上网印负性电路图形，经曝光、显影后，PCB 上有蓝色和红棕色部分，蓝色部分是干膜，红棕色部分是铜，当然干膜底下也是铜箔，只是被覆盖了而已，干膜底下的铜是不需要的，将来要蚀刻掉。而红棕色的铜由于厚度有时达不到客户的要求，所以需要进行图形电镀，就是在这部分图形上电镀一层铜，使铜箔厚度达到客户要求，然后再镀上一层保护锡，这时的板子是白色与蓝色的，白色是锡，蓝色的还是干膜，它们底下都是铜，但是锡下的铜肯定比干膜下的要厚一些，因为干膜底下的铜有干膜的保护，所以是镀不上铜的。最后再进行外蚀，也就是先把干膜取掉，再蚀刻掉干膜下的铜箔，锡下的铜箔因为有锡的保护不会被蚀刻掉，最后再经褪锡，剩下来的图形就是外层图形了。

1. 工艺描述

镀锡前，将电路板进行微蚀，进一步去除残留的显影液，再用清水冲洗干净。镀锡的好坏直接影响制板的成功率和线路精度。

图形电镀工艺一般由自动镀锡机完成。将显影完毕 PCB 的一个边缘用刀片或其他锐器刮除掉表面的线路油墨，漏出导电的铜面。然后用电镀夹具将 PCB 夹好，挂在电镀摇摆框上（阴极）并拧紧。打开电源，调整好电镀电流开始电镀，此时在线路板表面会有少量气泡产生，属于正常情况。如果气泡量非常大，则表示电镀电流过大，应及时调整电流大小。调整应遵循从小到大的原则；刚开始电镀，应将电流调节到较小值，待电镀到总时间的三分之一后，再将电流调节到标准电流大小。电镀完毕后，及时用水冲洗干净。电镀完成后在线路表面和孔内壁应有一层雪亮的锡层。

2. 工艺流程

首次使用应先向各槽内注入适量市水，检查各管道和机体有无渗漏，确定无漏液后，接通电源启动设备，查看运行是否正常。全部确认无误后，排尽市水，即可向各槽内相应加入标准配制的药液至合适液位。槽液主要由硫酸亚锡，硫酸和添加剂组成，硫酸亚锡含量控制在 35 g/L 左右，硫酸控制在 10%左右；锡缸温度维持在室温状态，一般温度不超过 30℃，多控制在 22℃，因此在夏季温度太高时，建议锡缸加装温控冷却系统。图 10-29 为 Create-CPT4200 智能镀锡机的实物照片。

图 10-29　Create-CPT4200 智能镀锡机的实物照片

CPT4200 智能镀锡机通过高频双向脉冲电镀电源，实现线路板制程中的镀锡工艺过程；加工尺寸：400 mm×300 mm 双面板；控制系统：高性能嵌入式处理器+嵌入式操作系统；功能特点：带预镀功能，电镀短路、无镀件断路检测功能；电镀电源：全数控正、反向脉冲电镀电源，电压：最高 DC 6V；摇摆机构摆动方式：飞轮盘结构；摆动频率：6 次/min，摆动距离：10 cm。下面以该机为例，简述镀锡机对 PCB 的电镀（镀锡）工艺过程。

（1）开机。打开自动镀锡机主机电源开关，此时液晶屏出现欢迎画面，随后自动进入主界面。

（2）实时电流设置。在显示主界面时，按"+"或"-"就可以实时对电流进行设置，设置运行电流至合适大小，最佳电镀电流为 1.5～2 A/dm^2，电镀锡的电流计算一般按此数值乘以板上可电镀面积，最佳电镀时间为 20 min。

（3）参数设置。在显示主界面时，按"SET"键，此时液晶屏进入参数设定界面。通过"SET"键在"设定电流"和"设定时间"中选择。当选定后，图标会反色显示，然后按"+"或"-"就可以对其进行设置，按"ENT"键进行确认，然后液晶屏返回到主界面。

（4）运行。在显示主界面时，按"ENT"键，开始镀锡过程，此时液晶屏上会显示"运行电流×.×A"、"剩余时间××：××"、"运行电压×.×V"，在镀锡过程中可按"+"或"-"对运行电流进行设置，镀锡过程中镀锡机会发出声音，以提示正在进行镀锡。

（5）暂停和停止。在镀锡过程中，按"SET"键即可暂停镀锡，此时镀锡机发出三次报警声，以提示暂停；需要继续时按下"ENT"键可继续镀锡。

在镀锡过程中，按"ENT"键就可以终止镀锡过程，此时镀锡机发出三次报警声，以提示镀锡过程终止，然后液晶屏返回到主界面。

（6）结束。镀锡时间到达设定时间，镀锡过程自动结束，此时液晶屏上会显示"电镀完成"，蜂鸣器报警，以提示镀锡过程中止，按下"ENT"键，报警声停止，然后液晶屏返回到主界面。

10.2.11 图形蚀刻

图形蚀刻是以化学的方法将线路板上不需要的那部分铜箔除去，使之形成所需要的电路图。其工艺流程是：进板→蚀刻→循环压力喷淋市水洗→市水洗→出板。

1．工艺描述

将经过显影后的 PCB 放在蚀刻液（$CuCl_2$）里蚀刻，由于干膜具有抗蚀刻性，盖膜的地方保护了底下的铜，而露在外表的铜被蚀刻掉，这样就形成了带干膜铜箔形成的图形。

如果制作过程中经过图形电镀工序，则有锡覆盖的部分不会被蚀刻，后续处理后成为线路图形。

2．蚀刻设备

蚀刻设备是腐蚀机，以 Create-AEM6200 全自动喷淋腐蚀机为例，全自动喷淋腐蚀机适用于镀覆以金、镍、铅锡合金、锡镍合金及纯锡等为电镀抗蚀层的印制电路板的蚀刻。

图 10-30 是 Create-AEM6200 全自动喷淋腐蚀机的外部结构，其部件名称及功能说明见表 10-4。

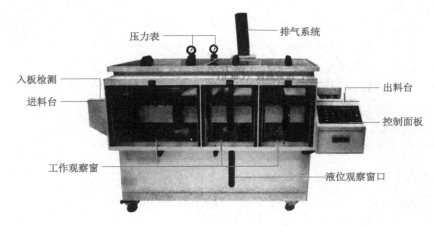

图 10-30　Create-AEM6200 全自动喷淋腐蚀机

表 10-4　Create-AEM6200 全自动喷淋腐蚀机部件说明

序 号	部件名称	功 能
1	压力表	当蚀刻槽喷淋时，两表分别用于指示上下喷淋的压力，通过调节阀门，可以使上下喷淋压力平衡，确保蚀刻效果
2	入板检测	进料台装有检测装置，如有进料，设备自动运行
3	进料台	用于待蚀板件进料，蚀刻时只要将板材平放于此，机器将自动带入
4	工作观察窗	便于实时观察设备工作情况，密封性好，拆卸方便，便于设备的监测和维护
5	液位观察窗	通过此窗口可随时观察槽内液位情况，根据需要及时补加（蚀刻槽的液位观察窗在左后侧）
6	控制面板	人机交互界面，主要用于设备工艺流程控制、工艺参数设置及设备状态显示
7	出料台	用于工艺完成后板件的出料
8	排气系统	采用耐腐蚀风机，排放废气

（1）控制面板。

① 蚀刻指示灯：当喷淋启动开始蚀刻时，此指示灯点亮。

② 水洗指示灯：水洗开启后，此指示灯点亮。

③ 传动指示灯：传动开启后，此指示灯点亮。

④ 声光报警器：当机器出现缺液或其他故障时，此指示灯将以声光报警提示，并在显示屏上显示故障原因。

⑤ 电源开关：设备启动电源开关。

⑥ 调速旋钮：通过旋转此旋钮可调节传动速度快慢，即控制相应工艺时间，并在显示屏上显示该工艺时间。

⑦ 触摸屏界面：用户可通过触摸屏观察机器实时状态并根据需要设置参数及启停设备。

（2）触摸屏界面，如图 10-31 所示。

① 设置按钮：显示屏为触摸屏，只需轻轻触碰界面即实现按键功能。当液体温度达到设定温度后，轻触"运行"键，即可启动整个机器。轻触"水洗"键，压力喷淋水洗启动。轻触"温度"键后，进入温度设置，通过"加"、"减"按键调整温度参数（如调整数值较大，可通过"×10"键进行增加或减少）。

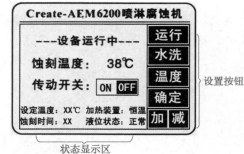

图 10-31　触摸屏界面

② 状态显示区：显示当前机器实时工作状态。

③ 传动启动按钮：轻触"ON/OFF"，可启/停传动设备。

3．操作过程

（1）开机顺序。

① 开启机外及机内总电源开关。

② 开启烘干加热开关，设定（或检查）工作温度。

③ 开启蚀刻液加热开关，设定（或检查）工作温度。

④ 当蚀刻液温度升到 40℃时，开启蚀刻泵，使药液循环起来，目的是均衡药液温度。

⑤ 开启引风机。

⑥ 待药液温度和烘室温度都达到设定温度后，依次启动络合泵、循环水洗泵、市水洗阀门，并接通冷却水水源。

⑦ 开启冷吹开关。

⑧ 开启传送开关，并设定（或检查）传送速度。

⑨ 机器运转正常后，试蚀刻，首次蚀刻时，应先试蚀刻一块双面板，蚀刻后观察其蚀刻效果，如果欠蚀应调慢传送速度。如两面蚀刻不一致，可调整上面或下面球阀的开通角度，然后再进行试刻，直到满意后方可批量生产。

（2）关机顺序。

① 关闭蚀刻液加热器开关。

② 关闭烘干加热开关。

③ 关闭市水洗阀门。

④ 关闭络合泵开关。

⑤ 关闭循环水洗泵开关。

⑥ 关闭蚀刻泵，同时关闭引风机。

⑦ 关闭冷吹开关。

⑧ 关闭传送开关。

⑨ 关闭机内外总电源开关，全部开关复位。

10.3　PCB 表面处理

PCB 表面处理工序，在中小规模 PCB 生产中，是指阻焊、字符感光层制作和焊盘处理两个工艺流程。

10.3.1　阻焊、字符感光层制作

阻焊、字符感光层制作是将底片上的阻焊字符图像转移到腐蚀好的电路板上。

阻焊膜是一种保护层，涂敷在 PCB 不需焊接的线路和基材上。目的是防止焊接时线路桥连，提供长时间的电气环境和抗化学保护，形成印制板漂亮的"外衣"，包括热固性环氧绿油（含紫外线 UV 绿油）和液态感光阻焊油墨两大系统。通常为绿色，也有黑色、黄色、白色、蓝色阻焊膜。

元件字符提供黄、白或黑色标记，给元件安装和今后维修线路板提供信息。

1．工艺描述

阻焊膜是 PCB 的"外衣"，用户看 PCB 最直观的质量就是阻焊膜；另外，丝印阻焊和字符属 PCB 制造工序中的后工序，价值不低的即将完工的 PCB 在后工序出了差错而报

废，损失太大，太不值得；再有，阻焊和字符是报废量最多的工序之一，因此，稳定丝印阻焊和字符的工艺，加强该工序的管理和文件控制及设备维护，就显得很重要。

丝印工艺的整个过程，包括：安全生产，使用设备，所需物料，工艺流程和控制参数，制造过程（工作条件，丝网准备，网版制作，油墨搅拌，刮板使用，丝印定位方式，来板检查，刷板，丝网印刷，预烘，曝光，显影，固化），文件和工艺审查，检查和测试项目。

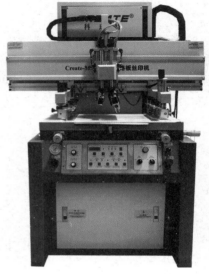

进入 20 世纪 90 年代以后，各 PCB 生产厂使用传统的丝印热固性环氧绿油已越来越少。这是因为：双面 PCB 和印制板的密度在增加，小孔、细线 SMT 与高密度是 PCB 发展的不可逆转的潮流，线宽间距 0.12～0.20 mm 窄引线已属大多数，丝印热固性绿油已不适应，所以，目前大多数双面和多层板厂都已淘汰热固性环氧绿油而改用液态感光阻焊油墨工艺。

目前在 PCB 制作中，线路板阻焊与字符感光层主要采用湿膜工艺。湿膜工艺使用丝印机完成阻焊、字符感光层制作，其后的固化、烘干工艺与线路感光层制作是一样的。图 10-32 是一款全自动丝网印刷机的实物照片。

图 10-32   全自动丝网印刷机

2．手动丝印工艺流程

在中小企业一般采用手动或半自动丝印机，一般的工艺流程是：前处理→印刷第一面→预烘烤→印刷第二面→预烘烤→曝光→显影→固化。

现以 Create-MSM3200 线路板丝印机为例，简要介绍阻焊膜丝印的工艺流程。Create-MSM3200 线路板丝印机外形如图 10-33 所示。部件名称与功能见表 10-5。

图 10-33   Create-MSM3200 线路板丝印机

表 10-5　部件名称与功能

序　号	部 件 名 称	功　能
1	丝网框	用于丝印时均匀分配感光阻焊、字符油墨
2	上作台	有机玻璃工作台，带对位灯，方便对位操作
3	电源开关	控制对位灯电源
4	油墨存放柜	方便油墨及刮刀等的存放
5	重锤	方便丝网印刷操作

（1）表面清洁。将丝印台有机玻璃台面上的污点用酒精清洗干净。

（2）固定丝网框。将做好图形的丝网框固定在丝印台上，用固定旋钮拧紧。

（3）初步对位。对着刮丝印的 PCB，在丝网框上找到相应的图形，用手初步对好位，将丝网框压下来，使 PCB 紧贴有机玻璃台面，调节 PCB 的位置，使 PCB 上孔的位置与丝印框上相应图形孔的位置尽量重合，然后用胶布稍微固定一下 PCB。

（4）微调。开启对位光源，通过调节 X、Y、Z、a 方向旋钮调节 PCB 的位置，使 PCB 上的图形与丝印框上的图形完全重合。

（5）刮丝印油墨。在有图形区域均匀涂上一层丝印油墨，一手拿刮刀，一于压紧丝网框，刮刀以 45° 倾角顺势刮过来，揭起丝网框，即实现了一次文字印刷。

10.3.2　焊盘处理（OSP 工艺）

焊盘处理有几种常用的方法，工业上最早使用的是喷锡工艺，由于是高温、雾状铅锡，对操作人员身体损害比较大，随着环保要求的提高，而逐渐不被采用；目前较为普遍使用的一种是 OSP 工艺，另一种最常用的焊盘处理方式为沉锡，该方式和 OSP 工艺类似，具有环保、焊盘平整、助焊效果好等优点，是当前最受欢迎的工艺方式。

1. OSP 工艺特点

OSP 是 Organic Solderability Preservatives 的简称，中译为有机保焊膜，又称护铜剂。OSP 工艺（助焊防氧化处理）就是在洁净的裸铜表面上，以化学的方法形成一层均匀、透明的有机膜，这层膜具有防氧化，耐热冲击，耐湿性，用以保护铜表面于常态环境中不再继续生锈（氧化或硫化）；在后续的焊接高温中，此种保护膜又必须很容易被助焊剂所迅速清除，使露出的干净铜箔表面得以在极短时间内与熔融焊锡立即结合成为牢固的焊点。OSP 技术的应用已经超过 35 年，比 SMT 历史还长。它可作为热风整平和其他金属化表面处理的替代工艺，OSP 的特点如下：

（1）平整面好，和焊盘的铜箔之间没有 IMC（介面合金共化物）形成；

（2）不影响焊接时焊料和铜箔形成良好焊点（润湿性好）；

（3）低温的加工工艺，成本低（可低于 HASL），加工时的能源使用少等；

（4）OSP 工艺在焊盘上形成的涂覆层具有优良的耐热性，在高温条件下，可以耐受多次 SMT 回流焊接。

（5）OSP 工艺与多种最常见的波峰焊助焊剂均能相容，它不污染电镀金面，是一种环保制程。它不含任何有机溶剂或铜络合剂，十分稳定，不会分解副产物。

2．OSP 工艺流程

OSP 的工艺流程：除油→水洗 1→微蚀→水洗 2→DI 水洗（去离子水）→成膜风干→DI 水洗→干燥。

现以 Create-OSP6200 自动 OSP 防氧化机为例，简述 PCB 的防氧化处理工艺流程。

Create-OSP6200 自动 OSP 防氧化机外形如图 10-34 所示，该机具有全自动自动除油、微蚀、成膜、液体隔离、自动水洗、板件表面液体吸干等功能，能实现 PCB 清洁、环保生产；具备水平自动进板检测与上、下喷淋压力检测及调节功能，以及水平水床液体流量调节功能，能根据工艺要求对压力及流量进行相应调整。工作方式：PCB 自动进出板，上、下双面自动高压喷淋及平面水床对流；有效工作面积：400 mm 宽度（长度无限制）双面板。

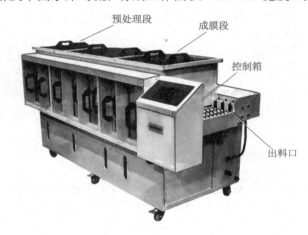

图 10-34　Create-OSP6200 自动 OSP 防氧化机

（1）除油。采用高压双面喷淋除油，温度可调，可视实际情况设置除油温度，除油温度参考值一般设置为 45℃。

除油效果直接影响到成膜品质。除油不良，则成膜厚度不均匀。一方面，可以通过分析溶液，将浓度控制在工艺范围内；另一方面，要经常检查除油效果，若除油效果不好，则应及时更换除油液。

（2）水洗 1。采用高压双面喷淋水洗，水洗温度为室温。在除油、微蚀、成膜工艺过程中经水洗工序，可有效防止各个槽内液体交叉污染。

（3）微蚀。采用高压双面喷淋微蚀，微蚀温度参考值设定为 25℃（温度可调）。微蚀的目的是形成粗糙的铜面，便于成膜。微蚀的厚度直接影响到成膜速率，因此，要形成稳定的膜厚，保持微蚀厚度的稳定非常重要，一般将微蚀厚度控制在 1.0～1.5 μm 比较合适。

（4）水洗 2。同水洗 1，水洗 1、2 在同一水箱内进行。

（5）DI 水洗。采用高压双面喷淋的工作方式，温度为室温，DI 水洗的目的是进一步防止板材上剩余的微蚀液带入成膜槽污染成膜液。

（6）成膜。采用溢流浸泡的工作方式，温度 20～40℃（成膜温度参考值：40℃）。

OSP 工艺的关键是控制好防氧化膜的厚度。膜太薄，耐热冲击能力差，在过回流焊时，膜层耐不住高温（190～200℃），最终影响焊接性能，膜太厚，在电子装配线上，膜不能很好的被助焊剂所溶解，同样会影响焊接性能。一般控制膜厚在 0.2～0.5 μm 之间比较合适。

（7）水洗 3。采用市水压力双面喷淋水洗，温度为室温。

（8）烘干。使用烤干箱烘干，85℃热风，1 min 烘干（参考时间）。

各工艺流程的参数值可参考设置界面的出厂设置值；在上述参考温度下，新配制的药液，整机水平传动工艺参考值：预处理线 15 min，成膜线 10 min。

10.4　PCB 后续处理

PCB 后续处理在中小规模 PCB 生产中主要涵盖了 PCB 生产过程的最后两个工艺流程，即检测和分板与包装。

10.4.1　检测

加工制作完成的 PCB 必须经过检测才能出厂，检测需严格按照标准执行，以下是 PCB 生产厂全检和用户抽检的一般标准。

1．人工检测

（1）检验条件及环境。

① 在自然光或 60～100 W（照度达 600～800Lux）冷白荧光灯照明条件下检验；

② 观察距离 300～350 mm；光源距被测物表面 500～550 mm；

③ 观察角度：水平方位 45°±15°；

④ 检验时按正常要求的距离和角度扫描整个被检测面 10 s±5 s；

⑤ 检验人员裸视或矫正视力 1.0 以上，不能有色盲、色弱者；

⑥ ESD 防护：凡接触 PCB 必需配带良好静电防护器材（配带防静电手环接上静电接地线）；

⑦ 检验前需先确认所使用工作平台清洁及配带清洁手套；

⑧ 一般检测室环境（温度 15～30℃，湿度 20%～85%）。

（2）成品 PCB 缺陷判定。

人工目视检验的缺陷判定及检验方式见表 10-6。

表 10-6　人工目视检验的缺陷判定标准及检验方式

检验项目	缺点名称	检　验　标　准	检验方式	缺点定义
线路	线路凸出	线路凸出部分不得大于成品最小间距 30%	带刻度放大镜	MA
	残铜	（1）两线路间不允许有残铜 （2）残铜距线路或焊盘不得小于 0.1 mm （3）非线路区残铜不可大于 2.5 mm×2.5 mm，且不可露铜	带刻度放大镜	MA

（续表）

检验项目	缺点名称	检 验 标 准	检验方式	缺点定义
线路	线路缺口、凹洞	线路缺口、凹洞部分不可大于最小线宽的 30%	带刻度放大镜	MA
	断路与短路	线路或焊盘之间绝不容许有断路或短路之现象	放大镜、万用表	CR
	线路裂痕	在线路或线路终端部分的裂痕，不可超过原线宽 1/3	带刻度放大镜	MA
	线路不良	线路因蚀刻不良而呈锯齿状部分不可超过原线宽的 1/3	带刻度放大镜	MA
	线路变形	线路不可弯曲或扭折	放大镜	MA
	线路变色	线路不可因氧化或受药水、异物污染而造成变色	目检	MA
	线路剥离	线路必须附着性良好，不可翘起或脱落	目检	CR
	补线	（1）补线长度不得大于 5 mm，宽度为原线宽的 80%～100% （2）线路转弯处及 BGA 内部不可补线 （3）C/S 面补线不得超过 2 处，S/S 面补线不得超过 1 处	带刻度放大镜目检	MA
	板边余量	线路距成型板边不得少于 0.5 mm	带刻度放大镜	MA
	刮伤	刮伤长度不超过 6 mm，深度不超过铜箔厚度的 1/3	放大镜	MA
孔	孔塞	零件孔不允许有孔塞现象	目检	MA
	孔黑	孔内不可有锡面氧化变黑之现象	目检	MA
	变形	孔壁与焊盘必须附着性良好，不可翘起，变形或脱落	目检	MA
PAD、RING	焊盘缺口	焊盘之缺口、凹洞、露铜等，不得大于单一焊盘之总面积 1/4	目检、放大镜	MA
	焊盘氧化	焊盘不得有氧化现象	目检	MA
	焊盘压扁	焊盘之锡面厚度力求均匀，不可有锡厚压扁之现象或造成间距不足	目检	MA
	焊盘脱落	焊盘不得脱落、翘起、短路	目检	MA
阻焊	线路阻焊脱落、起泡、漏印	线路阻焊必须完全覆盖，不可脱落、起泡、漏印，而造成沾锡或露铜之现象	目检	MA
	阻焊色差	阻焊漆表面颜色在视觉上不可有明显差异	目检	Minor
	阻焊异物	阻焊面不可沾附手指纹印、杂质或其他杂物而影响外观	目检	Minor
	阻焊刮伤	不伤及线路及板材（未露铜）之阻焊刮伤，长度不可大于 15 mm，且 C/S 面不可超过 2 条，S/S 面不可超过 1 条	目检	MA
	阻焊补漆	（1）补漆同一面总面积不可大于 30 mm²，C/S 面不可超过 3 处；S/S 面不可超过 2 处且每处面积不可大于 20 mm² （2）补漆应力求平整，全面色泽一致，表面不得有杂质或涂料不均等现象	目检	MA
	阻焊气泡	阻焊漆面不可内含气泡而有剥离之现象	目检	MA
	阻焊漆残留	金手指、SMT PAD 与光学定位点不可有阻焊漆	目检	MA
	阻焊剥离	以 3M scotch NO.600 0.5"宽度胶带密贴于阻焊面，密贴长度约 25 mm，经过 30s，以 90°方向垂直拉起，不可有脱落或翘起之现象	目检	MA

（续表）

检验项目	缺点名称	检 验 标 准	检验方式	缺点定义
BGA	BGA 阻焊	在 BGA 部分，不得有油墨覆盖焊盘现象，线路阻焊必需完全覆盖	放大镜	MA
	BGA 区域导通孔塞孔	BGA 区域要求 100%塞孔作业	放大镜	MA
	BGA 区域导通孔沾锡	BGA 区域导通孔不得沾锡	目检	MA
	BGA 区域线路沾锡、露铜	BGA 区域线路不得沾锡、露铜	目检	MA
	BGA 区域补线	BGA 区域不得有补线	目检	MA
	BGA PAD	BGA PAD 不得脱落、缺口、露铜、沾附阻焊油墨及异物	目检	MA
外观	内层黑（棕）化	内层采用黑化处理，黑化不足或黑化不均，不可超过单面总面积 0.5%（棕化亦同）	目检	MA
	板弯与板翘	板弯、板翘与板扭之允收百分比最大值为 0.5%	塞规/平板玻璃	MA
	板面污染	板面不得有外来杂质、指印、残留助焊剂、标签、胶带或其他污染物	目检	MA
	基板变色	基板不得有焦状变色	目检	MA
	板角撞伤	因制作不良或外力撞击而造成板边（角）损坏时，则依成型线往内推不得大于 0.5 mm 或板角以 45° 最大值 1.3 mm 为允许上限	目检及带刻度放大镜	MA
	章记	焊锡面上应有制造厂之 UL 号码、生产日期、Vendor Mark；生产日期 YY（年）、WW（周）采用蚀刻方式标示	目检	MA
	尺寸	四层板及金手指的板子，量板子最厚的部分（铜箔及镀金处）厚度为 1.60 mm±0.15 mm，板长和宽分别参考不同 Model 的 SPEC	卡尺	MA
	空泡与分层	空泡和分层完全不允许	目检	MA
丝印	文字清晰度	所有文字、符号均需清晰且能辨认，文字上线条之中断程度以可辨认该文字为主	目检	Mi
	重影或漏印	文字、符号不可有重影或漏印	目检	MA
	印错	极性符号、零件符号及图案等不可印错	目检	MA
	文字脱落	文字不可有溶化或脱落之现象	目检 /异丙醇	MA
	文字覆盖 锡垫	文字油墨不可覆盖焊盘（无论面积大小）	目检	MA
	Model No.	MODEL NO 不可印错或漏印	目检	MA
焊锡性	焊锡性	镀层不可有翘起或脱落现象且焊锡性应良好。用试锡板分别过回流炉和波峰焊，上锡不良的点不可大于单面焊盘点数的 0.3%	目检	MA

（续表）

检验项目	缺点名称	检 验 标 准	检验方式	缺点定义
金手指	G/F 刮伤	金手指不可有见内层之刮伤	放大镜	MA
	G/F 变色	金手指表面层不得有氧化变色现象	目检/放大镜	MA
	G/F 镀层剥离	以 3M600 胶带密贴于 G/F 镀层上，密贴长度约 25 mm，经过 30 s，以 90° 方向垂直拉起，不可有脱落或翘起之现象	目检	MA
	G/F 污染	金手指不可沾锡、沾漆、沾胶或其他污染物	目检	MA
	G/F 凹陷	金手指凹陷、凹洞见底材或铜面刮伤，不得在金手指中间 3/5 的关键位置，唯测试探针之针点可允收，凹陷长度不可超过 0.3 mmMAX	放大镜	MA
	G/F 露铜	金手指上不可有铜色露出	放大镜	MA

2．针床通断测试和移动探针测试

由于人工目测的局限性，在 PCB 生产厂还必须进行仪器测试，PCB 的仪器测试主要有两种方法。一种是针床通断测试，另一种是移动探针测试（flying probe test system）也就是通常所说的飞针测试。

（1）针床通断测试。针床通断测试是针对待测 PCB 上焊点的位置，加工若干个相应的带有弹性的直立式接触探针阵列（即通常所说的针床），通过压力使探针与焊点相连接。探针另一端引入测试系统，完成电源、信号线、测量线的连接，从而实现对 PCB 的测试。这种测试方法受 PCB 上焊点间距的限制很大。目前，PCB 的布线越来越密，导通孔孔径、焊盘越来越小。随着 BGA 的 I/O 数不断增加，它的焊点间距不断减小。对针床测试所用的测试针的直径要求越来越细。由于探针的直径越细，它的价格就越昂贵，无疑 PCB 的测试成本就相应的增加许多。另外，针床测试针对不同的产品需要有不同的针床夹具，而针床夹具的设计加工制作又需要一定的开发周期，因此，在一定程度上限制了它的应用，但是针床通断测试的测试速度要比移动探针测试快的多。图 10-35 是工人操作针床式在线测试仪检验 PCB 光板的情景。

（2）飞针检测。飞针检测仪是一个在制造环境测试 PCB 的系统，通过计算机编制程序支配步进电动机、同步带等系统，从而驱动独立控制探针接触到测试焊盘（PAD）和通孔，通过多路传输系统连接到驱动器（信号发生器、电源供应等）和传感器（数字万用表、频率计数器等）来测试 PCB 的导通与绝缘性能。

图 10-35　工人操作针床式在线测试仪检验 PCB 光板

移动探针测试是根据 PCB 的网络逻辑关系，利用 4～8 根（每组 2 根、2 组或 4 组）可以在印制板板面上任意移动的探针来进行测试。探针在程序的指引下插入并接触到印制板上待测两端，在探针上施加电压、测量电流，从而判断印制板的通断情况。移动探针的测试不需要针床的支持，因而省去了加工特种探针的费用以及制造针床的成本。它的测试点是若干根可以移动的探针而不是紧密排列的针床，因此它能检测布线密度很高的印制板。但是，移动探针测试仪是依据印制板的每个网络的每个测试点一一测试，因此它的测试速度比针床测试要慢得多。

10.4.2　分板

在 PCB 生产中，往往根据设备条件和操作的方便，把相同单元或不同单元的 PCB 拼合在一块覆铜板上；同时，对于整机厂来说，也经常要求将若干个相同或者不同单元的 PCB 进行有规则地拼合，把它们拼合成长方形或正方形，以适应设备对元器件的贴、插装要求，这就是拼板（Panel）。拼板应既有一定的机械强度，又便于组装后的分离。

拼板之间可以采用 V 形槽、邮票孔、冲槽等工艺手段进行组合。在完成 PCB 的生产制作之后，则需要再将拼合的 PCB 分割成单块板或几块相连的连板（按客户要求），这一工艺过程，称为分板。分板（V 型槽切割）是通过分板机来完成的。

1. PCB 分板机的类型

线路板分板机，一般又简称分板机。分板机按照分板材质不同，分为 PCB 分板机，FPC 软性线路板分板机，铝基板分板机三大类。

（1）PCB 分板机。常见的 PCB 分板机有走刀式分板机以及气动式分板机，走板式分板机等。

① 走刀式分板机特点：切板过程中 PCB 不动，圆刀滑移，确保基板不因移动而损坏，有多个（一般为 4 个）可选择的分板速度，由控制板旋扭设定，分板行程可自由设定并有 LCD 显示；因 V 槽深浅要求不同及刀具损耗，上圆刀与下直刀之间的距离可准确调整；将切板时所产生的内应力降至最低而避免锡裂；当人手或其他异物进入切刀区，光电传感器将通过控制系统立即切断电源，刀具停止转动，可有效保护工作人员安全。图 10-36 是走刀式分板机的照片。

② 气动式分板机。也叫铝基板分板机。其特点是：气动式设计，无剪切应力，特别适用于分割精密 SMD 薄板、铝基板；剪裁式工作，适用各种厚度 PCB，切板行程在 2 mm 以下，绝无操作安全上的顾虑；切割过程无震动，防止精密零件受损；上下刀距离可精确调整，避免了因 V 槽深浅不同而使刀具损耗的情况。

③ 走板式分板机。走板式分板机可裁切各种大小，预刻有 V 形槽的 PCB。工作方式：上下两片圆刀，下圆刀由电动机带动旋转，上圆刀为从动刀，分切 PCB 时被动旋转。具有操作简单，速度快捷的特点；上下圆刀可精准调节，圆刀可多次翻磨再用，而且切板长度没有限制；凡有 V-Cut 的 PCB 皆可应用于此机器来进行分板。图 10-37 是走板式分板机的实物照片。

图 10-36　走刀式分板机　　　　　　　　　图 10-37　走板式分板机

（2）FPC 分板机。应用于电子行业如手机板、内存卡、手机软线路等分割。对于大批量通槽式 PCB 基板和软性线路板（FPC）的分割，效率尤为显著。工作中下模采用自动推拉，减轻劳动强度，更提高安全度，同时取放成品十分方便。配模具使用，换模具简单方便。整机配备安全感应装备，在实际的操作过程中，如果有异物进入切刀区，其机械会停止操作。

2. PCB 基本拼板方式介绍

（1）反冲模。反冲模英文叫 Puch back，适用于外形较小且对于尺寸要求较高的 PCB，生产工艺复杂，在 PCB 加工厂和 PCBA（PCBA 是英文 Printed Circuit Board +Assembly 的简称，即 PCB 裸板经过 SMT 贴装，再经过 DIP 插件的整个制程，简称 PCBA，可理解为成品线路板）生产厂都需要昂贵的 PCB 反冲模治具。反冲模如图 10-38 所示。

图 10-38　反冲模

（2）V-cut 连接方式。V-cut 适用于外形规则的 PCB，PCB 加工和 PCBA 的分板操作上最为简单，但是有如下限制：

① V 型槽一般都是上下面都开槽，深度为 1/3 板厚，但是最小深度要满足 0.25 mm，否则影响 PCBA 分板时的定位。

② 中间连接部位一般至少要 0.5 mm，否则强度不够，SMT 回流焊中容易造成变形。

基于以上两点，低于 1 mm 的板子一般不建议做成 V-cut 连接，常常采用邮票孔连接。

③ V-cut 连接在 PCB 工厂的成型方式是将 PCB 推入到上下两片调好间隙的旋转切刀中，因此切割好的成品一定是从头到尾，很难做到选择性区域切割。

V-cut 连接如图 10-39 所示。

（3）邮票孔。邮票孔适用于外形不规则或者不适合采用 V-cut 连接方式的 PCB，分板操作需要分板夹具，每小片单板之间至少 4 个连接孔，分板费时（分割一个点往往在 2 s 左右），设计邮票孔时应注意以下三点：

① 应注意搭边应均匀分布在每块拼板的四周以避免焊接时由于 PCB 受力不均匀而导致变形。

② 邮票孔的位置应靠近 PCB 的内侧，以防止拼板分离后邮票孔处残留的毛刺影响客户的整机装配。

③ 邮票孔的连接数一般以 3～5 个为宜，太少容易导致生产过程中 PCB 连接处断裂，太多容易导致分板过程中铣刀的断裂。

邮票孔如图 10-40 所示。

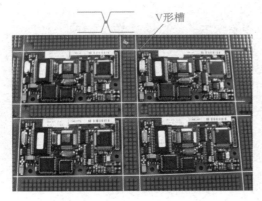

图 10-39　V-cut 连接

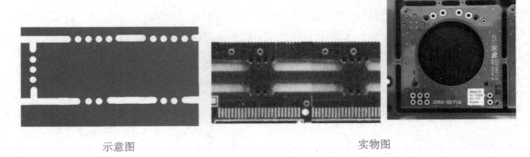

示意图　　　　　　　　　　　　　　　　实物图

图 10-40　邮票孔

10.4.3　包装

包装已成为现代商品生产不可分割的一部分，也成为各商家竞争的利器，各厂商纷纷打着"全新包装，全新上市"去吸引消费者，以期改变其产品在消费者心中的形象，从而也提升企业自身的形象。而今，包装已融合在各类商品的开发设计和生产之中，几乎所有的产品都需要通过包装才能成为商品进入流通领域。随着各种自选超市与卖场的普及与发展，使包装由原来的保护产品的安全流通为主，一跃而转向销售员的作用，人们对包装也赋予了新的内涵和使命，包装的重要性，已深被人们认可。

很长时期以来，"包装"工艺在 PCB 生产中通常不被重视，原因是：一方面它不能产生附加价值；另一方面是机电类制造业习惯上很少重视产品的包装。进入 21 世纪以来，国内 PCB 产能迅速扩充，且大部分是外销，因此竞争非常激烈，除了产品本身的技术层次和质量能获得客户肯定外，包装的质量也成为 PCB 生产中的一道必不可少的工艺。包装质量的好坏直接影响 PCB 的销量。

1. 包装制程的要求

全球各地比较知名、规模较大的电子制造厂商都对 PCB 生产厂家提出包装的要求，大致有以下几个方面：

（1）必须真空包装。

（2）每叠的板数依尺寸大小有限定。

（3）每叠 PE 胶膜被覆紧密度的规格以及留边宽度的规定。

（4）PE 胶膜与气泡布的规格要求。

（5）纸箱质量规格以及其他。

（6）纸箱内侧置板子前是否有特别规定需要放缓冲物。

（7）封箱后耐率规格。

（8）每箱质量限定。

2. 包装制程的操作步骤

（1）准备。将 PE 胶膜定位，手动操作各机械动作是否正常，设定 PE 膜加热温度、吸真空时间等。（PE，全名为 Polyethylene，是结构最简单的高分子有机化合物，PE 保护膜以特殊聚乙烯塑料薄膜为基材，根据密度的不同分为高密度聚乙烯保护膜、中密度聚乙烯和低密度聚乙烯。PE 保护膜最大的优点是被保护的产品在生产加工、运输、存储和使用过程中不受污染、腐蚀、划伤，保护原有的光洁亮泽的表面，从而提高产品的质量及市场竞争力。）

（2）堆栈板。当叠板片数固定后，其高度也固定，此时须考虑如何使堆放量最大，最省材料和空间。

（3）启动包装设备，工作顺序：

按启动按键加温 PE 膜→罩膜→底部真空吸气并和气泡布粘贴→冷却后升起外框→切断 PE 膜。图 10-41 是一款真空包装机的实物照片。

（4）装箱。以保护板子运送过程不为外力损伤的原则订立厂内的装箱规范。

（5）其他注意事项：箱外必须书写 PCB 的相关信息，如料号（P/N）、版别、周期、数量等重要信息。附质量检测相关证明，如切片、焊性报告、测试记录等。

图 10-41　真空包装机

10.5　思考与练习题

1．单面印制板与双面印制板在材料、工艺、使用中有什么不同？
2．简述单面 PCB 的制造工艺。
3．简述双面 PCB 的制造工艺。
4．多层印制板的制造中有哪些特殊的工艺？
5．简述光绘与冲片的工艺流程。
6．简述图形曝光与显影的工艺流程。
7．简述图形电镀与蚀刻的工艺流程。
8．什么是 OSP 工艺？简述其工艺流程。
9．什么是分板工艺？常用的分板机有哪些？
10．简述 PCB 人工目检对"线路"与"阻焊"缺陷判定的标准。
11．PCB 的包装要求有哪些方面？

第 11 章

PCB 手工制作与实训

11.1 PCB 手工制作工艺

用覆铜板手工制作 PCB 在小型企业的产品试制和实验室产品开发过程中，仍具有一定的实用价值与意义。传统的 PCB 手工制作有雕刻法、手工描绘法、油印法、使用预涂布感光覆铜板法、热熔塑膜制版法、贴图法、热转印法等多种。

11.1.1 雕刻法

用雕刻法制作 PCB 是一种最简单、最直接的方法，只适用于一些小电路实验板的制作。将设计好的线路图形用复写纸复写到覆铜板铜箔面，使用钢锯片磨制的特殊雕刻刀具，直接在覆铜板上沿着铜箔图形的边缘用力刻画，尽量切割到深处，然后再撕去图形以外不需要的铜箔，再用手电钻打孔就可以了。此法的关键是：刻画的力度要够；撕去多余铜箔要从板的边缘开始，如果操作的好，可以成片的逐步撕去，一般使用小的尖嘴钳来完成这个步骤。

11.1.2 手工描绘法

手工描绘法就是用笔直接将印刷图形画在覆铜板上，然后再进行化学腐蚀等步骤。由于现在的电子元器件体积小，引脚间距更小（mm 量级），铜箔走线也同样细小，而且画上去的线条还很难修改，要画好这样的板，实际操作起来很不容易。

手工描绘法所用的"颜料"和画笔的选用都很关键。一般的做法是用漆片溶于无水酒精中，使用鸭嘴笔勾画，具体方法如下：

将漆片（即虫胶，化工原料店有售）一份，溶于三份无水酒精中，并适当搅拌，待其全部溶解后，滴上几滴医用紫药水（龙胆紫），使其呈现一定的颜色，搅拌均匀后，即可作为后续蚀刻的保护漆用来描绘电路板。

先用细砂纸把覆铜板铜箔面打磨光亮，然后采用绘图仪器中的鸭嘴笔（或圆规上用来画图形的墨水鸭嘴笔），进行描绘，鸭嘴笔上有调整笔画粗细的螺母，笔画粗细可调，并可借用直尺、三角尺描绘出很细的直线，且描绘出的线条光滑、均匀，无边缘锯齿，给人以顺畅、流利的感觉；同时，还可以在电路板的空闲处写上汉字或符号。描绘时若笔道向周围浸润，则是浓度太小，可以加一点漆片；若是拖不开笔，则是溶液太稠了，需滴上几滴无水酒精予以稀释。

另一种方法是用红色指甲油装在医用注射器中，将注射针头的尖端适当加工；描绘电路板的效果也较好。

11.1.3　油印法

把蜡纸放在钢板上，用铁笔将电路图按 1:1 的比例刻在蜡纸上，并把刻在蜡纸上的电路图按电路板尺寸剪下，剪下的蜡纸放在待印的敷铜板上，取少量油漆与滑石粉调成稀稠合适的印料，用毛刷蘸取印料，均匀地涂到蜡纸上，反复几遍，印制图形即可印上覆铜板。这种刻板可反复使用，适于小批量制作。利用光电誉印机，可以按照设计图纸自动刻制成 1:1 尺寸的蜡纸。但由于目前很少有人刻写蜡纸，相关工具已难以找到。

11.1.4　热转印法

热转印法制作 PCB 的原理：用 Protel 或其他绘图软件，设计、绘制 PCB 图，将 PCB 图形用激光打印机打印至热转印纸上，然后将热转印纸贴在覆铜板上，加温，使碳粉融化粘到覆铜板上，完成后将热转印纸除去，在这个过程中尽可能多的将墨留在 PCB 上而不是随着纸撕掉；将转印后的覆铜板用三氯化铁（$FeCl_3$）溶液进行腐蚀，由于需要保留的铜箔有墨迹覆盖，不会被腐蚀掉，所以当旁边的铜被腐蚀之后，所需要的线路就显露出来了，然后钻孔，将墨层洗掉，打磨，涂上酒精松香水，一块 PCB 就制作完成了。

在这种方法中，需要使用以下设备和耗材：

（1）一台用于产生高精度线路图形的打印输出设备，即一台激光打印机或者一台复印机，如果使用复印机，需要有复印原稿，原稿可以用激光打印机或喷墨打印机打印出来。

（2）一台热转印机，如图 11-1 所示。条件不允许时也可以用一个电熨斗替代。

（3）覆铜板、热转印纸、三氯化铁（$FeCl_3$）。

（4）用于钻通孔的小型视频钻床，如图 11-2 所示。此设备也可以用手电钻替代。

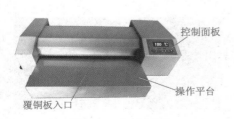

图 11-1　热转印机

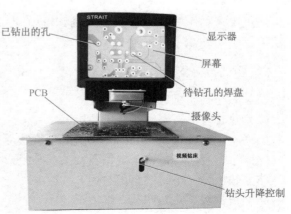

图 11-2　小型视频钻床

11.1.5　预涂布感光覆铜板法

使用一种专用的覆铜板，其铜箔层表面预先涂布了一层感光材料，故称为"预涂布感光覆铜板"，简称"感光板"。制作方法如下：

将电路图 1:1 打印在比较透明（薄）的、最少有一面是比较光滑平整的纸上，要镜像打印在平整的那一面。

再将纸的光滑面紧贴感光电路板（用玻璃夹紧），放到太阳下照射 2～8 min，时间长短跟太阳强弱有关，阴天可以照射 20 min 左右。

★ 注　意 ★

以上是透明胶片的参考时间，用白纸的时间根据纸的透光度将时间再延长。此过程一定不要移动纸和电路板的相对位置，并且要贴紧。

然后将曝光后的电路板放到显影药水中显影（洗掉不需要的感光剂），留下的感光剂（曝光时发生反映的部分）会阻止其下面的铜箔跟下一步骤中的蚀刻液 $FeCl_3$ 反应。此过程一般需要 1～3 min。显影时间跟曝光程度成反比，如果曝光过度，显影时间就会很短，曝光不足的话，显影时间就会很长，甚至长到 10 min 以上，另外，还跟显影水的浓度有关。不过，尽量曝光不要过度，宁可显影时间长些，这样不会出现失误，可以保证 100%成功。最后经过 $FeCl_3$ 腐蚀，一般需要 10～40 min 左右。

由于以上过程是光直接决定铜箔的去留，所以精度可以做到很高。操作熟练者一般可以 30 min 内做出高精度的电路板，热转印纸也可以打印后用来曝光，不需要加热转印过程，效果要好一些。这种方法从原理上说是最简单、实用的方法，但市售的"预涂布感光覆铜板"价格稍高，且不易买到。

11.2　实训 1　热转印法手工制作 PCB

1. 实训目的

通过手工制作 PCB，了解 PCB 制作的工艺原理，体验 PCB 制作工艺过程，掌握热转印法手工制作 PCB 的操作方法。

2. 实训器材及场地要求

（1）激光打印机（全班共用）

（2）热转印机（小组或全班共用）

（3）小型腐蚀机或蚀刻槽（小组或全班共用）

（4）小型视频台钻或手电钻及钻头（小组或全班共用）

（5）裁板机（小组或全班共用）

（6）覆铜板、热转印纸、细砂纸　　　　　　　　　　　　　　1 套/人

（7）元件盘、镊子、油性记号笔　　　　　　　　　　　　　　1 套/人

场地应设有上、下水及清洗水槽。

3．实训内容及步骤

实训内容及步骤按图 11-3 所示的工艺流程图进行。

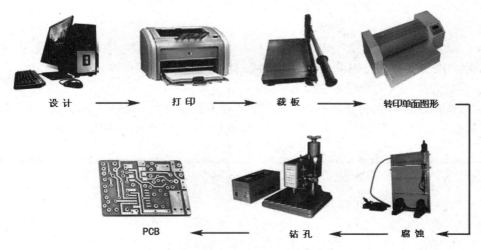

图 11-3　热转印法制作 PCB 工艺流程图

任务 1： 设计 PCB

用 Portel DXP 2004 或其他制图软件设计绘制 PCB 图形。也可以直接使用如图 11-4 所示的图形，图形应满足以下要求并检查：

（1）焊盘尺寸应大于 75×75 mil，线宽不小于 15 mil，线距定在 10 mil 以上；如果有贴片元件，建议阻容件封装采用 0805，二极管类封装为 3216，三极管类封装为 SOT-23，集成芯片类封装为 SO-14。

（2）孔位及尺寸是否准确。

（3）图形是否完整，有无短、断缺陷。

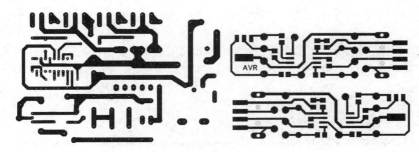

图 11-4　PCB 图

任务 2： 打印及热转印图形

（1）用激光打印机打印设计图形。将设计好的 PCB 图用激光打印机打印到热转印纸上，打印前确认热转印纸的正反面，打印时用纯色，色调深一些，注意打印比例一定要 1:1，如果是利用 Portel 布线设计的双层板，那么顶层一定要镜像打印，否则转印出来就反了。

★ 注 意 ★

转印纸为一次性用纸，也不可用一般纸替代。

（2）裁板与处理。

① 用裁板机剪裁大小合适的覆铜板，尺寸最好比图纸大一些，如果没有裁板机也可以用钢锯根据 PCB 规划设计时的尺寸对覆铜板进行下料。

② 用挫刀将四周边缘毛刺去掉。

③ 用细砂纸将敷铜面打磨光滑，再用洗衣粉或洗涤灵溶液洗净并用清水漂洗后晾干，清洗后的覆铜板铜面要保持清洁，不要直接用手拿也不要接触其他物品。

★ 注 意 ★

此道工序关系到转印效果，一定不能省略或马虎从事。

（3）用热转印机转印图形。

① 将热转印纸平铺于桌面，有图案的一面朝上。

② 将单面板置于热转印纸上，有覆铜的一面朝下。

③ 将覆铜板的边缘与热转印纸上的印制图的边缘对齐。

④ 将热转印纸按左右和上下弯折 180°，然后在交接处用透明胶带粘接。

（4）PCB 图的转印。

① 将热转印机放置平稳，接通电源，轻触电源启动键两秒，电机和加热器将同时进入工作状态。

② 按下[温度]键，同时再按下"上"或"下"键，将温度设定在 150～180℃之间。

③ 按下[转速]键，同时再按下"上"或"下"键，设定电动机转速比，可采用默认值。

④ 当显示器上的温度显示在接近设定温度时，将贴有热转印纸的覆铜板放进热转印机中进行热转印。

⑤ 转印完毕，按下[加热]键，工作状态显示为闪动的"C"，待胶辊温度降至 100℃ 以下时，机器将自动关闭电源；胶辊温度显示在 100℃ 以内时，按下[加热]键，电源将立即关闭。

（5）转印 PCB 图的处理。转印后，待其冷却后将转印纸轻轻掀起一角进行观察，此时转印纸上的图形应完全被转印在覆铜板上。如果有较大缺陷，应将转印纸按原位置贴好，送入转印机再转印一次。如果只有较小缺陷，可以用油性记号笔进行修补。转印后的效果如图 11-5 所示。

★ 注 意 ★

如果用熨斗熨烫，熨斗的温度不要过高。过高的温度可能会烫坏覆铜板。用熨斗的时间大约 1 min 左右，用力压并向不同方向移动。揭下热转印纸时，手法一定要轻。不要在温度没有降下来之前揭开热转印纸，以免将热转印纸上面的胶留在覆铜板上，影响腐蚀。

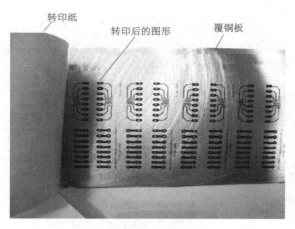

图 11-5　转印后的效果

任务 3：蚀刻

（1）三氯化铁（FeCl$_3$）溶液的配制。

① 戴好乳胶手套，按 3:5 的比例混合好三氯化铁溶液。

② 将配制的溶液进行过滤。

③ 将过滤后的腐蚀液倒入快速腐蚀机中，以不超过腐蚀平台为宜。

④ 准备一块抹布，以防止三氯化铁溶液溅出。

（2）PCB 的腐蚀。

① 将装有三氯化铁溶液的腐蚀机放置平稳。

② 带好乳胶手套，以防腐蚀液侵蚀皮肤。

③ 将"橡胶吸盘"吸在工作台上，再将经转印得到的线路板卡在橡胶吸盘上，使线路板与工作台成一夹角。

④ 接通电源，观察水流是否覆盖整个电路板。如不能覆盖整个线路板，在切断电源后，调整橡胶吸盘在工作台上的位置，以求水流覆盖整个电路板。

⑤ 盖上腐蚀机的盖子，接通电源进行腐蚀，待线路板上裸露铜箔被完全腐蚀掉后，断开电源。

如果没有腐蚀机，可以用其他大小合适的器皿盛装腐蚀液。将转印有印刷图形的覆铜板放入器皿中，用镊子夹住覆铜板轻轻晃动，待敷铜板上裸露铜箔被完全腐蚀掉后捞出。

★ 注　意 ★

在此过程中不要离开，以免腐蚀过度，导致走线变细或断裂。

（3）取出被腐蚀的电路板，用清水反复清洗后擦干。

（4）用洗板水洗掉墨粉，或用细砂纸轻轻打磨掉。

任务 4：PCB 钻孔

（1）将带有定位锥的专用钻头装在视频钻床 （或微型电钻）上，一般使用 0.8 mm 钻头。

（2）对准电路板上的焊盘中心进行钻孔。如果墨粉没有洗掉，定位锥可以磨掉钻孔附近的墨粉，形成一个非常干净的焊盘。钻孔操作如图 11-6 所示。

图 11-6　钻孔操作

★ 注　意 ★

使用手电钻时，钻头要垂直对准板面，手不要颤抖。
最后，配制酒精松香助焊剂，对焊盘涂盖助焊剂进行保护。

任务 5：实训报告

总结热转印、蚀刻、钻孔过程，并将实训步骤及出现的问题填入实训报告，撰写实训心得，不少于 300 字。

实训报告还应包括以下内容：

（1）实训名称、内容、时间、地点、人数、同组学员名单、指导教师。

（2）考核评价结果：自评、小组评价、指导教师的评语及量化评分。

以下其他实训报告格式与此相同。

11.3　实训 2　贴片元件手工焊接

1. 实训目的

通过手工焊接贴片元器件，体验 SMT 工艺过程，掌握利用电烙铁焊接贴片 0805、0603 电阻，SOP-23 晶体管，SO-14 封装及 LQFP44 封装集成芯片的焊接方法。会使用热风枪拆焊与焊接集成芯片。

2. 实训器材

（1）恒温焊台或恒温电烙铁	1 台/人
（2）0.5 mm 焊锡丝	若干
（3）台灯放大镜	1 台/人
（4）镊子	1 个/人

（5）焊接练习板　　　　　　　　　　　　　1 块/人
（6）贴片元器件　　　　　　　　　　　　　若干
（7）吸锡带　　　　　　　　　　　　　　　1 个/人
（8）酒精棉球、棉签　　　　　　　　　　　适量
（9）废旧计算机主板（拆焊用）

3．实训内容及步骤

（1）利用电烙铁在焊接练习板上进行手工贴片元器件焊接。

（2）利用热风枪在废旧计算机主板（或其他 PCBA）上进行返修练习（集成芯片拆焊与焊接）。

4．实训所需器材、工具的要求

（1）焊接练习板。焊接练习板如图 11-7 所示，也可以自行设计。练习板上应具备 0805、0603 电阻、0805 电容、0805 排阻、3216 二极管、SOT-23 晶体管、SO-14 集成块、LQFP44 集成块焊盘，并设计测试孔。

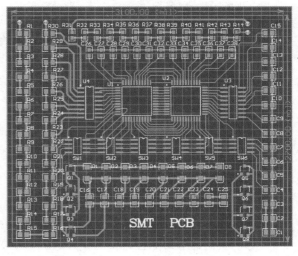

图 11-7　焊接练习板模板

注：本书配置有该练习板的设计工程文件电子档，可查阅本书的电子资料包，根据提供的资料自行或外协加工制作。

（2）电烙铁和镊子。电烙铁和镊子是手工焊接贴片元器件的基本工具，有条件时尽量使用恒温焊台或恒温电烙铁，使用 I 形烙铁头，顶端要足够细。焊接温度一般控制在 300～350℃之间。尖嘴镊子最好是防静电的。图 11-8 是常用的烙铁头和镊子。

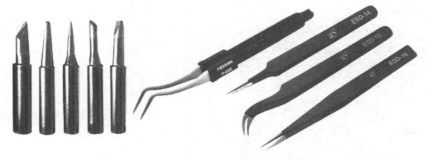

图 11-8　常用的烙铁头和镊子

任务 1：电烙铁手工焊接贴片元器件

（1）清洁和固定 PCB。在焊接前应对要焊的 PCB 进行检查，确保其干净，对其表面的油性手印以及氧化物之类的要进行清除，避免影响上锡。如果条件允许，可以用焊台之

类的器具固定好 PCB，从而方便焊接，一般情况下用手固定即可。

（2）固定贴片元件。贴片元件的固定是非常重要的。根据贴片元件的引脚多少，其固定方法大体上可以分为两种——单脚固定法和多脚固定法。对于引脚数目少（一般为 2～5 个）的贴片元件如电阻、电容、二极管、晶体管等，一般采用单脚固定法。即先在板上对其中的一个焊盘上锡，如图 11-9（a）所示。

然后左手拿镊子夹持元件放到安装位置并轻抵住电路板，右手拿烙铁靠近已镀锡焊盘熔化焊锡将该引脚焊好，如图 11-9（b）所示。

　　　　（a）　　　　　　　　　　　　　　　　（b）

图 11-9　固定元件

焊好一个焊盘后元件已不会移动，此时镊子可以松开。而对于引脚多而且 4 面分布的贴片 IC，单脚是难以将芯片固定好的，这时就需要多脚固定，一般可以采用对脚固定的方法。即焊接固定一个引脚后又对该引脚所对面的引脚进行焊接固定，从而达到整个芯片被固定好的目的。引脚多且密集的贴片 IC，精准的引脚对齐焊盘非常重要，应仔细检查核对，因为焊接的好坏都是由这个前提决定的。

（3）焊接剩余的引脚。元件固定好之后，继续对剩余的引脚进行焊接。对于引脚少的元件，可左手拿焊锡，右手拿烙铁，依次点焊即可。

对于引脚多而且密集的芯片，除了点焊外，可以采取拖焊，具体做法是：用毛刷将适量的松香焊剂涂于引脚或焊盘上，适当倾斜线路板；在芯片引脚未固定那边，用电烙铁拉动焊锡球沿芯片的引脚从上到下慢慢滚下，滚到头的时候将电烙铁提起，不让焊锡球粘到周围的焊盘上，如图 11-10 所示。由于熔化的焊锡可以流动，因此有时也可以将板子合适的倾斜，从而将多余的焊锡弄掉。

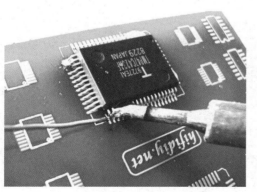

图 11-10　集成芯片引脚的拖焊

不论点焊还是拖焊，都很容易造成相邻的引脚被焊锡短路，但由于后续可以处理掉，焊接时不必过多顾忌，需要特别注意的是所有的引脚都与焊盘很好的连接在一起，不出现虚焊。

（4）清除多余焊锡。在焊接时所造成的引脚短路现象，可以拿吸锡带将多余的焊锡吸掉。吸锡带的使用方法很简单，向吸锡带上加入适量助焊剂（如松香）然后紧贴焊盘，用干净的烙铁头放在吸锡带上，待吸锡带被加热到使要吸附焊盘上的焊锡融化后，慢慢的从焊盘的一端向另一端轻压拖拉，焊锡即被吸入带中，如图 11-11 所示。

吸锡结束后，应将烙铁头与吸上了锡的吸锡带同时撤离焊盘。此时如果吸锡带粘在焊盘上，千万不要用力拉吸锡带，而是再向吸锡带上加助焊剂或重新用烙铁头加热后再轻拉吸锡带使其顺利脱离焊盘，并且要防止烫坏周围元器件。此外，如果对焊接结果不满意，可以重复使用吸锡带清除焊锡，再次焊接元件。

（5）清洗。焊接和清除多余的焊锡之后，芯片基本上就算焊接好了。但是由于使用松香助焊和吸锡带吸锡的缘故，板上芯片引脚的周围残留了一些松香，虽然并不影响芯片工作和正常使用，但不美观。而且有可能造成检查时不方便。因此要对这些残余物进行清理。常用的清理方法可以用洗板水或酒精清洗，清洗工具可以用棉签，如图 11-12 所示。也可以用镊子夹着卫生纸之类进行。

 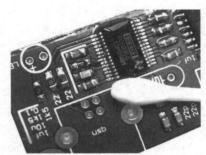

图 11-11　用吸锡带清除多余焊锡　　　　　　　图 11-12　用酒精棉签清洗

清洗擦除时应该注意的是酒精要适量，其浓度最好较高，以快速溶解松香之类的残留物。其次，擦除的力道要控制好，不能太大，以免擦伤阻焊层以及伤到芯片引脚等。清洗完毕可以用烙铁或者热风枪对酒精擦洗位置进行适当加热以让残余酒精快速挥发。

任务 2：使用热风枪拆焊扁平封装 IC

（1）在要拆的 IC（集成芯片）引脚上加适当的松香，可以使拆下元件后的 PCB 焊盘光滑，否则会起毛刺，重新焊接时不容易对位。

（2）把调整好的热风枪在距元件周围 20 mm^2 左右的面积进行均匀预热，风嘴距 PCB 1 cm 左右，在预热位置较快速度移动，PCB 上温度不超过 130～160℃。预热可以除去 PCB 上的潮气，避免返修时出现起泡现象，减小由于 PCB 上方加热时焊接区内零件的热冲击。

（3）线路板和元件加热：热风枪风嘴距 IC 1 cm 左右距离，沿 IC 边缘慢速均匀移动，用镊子轻轻夹住 IC 对角线部位。

（4）如果焊点已经加热至熔点，拿镊子的手就会在第一时间感觉到，一定等到 IC 引脚上的焊锡全部都熔化后再通过"零作用力"小心地将元件从板上垂直拎起，这样能避免将 PCB 或 IC 损坏，也可避免 PCB 留下的焊锡短路。加热控制是拆焊的一个关键因素，焊料必须完全熔化，以免在取走元件时损伤焊盘。与此同时，还要防止 PCB 加热过度，避免因加热而造成 PCB 扭曲。

（5）取下 IC 后观察 PCB 上的焊点是否短路，如果有短路现象，可用热风枪重新对其进行加热，待短路处焊锡熔化后，用镊子顺着短路处轻轻划一下，焊锡自然分开。尽量不要用烙铁处理，因为烙铁会把 PCB 上的焊锡带走，PCB 上的焊锡少了，会增加重新焊接时虚焊的可能性。

任务 3：使用热风枪焊接扁平封装 IC

将任务 2 中拆下来的集成芯片（IC）重新装回去。

（1）观察要装的 IC 引脚是否平整，如果有引脚焊锡短路，用吸锡线处理；如果引脚不平，将其放在一个平板上，用平整的镊子背压平；如果集成芯片引脚不正，可用手术刀将其修正。

（2）把焊盘上放适量的助焊剂，助焊剂过多，加热时会把 IC 漂走，过少则起不到应有作用。

（3）将扁平 IC 按原来的方向放在焊盘上，引脚与 PCB 焊盘脚位置对齐，对位时眼睛要垂直向下观察，四面引脚都要对齐，视觉上感觉四面引脚长度一致，引脚平直没歪斜现象（可利用松香遇热的粘着现象粘住 IC）。

（4）用热风枪对 IC 进行预热及加热，注意整个过程热风枪不能停止移动（如果停止移动，会造成局部温升过高而损坏），边加热边注意观察 IC，如果发现 IC 有移动现象，要在不停止加热的情况下用镊子轻轻地把它调正。如果没有位移现象，只要 IC 引脚下的焊锡都熔化了，要在第一时间发现（如果焊锡熔化了会发现集成芯片有轻微下沉，松香有轻烟，焊锡发亮等现象，也可用镊子轻轻碰旁边的小元件，如果旁边的小元件有活动，就说明 IC 引脚下的焊锡也临近熔化了），并立即停止加热。因为热风枪所设置的温度比较高，IC 及 PCB 上的温度是持续增长的，如果不能及早发现，温升过高会损坏 IC 或 PCB。

（5）等 PCB 冷却后，用洗板水清洗并吹干焊接点。检查是否有虚焊和短路。如果有虚焊情况，可用烙铁一根一根引脚的加焊或用热风枪把 IC 拆掉重新焊接；如果有短路现象，可用潮湿的耐热海绵把烙铁头擦干净后，蘸点松香顺着短路处引脚轻轻划过，可带走短路处的焊锡，或用吸锡线处理。

任务 4：实训报告

总结手工焊接贴片元器件及集成芯片返修（热风枪拆焊、焊接）过程，并将实训步骤及出现的问题填入实训报告，撰写实训心得，不少于 300 字。其他要求同实训 1。

11.4　实训 3 PCB 制作与贴片焊接综合训练——超声波测距仪的制作

1. 实训目的

通过制作组装超声波测距仪的全过程，进一步熟悉手工制作 PCB 的方法与手工焊接贴片元器件的工艺技巧，掌握 SMT 与 THT 混合组装电子产品的操作要领及工艺规范。

2．实训器材

（1）实训产品材料清单中的所有元器件、零部件，见表 11-1。
（2）实训 1 中制作 PCB 的所有器材。
（3）实训 2 中手工焊接贴片元器件的所用器材。
（4）万用表。

3．实训内容与步骤

根据原理图（如图 11-13 所示）设计 PCB（根据条件，可选）→热转印法制作 PCB→手工焊接贴片元器件→焊接 THT 元器件→下载程序→组装调试。

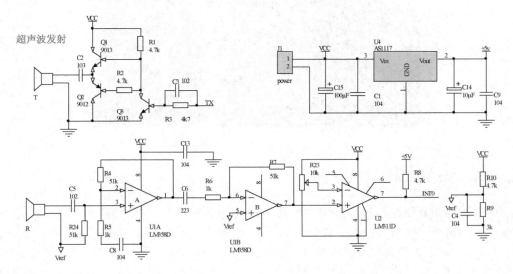

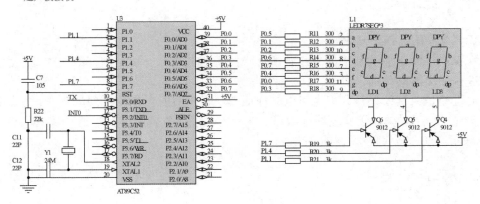

图 11-13　超声波测距仪电路原理图

图 11-14 为根据原理图设计好的 PCB 图，如果不选设计环节，可直接使用本书电子参

考资料包中的工程文件加工；本产品的应用程序也已提供，可直接烧录到 AT89C52 芯片，或自行编写。

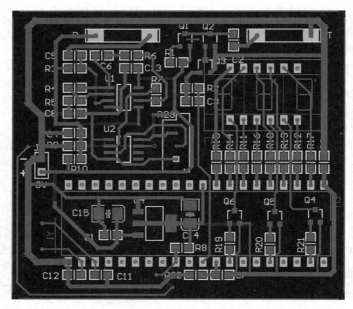

图 11-14　超声波测距仪电路 PCB 图

任务 1：设计 PCB 线路图

　　根据原理图利用绘图软件 Protel 99 SE 或 Protel DXP 2004 SP2 设计 PCB 图；设计时，可参考本书第 9 章的有关内容，以保证后续 PCB 制作及电路功能实现的成功率。要特别注意手工制作 PCB 对线宽和线距的要求。

任务 2：制作 PCB

　　参考实训 1，完成 PCB 的制作。

　　制作步骤：打印→清洗覆铜板→热转印→（检查、补线）→配制蚀刻液→蚀刻→水洗→钻孔→检查→涂敷助焊剂。

　　本书提供的是双层板设计，但也可以制作成单层板，此时，图中底层的蓝线可采用跳线，在设计时已经尽量减少了底层线的数量、并考虑跳线的位置（只有 6 条），基本没有遮挡和与 THT 元件交叉，可以方便的安装。

任务 3：焊接贴片元器件

　　参考实训 2，完成实训产品所有贴片元器件的焊接。所有贴片器件均安装在顶层（红线显示层）。元器件型号与封装见表 11-1。焊接完成后，检查所有焊点，确保没有错焊、漏焊、虚焊、桥连。

★ 注　意 ★

与实训 2 不同，本任务完成的质量，直接影响到整机功能的实现，焊接时要掌握每个焊点的焊接时间，防止焊接时 PCB 铜箔起皮或烧坏元器件。

任务 4：焊接通孔插装元器件

参考其他有关技能实训课中的内容，插装、焊接所有 THT 元器件。所有插装器件均安装在 PCB 的底层（蓝线显示层），主要包括：传感器、单片机、数码管、电位器 R23、晶振、以及电源接口端子。注意插装顺序、引脚成型、离板高度、焊后剪脚等工艺规范。

表 11-1 元器件清单

元 器 件	型　号	标　号	封　装	数　量
电容	104	C1，C4，C8，C9，C10，C13	0805	6
电容	102	C3，C5	0805	2
电容	103	C2	0805	1
电容	105	C7	0805	1
电容	223	C6	0805	1
电容	22P	C11，C12	0805	2
电解电容	10UF	C14	3528B	1
电解电容	100UF	C15	3528B	1
电源输入端子	间距 2.54 端子	J1	HDR1X2	1
三位一体共阳数码管	SM410363	L1	LED-7-SEG3	1
三极管	9013	Q1，Q3	SOT-23	2
三极管	9012	Q2，Q4，Q5，Q6	SOT-23	4
超声波传感器	TCT40-16R/T	R，T	TCT40-16R/T	2
电阻	4.7 k	R1，R2，R3，R8，R10	0805	5
电阻	51 k	R4、R7、R24、	0805	3
电阻	1 k	R5，R6，	0805	2
电阻	22 k	R22	0805	1
电阻	3 k	R9，R19，R20，R21	0806	4
电阻	300	R11～R18	0805	8
3296 型可调电阻	10 k	R23	VR5	1
运算放大器	LM358	U1	SO-8	1
比较器	LM311	U2	SO-8	1
单片机	AT89C52	U3	DIP40	1
三端稳压芯片	AS1117	U4	SOT223	1
晶体振荡器	24 MHz	Y1	XTAL	1
单片机管座	40P			1
电源线	多芯软导线			若干

任务 5： 组装调试

将本书提供的应用程序烧录到单片机 AT89C52 中，插入插座，安装好其他零部件，接好电源线，通电调试。

超声波发送电路主要由超声波发送探头、Q1、Q2、Q3 以及阻容元件 R1、R2、R3、C2、C3 组成。其中由三极管 Q1、Q2 组成推挽式功率驱动电路，推挽电路工作电压 V_{CC} 采用 9～15 V 供电，而单片机 I/O 接口为 TTL 逻辑电平，因此采用 Q3 作为缓冲驱动级完成电平转换。发送超声波时通过单片机软件控制，在 I/O 口 P3.0 输出 40 kHz 方波信号驱动发送电路工作。

由于超声波反射信号非常微弱，因此超声波接收电路采用两级放大电路与一级比较整形电路组成。主要器件：U1-LM358 双运算放大器，U2- LM311 比较器。经两级放大后的接受信号进入比较器 U2 ，接收信号与 U2 的反相输入端电压进行比较，产生 5 V 中断触发信号，其中调节 R23 可以调节与接收电压进行比较的基准电压。

本机的测量距离大约 3m，采用三位数码管直接显示，单位是 m，例如显示为 1.56，就是测量距离为 1.56m。实际测量距离的长短和探头灵敏度有关，而且不同探头的中心频点实际上是有偏差的，分布在 40 kHz 附近，如果组装后不调试会损失一些灵敏度，但是作为一般测距实验是没问题的。

显示电路为三个数码管的动态扫描显示电路，由单片机软件进行驱动，其中 R11～R18 为数码管各段的限流电阻，Q4～Q6 为数码管"位码"驱动晶体管 9012。

任务 6： 实训报告

总结实训产品设计、装联、调试过程，并将实训步骤及出现的问题填入实训报告，撰写实训心得，不少于 300 字。　其他要求同实训 1。

11.5　实训 4 SMT 工艺体验——FM 收音机的制作

1．实训目的

通过组装 SMT 电调谐 FM 收音机，体验 SMT 的技术特点，掌握手工 SMT 技术中的手动焊膏印刷、SMC、SMD 贴片以及回流焊接所用设备和操作方法。

2．实训场地要求与实训器材

本实训产品共有 23 个表面贴装元器件，实训室应设有至少 23 个工位的手工 SMT 贴片操作台，每个工位配置元件盒与工位图；操作台布置请参考图 11-15 所示。

（1）实训产品材料清单中的所有元器件、零部件，见表 11-2。

（2）焊膏印刷机（全班共用）　　　　　　　　　　　1 台

（3）台式自动回流焊机（全班共用）　　　　　　　　1 台

（4）手工焊接工具　　　　　　　　　　　　　　　1 套/人
（5）万用表　　　　　　　　　　　　　　　　　　1 只/人
（6）放大镜台灯（全班共用）　　　　　　　　　　2 只
（7）元件盘、镊子　　　　　　　　　　　　　　　1 套/人

图 11-15　实训场地——贴片操作台

3. 实训步骤及要求

实训步骤按如图 11-16 所示的实训装配工艺流程图进行。

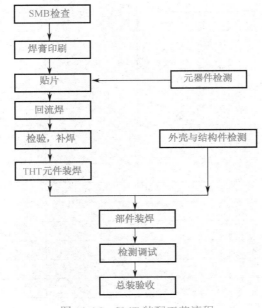

图 11-16　SMT 装配工艺流程

任务 1： 安装前检查

1. 印制板检查

对照图 11-17 所示的 PCB 图检查：

① 图形是否完整，有无短、断缺陷。

② 孔位及尺寸是否准确。

③ 表面涂覆（阻焊层）是否均匀。

表 11-2　实训产品元器件、零部件清单

类　别	代　号	规　格	型号/封装	数　量	备　注
电　阻	R_1	222	2012（2125）RJ1/8W	1	
	R_2	154		1	
	R_3	122		1	
	R_4	562		1	
	R_5	681		1	
电　容	C_1	222	2012（2115）	1	
	C_2	104		1	
	C_3	221		1	
	C_4	331		1	
	C_5	221		1	
	C_6	332		1	
	C_7	181		1	
	C_8	681		1	
	C_9	683		1	
	C_{10}	104		1	
	C_{11}	223		1	
	C_{12}	104		1	
	C_{13}	471		1	
	C_{14}	330		1	
	C_{15}	820		1	
	C_{16}	104		1	
	C_{17}	332	CC	1	
	C_{18}	100	CD	1	
印制电路板	PCB			1	
芯　片	IC		SC1088		
电　感	L_1			1	
	L_2			1	
	L_3		70 mH	1	8 匝
	L_4		78 mH	1	5 匝
晶体管	VL		LED	1	发光
	VD		BB910	1	变容
	V_1	9014	SOT-23	1	
	V_2	9012	SOT-23	1	
塑料件	前盖			1	
	后盖			1	

（续表）

类　别	代　号	规　格	型号/封装	数　量	备　注
	电位器纽（内、外）			各 1	
	开关纽（有缺口）			1	Scan 键
	开关纽（无缺口）			1	Reset 键
	卡子			1	
金属件	电池片			3	
	自攻螺钉			1	
	电位器螺钉			1	
其他	耳机	32 Ω×2		1	
	RP	51 kΩ		1	开关电位器
	SB_1、SB_2			各 1	轻触开关

2．外壳及结构件检查

① 按材料表清查零件品种规格及数量。

② 检查外壳有无缺陷及外观损伤。

③ 耳机是否正常。

3．THT 组件检测

用万用表检测表 B-1 中所列的 THT 组件，图 11-18 是 THT 组件在 PCB 上的安装位置图。

① 电位器阻值调节特性是否正常。

② LED、线圈、电解电容、插座、开关的好坏。

③ 判断变容二极管的好坏及极性。

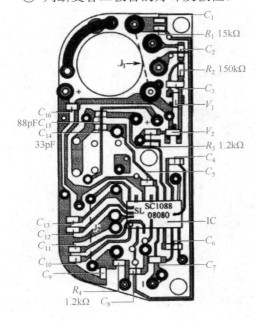

图 11-17　PCB 图

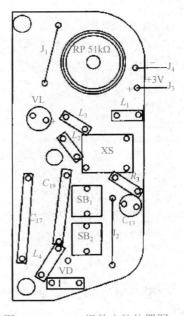

图 11-18　THT 组件安装位置图

任务 2：印刷、贴片及焊接

1．焊膏印刷

用焊膏印刷机在 PCB 上印刷焊膏，并检查印刷情况。印刷焊膏的操作方法如图 11-19 所示。将 PCB 安放在焊膏印刷机上，与模板准确对位，焊膏放在模板漏印图形上方，以 45°～60°角度带动焊膏在模板上刮过。注意漏过模板孔的焊膏要均匀，防止焊膏过量或不足。刮过剩余的焊膏从新放回模板上方。

★ 注　意 ★

焊膏使用前要充分搅拌均匀；印刷完毕，模板上剩余的焊膏，不得回收到原来的容器中与没使用过的焊膏混装。

图 11-19　印刷焊膏的操作方法

2．按工序流程贴片

模拟工厂流水作业，不同的元器件放在不同的工位，每个工位均应配有相应的工位图。将印好焊膏的 SMB 放在平底托盘上，按以下顺序在 PCB 上用真空吸笔或镊子依次装贴：

$C_1 \rightarrow R_1 \rightarrow C_2 \rightarrow R_2 \rightarrow C_3 \rightarrow V_1 \rightarrow C_4 \rightarrow V_2 \rightarrow C_5 \rightarrow R_3 \rightarrow C_8 \rightarrow$ SC1088 $\rightarrow C_7 \rightarrow C_8 \rightarrow R_4 \rightarrow C_9 \rightarrow C_{10} \rightarrow C_{11} \rightarrow C_{12} \rightarrow C_{13} \rightarrow C_{14} \rightarrow C_{15} \rightarrow C_{16}$。

贴装完成，用放大镜台灯检查贴片数量及位置。确认无缺、漏和错误。

★ 注　意 ★

① SMC 和 SMD 不得用手拿；
② 用镊子夹持元器件时不可夹到引线上；
③ 注意 SCl088 标记方向，防止引脚贴错位置；
④ 贴片电容表面没有标志，一定要保证准确贴到指定位置；
⑤ 贴片时一定要依次装贴，不能颠倒顺序。

3．回流焊接

使用小型台式回流焊机进行 SMC 和 SMD 的焊接。注意已印上焊膏并经过贴片的 PCB 不要用手拿，应使用镊子夹到回流焊机的托盘上，如图 11-20 所示。

开启回流焊机，观察温度曲线变化；焊接完成，机器会有信号提示。冷却后（观察温度曲线已降至 50℃ 以下时）取出 PCB。

图 11-20　贴片后的 PCB 使用镊子夹到再流焊机的托盘上

用放大镜台灯检查焊接质量，看有无虚焊、漏焊及桥接、飞溅、立片等缺陷并用电烙铁进行修补。

★　注　意　★

开机前一定要检查温度曲线的设置是否正确，然后先放入一件 PCB 试焊，施行首件检查制。待确认正常后再批量焊接。

任务 3：安装 THT 元器件

检查焊接质量及修补后，在 PCB 上安装 THT 元件，安装位置如图 11-18 所示。

（1）安装并焊接电位器 RP，注意电位器与印制板平齐。

（2）安装耳机插座 XS。注意焊接时要将耳机插头插入插座帮助散热，以防塑料变形。

（3）安装轻触开关 SB_1、SB_2（可用剪下的组件引线）。

（4）安装变容二极管 VD（注意极性方向标记），R_5，C_{17}。

（5）安装电感线圈 $L_1 \sim L_4$（L_1—磁环，L_2—红色，L_3—8 匝线圈，L_4—5 匝线圈）。

（6）安装 R_5，C_{17}，C_{18}，C_{19}，电解电容 C_{18}（100 μF）要贴板装。

（7）安装发光二极管 VL，注意高度，极性。

（8）焊接电源连接线 J_3、J_4，注意正负连线应采用不同颜色。

任务 4：调试及总装

1. 调试

（1）所有元器件焊接完成后先目视检查。

① 元器件：型号、规格、数量及安装位置、方向是否与图纸符合。

② 焊点检查：有无虚焊、漏焊及桥接、飞溅等缺陷。

（2）测整机总电流。

① 查无误后将电源线焊到电池片上；

② 电位器开关断开的状态下装入电池；

③ 插入耳机；

④ 万用表 200 mA（数字表）或 50 mA 挡（指针表）跨接在电源开关（SA，关闭状态时）两端测电流，使用万用表时注意表笔极性。正常电流应为 7～30 mA（与电源电压有关）并且 LED 正常点亮。当电源电压为 3 V 时，电流约为 24 mA。如果电流为零或超过 35 mA 应检查电路。

（3）搜索电台广播。如果电流在正常范围，可按 SB_1 搜索电台广播。只要元器件质量完好，安装正确，焊接可靠，不用调任何部分即可收到电台广播。如果收不到广播应仔细检查电路，特别要检查有无错装、虚焊等缺陷。

（4）调接收频段（俗称调覆盖）。我国调频广播的频率范围为 87～108 MHz，调试时可找一个当地频率最低的 FM 电台，适度改变 L4 匝间距，使按过 Reset 键后第一次按 Scan 键可收到这个电台。由于 SCl088 集成度高，元器件一致性较好，一般收到低端电台后均可覆盖 FM 频段，故可不调高端而仅做检查（可用一个成品 FM 收音机对照检查）。

（5）调灵敏度。本机灵敏度由电路及元器件决定，一般不用调整，调好覆盖后即可正常收听。

2. 总装

（1）蜡封线圈。调试完成后将适量泡沫塑料填入线圈内（注意不要改变线圈形状及匝距），滴入适量蜡使线圈固定。

（2）固定 SMB/装外壳。

① 将外壳面板平放到桌面上（注意不要划伤面板）。

② 将 2 个按键帽放入孔内，注意 Scan 键帽上有缺口，放键帽时对准机壳上凸起，Reset 键帽上无缺口。

③ 将 SMB 对准位置放入机壳内，注意对准 LED 位置，若有偏差可轻轻掰动，并注意三个孔与外壳螺柱的配合及注意电源线不妨碍机壳装配。

④ 装上中间螺钉，注意螺钉旋入手法。

⑤ 装电位器旋钮，注意旋钮上凹点位置。

⑥ 装后盖，上两边的两个螺钉，装卡子。

（3）检查，总装完毕，装入电池，插入耳机进行检查试听，要求：

① 电源开关手感良好。

② 音量正常可调。

③ 收听正常。

④ 表面无损伤。

任务 5：实训报告

总结焊膏印刷、贴片、回流焊接以及安装、调试过程，并将实训步骤及出现的问题填入实训报告。撰写实训心得，不少于 300 字。其他要求同实训 1。

注：实训套件及模板相关材料，请查阅本书教学参考资料包。

参 考 文 献

[1] 张川，杨祖容. PCB 制作与 THT 工艺[M]. 北京：高等教育出版社，2012

[2] 张文典. 实用表面组装技术[M]. 北京：电子工业出版社，2006

[3] 韩满林. 表面组装技术[M]. 北京：人民邮电出版社，2010

[4] 李朝林. SMT 制程[M]. 北京：天津大学出版社，2009

[5] 王卫平，陈粟宋. 电子产品制造工艺[M]. 北京：高等教育出版社，2005

[6] 张立鼎. 先进电子制造技术[M]. 北京：国防工业出版社，2000

[7] 赵英. 电子组件表面组装技术[M]. 北京：机械工业出版社，1997

[8] 龙绪明. 实用电子 SMT 设计技术[M]. 成都：四川省电子学会 SMT 专委会，1997

[9] 清华大学 SMT 工艺教研室. SMT 实习[M]. 北京：清华大学基础工业训练中心，2005

[10] 夏淑丽，张江伟. PCB 的设计与制作[M]. 北京：北京大学出版社，2011

[11] 何丽梅. SMT——表面组装技术[M]. 北京：机械工业出版社，2006

[12] 宜大荣. SMT 工程师使用手册[M]. 苏州：江苏省 SMT 专委会，2000

[13] 周德俭，吴兆华. 表面组装工艺技术[M]. 北京：国防工业出版社，2002

[14] 吴兆华，周德俭. 表面组装技术基础[M]. 北京：国防工业出版社，2002

[15] 廖汇芳. 实用表面安装技术与元器件[M]. 北京：电子工业出版社，1993

反侵权盗版声明

　　电子工业出版社依法对本作品享有专有出版权。任何未经权利人书面许可，复制、销售或通过信息网络传播本作品的行为；歪曲、篡改、剽窃本作品的行为，均违反《中华人民共和国著作权法》，其行为人应承担相应的民事责任和行政责任，构成犯罪的，将被依法追究刑事责任。

　　为了维护市场秩序，保护权利人的合法权益，我社将依法查处和打击侵权盗版的单位和个人。欢迎社会各界人士积极举报侵权盗版行为，本社将奖励举报有功人员，并保证举报人的信息不被泄露。

举报电话：（010）88254396；（010）88258888

传　　真：（010）88254397

E-mail：　dbqq@phei.com.cn

通信地址：北京市万寿路 173 信箱
　　　　　电子工业出版社总编办公室

邮　　编：100036